“十四五”广西壮族自治区职业教育规划教材

电子产品综合设计与制作

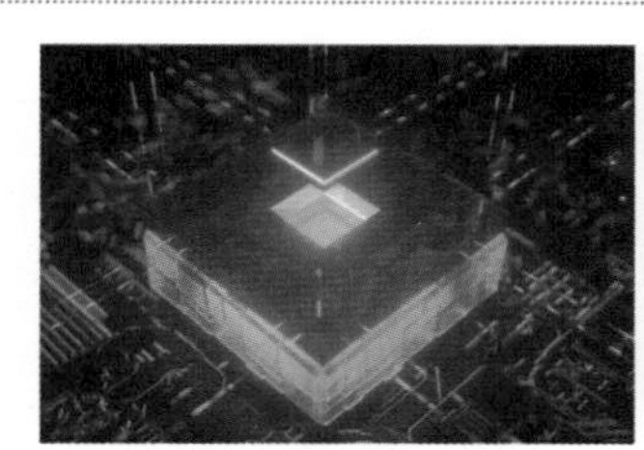
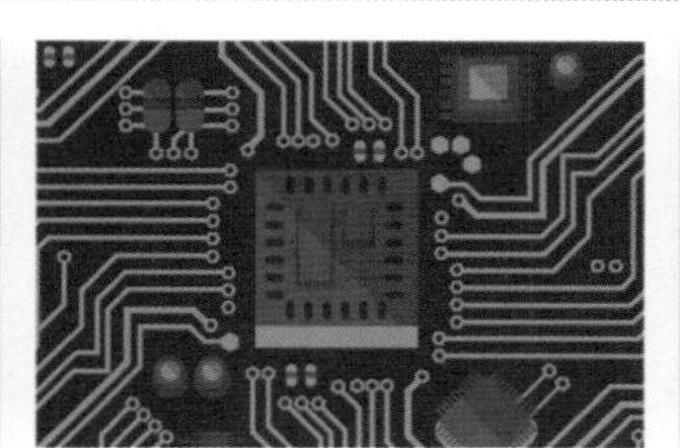

佟建波　王　帆◎主　编

何　勉　曾　萍　李小燕◎副主编

電子工業出版社

Publishing House of Electronics Industry

北京 · BEIJING

内 容 简 介

本书主要介绍电子产品设计与制作的方法，内容包括电子产品的设计需求分析、电子产品设计方案的拟定、电路设计、三维模型设计等基础知识，以项目式实操内容展示电子产品综合设计与制作的详细流程，突出理实一体化教学。本书图文并茂，项目选取贴合实际，具有较好的参考性和实践性。

本书可作为职业院校电子信息类、自动化类相关专业的理实一体化教材，也可供广大电子产品设计与制作爱好者参考、实践。

图书在版编目（CIP）数据

电子产品综合设计与制作 / 佟建波，王帆主编. —北京：电子工业出版社，2024.5

ISBN 978-7-121-47930-4

Ⅰ. ①电… Ⅱ. ①佟… ②王… Ⅲ. ①电子产品—设计②电子产品—制作 Ⅳ. ①TN602②TN605

中国国家版本馆 CIP 数据核字（2024）第 102082 号

责任编辑：张　凌
印　　刷：中国电影出版社印刷厂
装　　订：中国电影出版社印刷厂
出版发行：电子工业出版社
　　　　　北京市海淀区万寿路 173 信箱　邮编　100036
开　　本：880×1 230　1/16　印张：14　字数：340 千字
版　　次：2024 年 5 月第 1 版
印　　次：2024 年 5 月第 1 次印刷
定　　价：52.00 元

凡所购买电子工业出版社图书有缺损问题，请向购买书店调换。若书店售缺，请与本社发行部联系，联系及邮购电话：（010）88254888，88258888。

质量投诉请发邮件至 zlts@phei.com.cn，盗版侵权举报请发邮件至 dbqq@phei.com.cn。

本书咨询联系方式：（010）88254583，zling@phei.com.cn。

PREFACE 前言

教育是国之大计、党之大计。党的二十大报告首次将“实施科教兴国战略，强化现代化建设人才支撑”作为一个单独部分，充分体现了教育的基础性、战略性地位和作用，并对“加快建设教育强国、科技强国、人才强国”作出全面而系统的部署。职业院校作为电子信息类专业人才培养的重要基地，在新时代“智造”行业发展的大趋势下，学生的动手操作能力、创新设计能力，以及思维能力显得尤为重要。电子产品的综合设计与制作是跨学科、多种软件综合应用的实践过程，可以引导学生在原有的电子设计知识的基础上，运用其他学科的相关知识，掌握相关软件的操作使用技巧，培养综合设计能力和创新能力，有效地提升学生的实践力、思维力、创新力。

本书以培养学生的综合能力为重点，以实践项目为导向，以工作任务为驱动，简化电子产品的设计过程，提高学生对知识的接受度。全书包含 7 个项目，每个项目设置 5 个任务，通过电子产品设计规划、方案制订和选取、电路设计、电子产品制作、调试运行和产品迭代等流程，将电子产品设计与制作的工作要点融入每个实训任务。书中所选项目循序渐进，注重知识实践，贴近岗位能力需求，让学生在实训过程中掌握原理，在原理运用中掌握实训要点，从而培养创新思维能力，提升学习能力、岗位适应能力和解决问题的能力。

本书还将课程思政元素有机融入各个实训任务，引导学生养成良好的职业素养，践行精益求精的工匠精神，真正推动立德树人这一根本任务的落实。

本书适合职业院校、技工院校的电子信息类、自动化类相关专业的学生学习，也可作为中、高级电工的培训指导教材。

在本书编写过程中得到了深圳嘉立创科技集团股份有限公司及广西玉林农业学校的大力支持，深圳嘉立创科技集团股份有限公司的莫志宏工程师、南宁师范大学的曾忠宁老师提出了宝贵的编写意见和建议，2021 级电子电器应用与维修 01 班、02 班的吴为国等同学参与了书中内容的修改，本书的出版也得到了电子工业出版社的鼎力支持，在此表示衷心的感谢。

本书由佟建波、王帆担任主编，何勉、曾萍、李小燕担任副主编。由于教学需要，书中所涉及的电子产品设计流程只是众多产品设计流程中的一种，不能完全代表专业电子产品设计公司的产品出品流程。

由于编者水平有限，书中难免存在疏漏与不足之处，恳请广大读者给予批评指正，以便再版时加以完善。

编　者

CONTENTS 目录

项目设计与制作进程说明

一、项目设计

电子产品设计与制作是利用软件进行设计并对硬件制作调试的过程。本书共有 7 个项目，介绍电子产品的设计过程（利用电路设计软件设计电路及 PCB，利用三维模型设计软件绘制产品外壳等）、制作过程（PCB 打样、模型打样、电路制作、安装调试等）。各项目将按照电子产品设计与制作的流程逐步推进（从项目一到项目七，每个项目介绍的侧重点不同，按流程逐步推进），并最终在项目七中展示电子产品设计与制作的全流程。

二、项目实施流程

电子产品设计与制作的项目实施流程分为：项目描述与目标、项目分析与路径、项目准备与实施、项目评价与总结、项目拓展习题。其中，项目准备与实施包含的任务内容有：电子元器件查找、电路设计、PCB 设计、PCB 打样、三维模型设计、三维模型打样、电路制作、安装调试等。

前六个项目分步骤讲解电子产品综合设计与制作的各个流程，且按项目逐步推进，这样简化了单个项目的任务实施步骤，逐步引导学生掌握电子产品设计的方法。电子产品综合设计与制作全流程如图 0-1 所示。

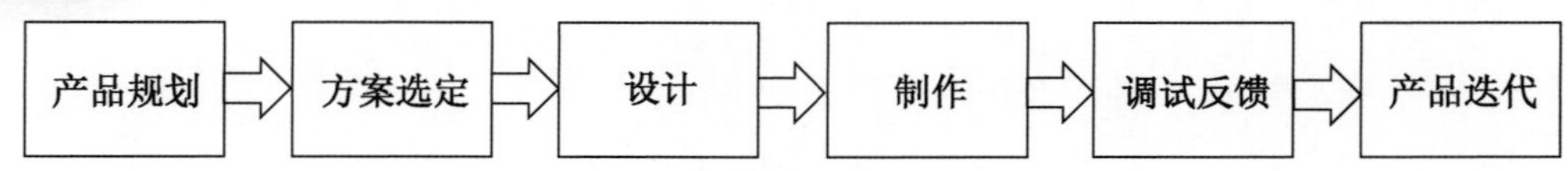

图 0-1　电子产品综合设计与制作全流程

三、项目主要内容分布

本书的项目实施流程按每个项目突出一个重点步骤，最终完整展示电子产品设计与制作整体进程的方式推进。项目一重点介绍电子元器件的查找，项目二重点介绍电路设计，项目三重点介绍 PCB 设计，项目四重点介绍 PCB 打样，项目五重点介绍三维模型设计，项目六重点介绍三维模型打样，项目七重点介绍电路的制作、安装与调试。内容涵盖电路设计软件的使用、三维模型设计软件的使用、电子电路的安装与调试等内容。

电路设计参考资源文件

工程文件需要使用嘉立创 EDA（专业版）软件打开

项目一

小夜灯的设计与制作

一、项目描述与目标

1. 项目介绍

电子产品设计过程是运用电子技术基础知识设计并制作电路的过程，本项目通过“小夜灯的设计与制作”，着重介绍产品设计过程中电子元器件的查找方法，并展示电子产品设计的其他步骤结果。

2. 项目来源

将简单电子元器件组合在一起就能构建简单的电子产品。在学习电子技术基础的过程中接触到的电阻、二极管等电子元器件可以用于设计简单的电子产品，如装饰灯具、控制器、玩具等。本项目以小夜灯为例，探究电子产品设计与制作流程。小夜灯实物图如图 1-1 所示。

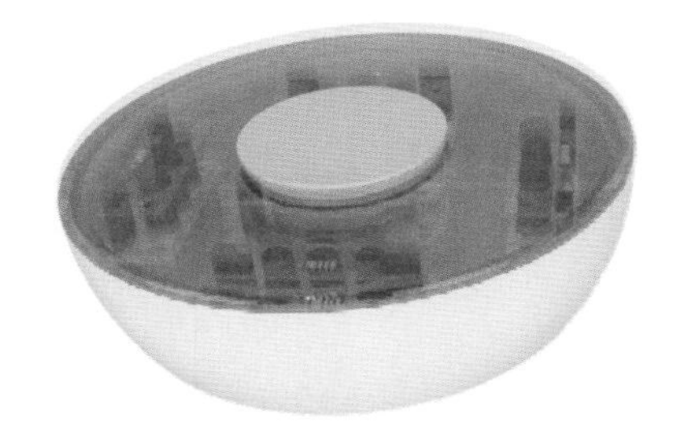

图 1-1　小夜灯实物图

场景设想：某中等职业学校准备在母亲节当天举办“母爱的光辉”主题活动，活动设置了征文、征图比赛环节，需要定制一批小夜灯作为比赛奖品。

产品设计要求：结构简单、成本可控、方便携带。

思政小课堂

弘扬奋斗精神

习近平总书记在党的二十大报告中强调，在全社会弘扬奋斗精神。奋斗是“万水千山只等闲”，是“团结起来、振兴中华”，是“功成不必在我，功成必定有我”。产品开发的过程，是技术积累与拼搏创新的过程。

3. 项目的现实价值

小夜灯的设计与制作，重点在于产品设计初期电子元器件的查找，了解电子元器件的选用对电子产品设计的影响，了解产品定位与电子元器件选择的关系。

产品动画：小夜灯

4. 项目实施目标

（1）知识目标：了解电子元器件、学会识别电子元器件的参数。
（2）技能目标：能够根据产品设计要求，熟练查找电子元器件。
（3）职业素养：尊重知识产权，学会沟通交流、合作探究。

电路设计图纸

二、项目分析与路径

1. 项目分析

小夜灯电子产品综合设计需要经过小夜灯设计规划、规格和方案选定、电路设计、制作、调试运行和迭代等流程。本项目主要是设计一款具有灯光点缀或照明功能的小夜灯电子产品，在小夜灯规格和方案选定阶段，需要对设计的小夜灯做出基本的构思。产品电路结构图如图 1-2 所示。

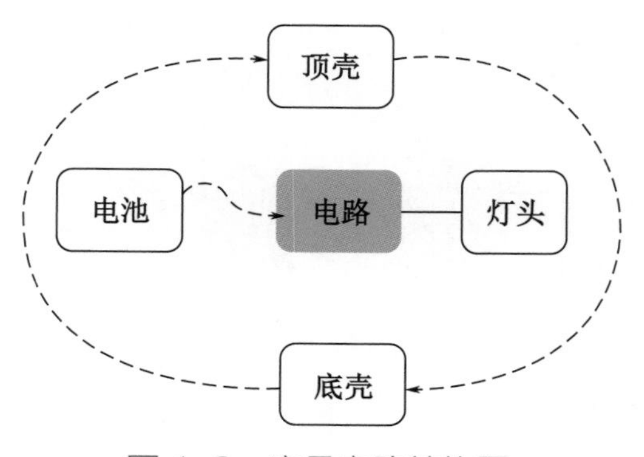

图 1-2　产品电路结构图

设计分析

产品作用：灯光照明、点缀。
设计思路：电池给发光二极管供电，使其发光。
电路设计：灯光控制电路。
外观设计：一个可以保护供电电路的外壳。

优化后的产品电路结构图如图 1-3 所示，接下来根据这个产品电路结构图设计电路。

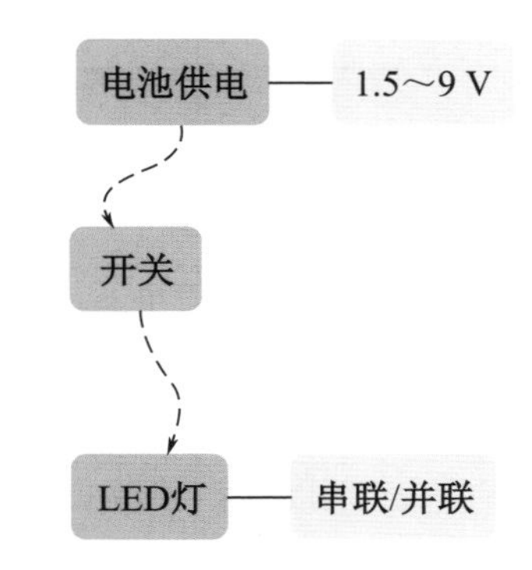

图 1-3　优化后的产品电路结构图

2. 项目路径

本项目共由 5 个任务构成，其中，任务 1、任务 2 加深认识设计制作小夜灯产品所使用的电子元器件；任务 3、任务 4 了解小夜灯产品涉及的电子元器件的使用方法、电路设计和基础电路的构建；任务 5 预览小夜灯电路设计、PCB 设计、产品外壳设计。项目任务分布如图 1-4 所示。

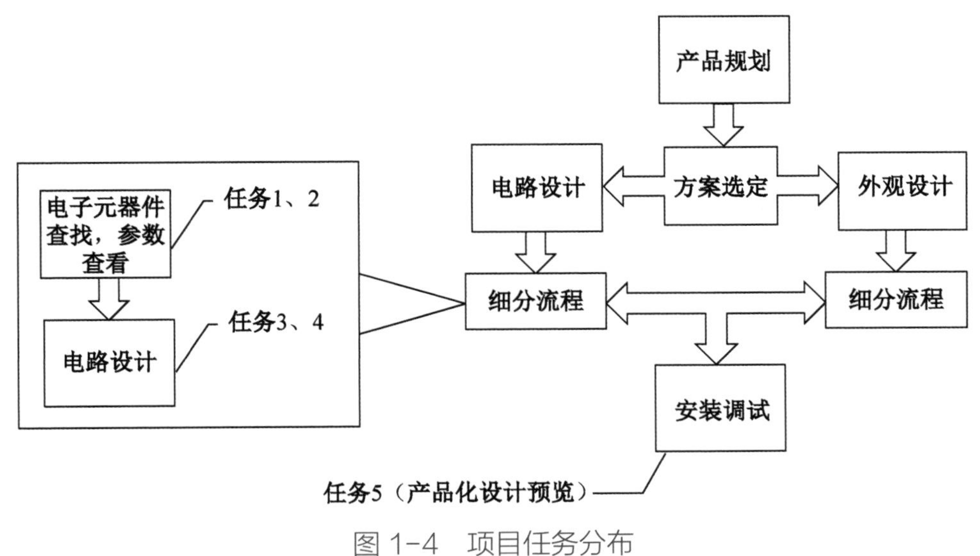

图 1-4　项目任务分布

三、项目准备与实施

1. 项目准备

通过实践了解实物与图纸间的关联，任务分布见表 1-1。

表 1-1　任务分布

序号	任务名称	任务说明
任务 1	电子元器件查找	电子元器件的认识与测量：通过查找和实际测量电池、电阻、发光二极管，了解它们的特性和外观特点，学会查找电子元器件参数与资料
任务 2	电子元器件数据手册查询	点亮发光二极管：通过电子元器件参数与基本电路原理计算并设计电路，通过仿真软件测试、调整与验证电路
任务 3	电路设计与电路图绘制	改进设计：探究发光二极管电路设计，构想使用场景，手绘电路图
任务 4	电路设计调整	结构探究：利用串联、并联、混联的基础理论，构建基础的控制电路，了解电子元器件的特性和基本使用条件
任务 5	产品化设计预览	预览 PCB 渲染图，产品化小夜灯

2. 项目实施

任务 1～任务 4 通过小夜灯的设计与制作，了解电子元器件的查找及电子元器件的选用对电子产品设计的影响。任务 5 了解完成小夜灯设计与制作所需的其他步骤，以及相应步骤操作会得到什么结果。

任务 1　电子元器件查找

电子产品构成的核心就是电子元器件和 PCB，电子元器件的基本性能、参数指标、应用条件等是电子产品设计过程中的重点。小夜灯的核心部件为灯，可以选白炽灯、卤素灯、发光二极管等，考虑到环保问题和成本控制，本项目将选用发光二极管作为灯头的核心电子元器件。

本任务重点是了解、测量和使用电阻、发光二极管，基于它们的特性和运行条件，才能成功设计出小夜灯。

任务分析

在设计产品的过程中，重点要掌握电子元器件的三个方面——符号、封装、实物外观，这样才有利于我们深入了解电子元器件的性能、结构，确保电子元器件在电路中的适用性和可靠性。发光二极管的符号、封装、实物对照图如图 1–5 所示。

图 1–5　发光二极管的符号、封装、实物对照图

任务实施

1. 查找发光二极管。
2. 查找数据手册：查找发光二极管的数据手册。
3. 点亮发光二极管电路。

1. 查找发光二极管

发光二极管具有指示和照明功能，种类丰富且用途广泛，小到玩具大到汽车都可以见到它的身影。普通的发光二极管一般称作 LED，在我国，发光二极管的生产及应用已形成了较为完整的产业链。

不同的发光二极管，其性能和用途存在差异，选择发光二极管时，需要明确发光二极管的技术参数等。根据发光二极管的特性可对发光二极管进行分类，如图 1-6 所示。

设计医疗设备照明、摄影场景补光等特殊电子产品时，需要确定发光二极管某一性能下的某个关键参数，从而选择合适的发光二极管。

图 1-6　发光二极管的分类

2. 查找数据手册

本任务对发光二极管的要求并不高，随机选取两款发光二极管都能完成实验验证。查找到它们的数据手册，查找结果包括英文版电子元器件的数据手册和中文版电子元器件的数据手册，分别如图 1-7、图 1-8 所示。通过数据手册，可查看发光二极管的外观、尺寸参数等。

3. 点亮发光二极管电路

这两份数据手册，分别展示了两种发光二极管的符号、外观、封装等详细参数。从设计角度来说，如果设计的电子产品比较复杂，则需要进一步了解这两种发光二极管的工作电流、管压降、反向漏电流等参数。

从外观看，这两种发光二极管的封装差异较大，第一款是插件元件，适合初学者手工焊接。第二款是贴片元件，适合使用机器贴装，对初学者来说有一定的焊接难度。本项目制作的小夜灯，只需要选择第一款发光二极管即可。这款发光二极管大小适合，采用的是直插封装，便于手工焊接到电路上。

选好发光二极管后，通过数据手册可知，这款发光二极管的导通电压为 2.4V，只需要一颗扣式电池就可以点亮。发光二极管电路仿真图如图 1-9 所示。

使用发光二极管时，需要注意其运行电流的大小。当发光二极管使用扣式电池供电，且无任何限流元器件时，流过发光二极管核心（PN 结）上的电流会超过安全值，将造成发光二极管寿命大幅缩短。若使用锂电池（3.6～4.2V）供电，则发光二极管会直接烧毁。

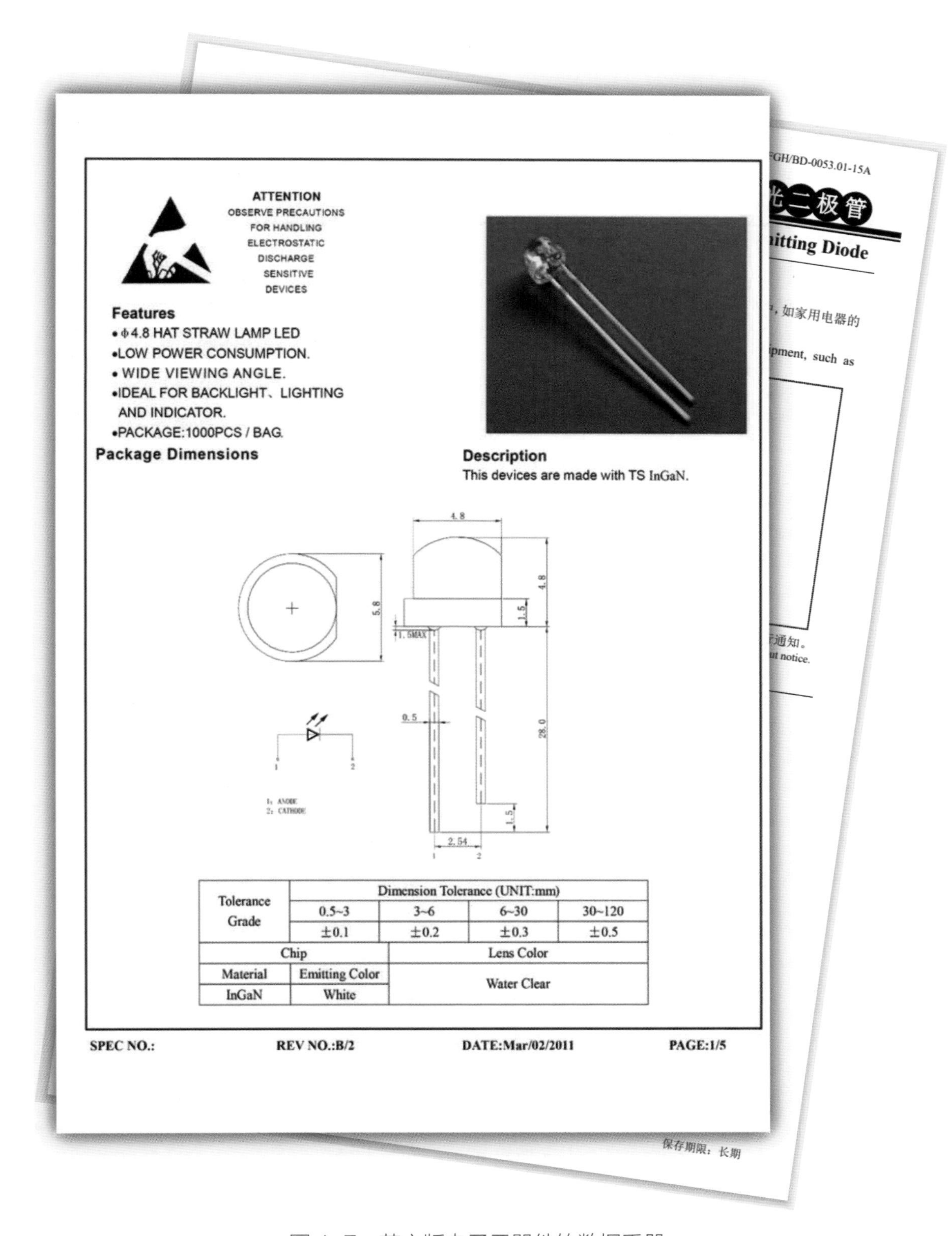

ATTENTION
OBSERVE PRECAUTIONS
FOR HANDLING
ELECTROSTATIC
DISCHARGE
SENSITIVE
DEVICES

Features

- φ4.8 HAT STRAW LAMP LED
- LOW POWER CONSUMPTION.
- WIDE VIEWING ANGLE.
- IDEAL FOR BACKLIGHT、LIGHTING AND INDICATOR.
- PACKAGE:1000PCS / BAG.

Package Dimensions

Description

This devices are made with TS InGaN.

Tolerance Grade	Dimension Tolerance (UNIT:mm)			
	0.5~3	3~6	6~30	30~120
	±0.1	±0.2	±0.3	±0.5

Chip		Lens Color
Material	Emitting Color	Water Clear
InGaN	White	

SPEC NO.: REV NO.:B/2 DATE:Mar/02/2011 PAGE:1/5

FGH/BD-0053.01-15A
光二极管
itting Diode
，如家用电器的
ipment, such as
通知。
ut notice.
保存期限：长期

图 1-7 英文版电子元器件的数据手册

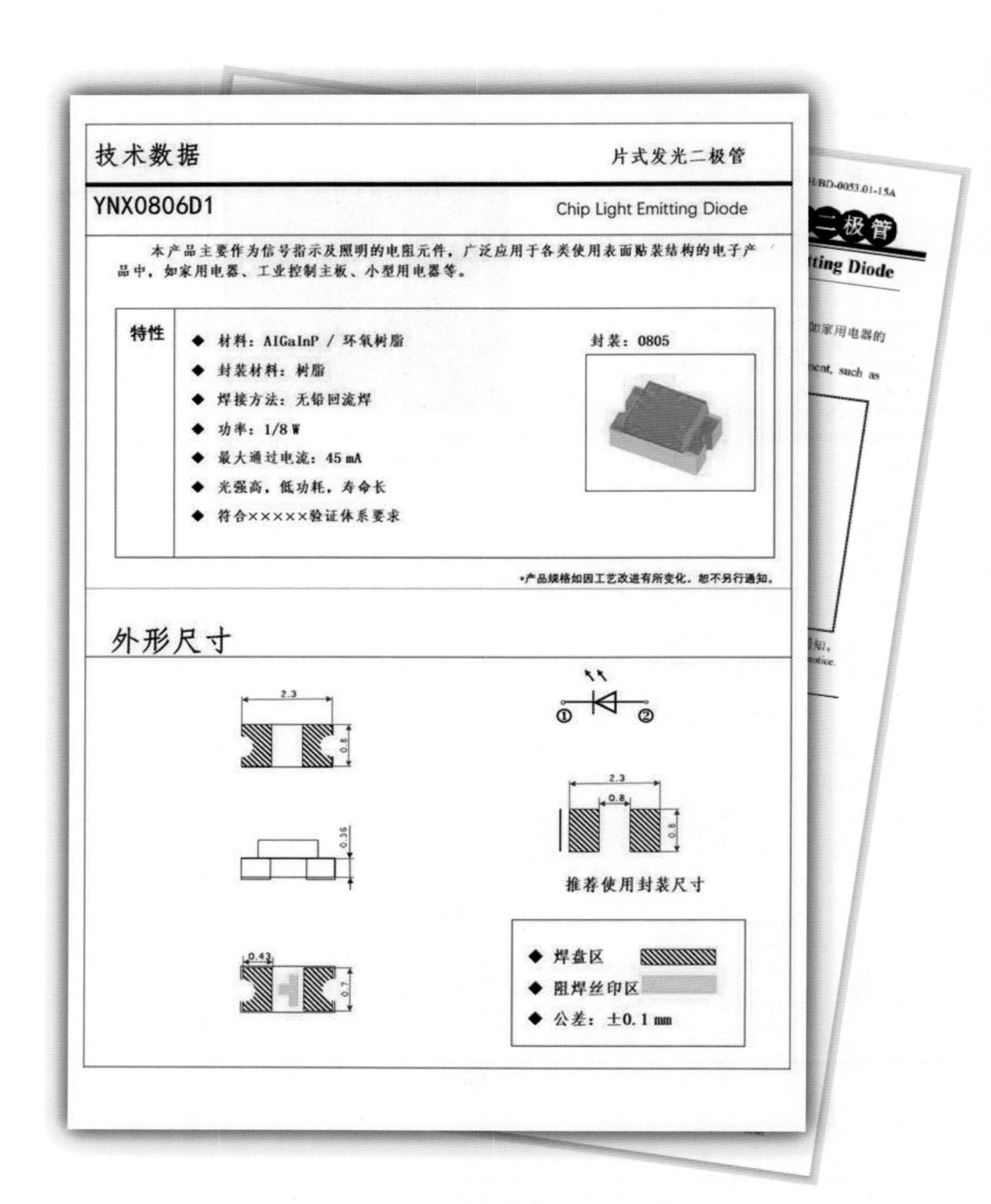

技术数据　　片式发光二极管

YNX0806D1　　Chip Light Emitting Diode

本产品主要作为信号指示及照明的电阻元件，广泛应用于各类使用表面贴装结构的电子产品中，如家用电器、工业控制主板、小型用电器等。

特性

- 材料：AlGaInP / 环氧树脂
- 封装材料：树脂
- 焊接方法：无铅回流焊
- 功率：1/8 W
- 最大通过电流：45 mA
- 光强高，低功耗，寿命长
- 符合×××××验证体系要求

封装：0805

*产品规格如因工艺改进有所变化，恕不另行通知。

外形尺寸

推荐使用封装尺寸

- 焊盘区
- 阻焊丝印区
- 公差：±0.1 mm

图 1-8　中文版电子元器件的数据手册

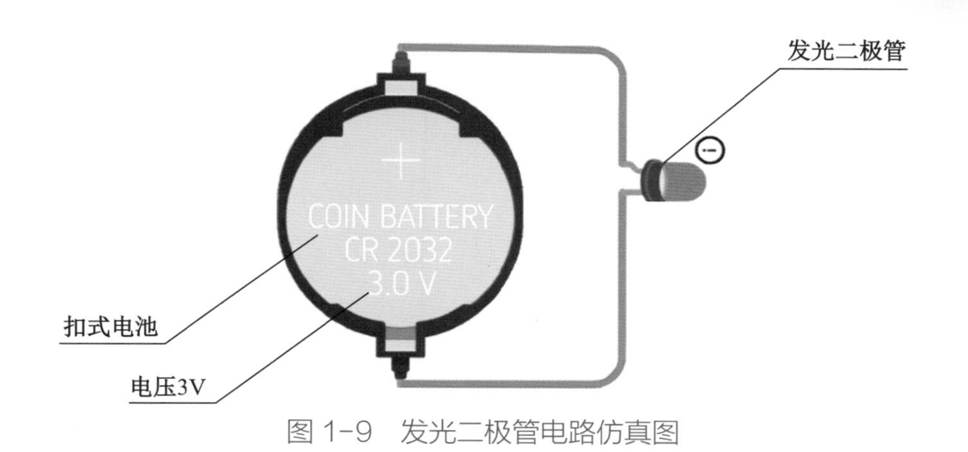

图 1-9　发光二极管电路仿真图

仿真提示： 通过发光二极管的电流为 61.9 mA，而其数据手册建议的电流最大值为 20.0 mA。电流超过安全值，会缩短发光二极管的使用寿命。

任务 2　电子元器件数据手册查询

上一个任务点亮了发光二极管，虽然“电池+发光二极管”的电路能用，但是电池出现了电流过大、电压下降的问题，发光二极管也出现了电流过大、寿命缩短的问题。

任务分析

为了确保电池、发光二极管安全、稳定运行，需要将电路电流降低。串联一个有限流作用的电子元器件，即电阻，用于调节电流大小。电阻的符号、封装、实物对照图如图 1-10 所示（注意：如无特别说明，本书中元器件的符号专指其图形符号）。

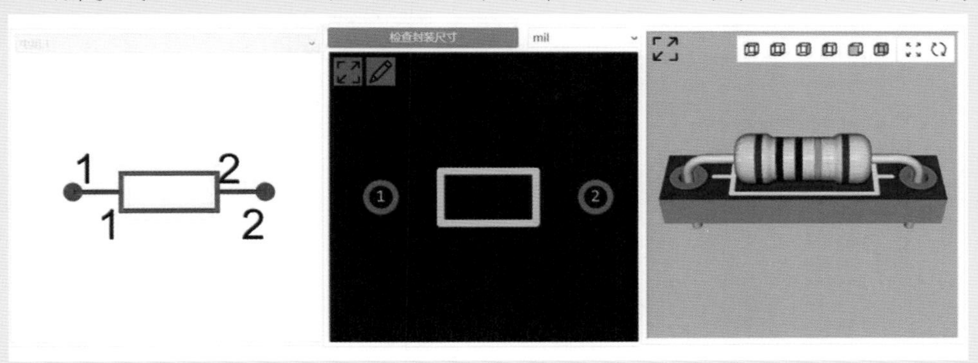

图 1-10　电阻的符号、封装、实物对照图

任务实施

1. 查找电子元器件：了解电子元器件的查找方法。
2. 获取电阻数据手册。
3. 分析电阻参数：了解电阻的参数。

1. 查找电子元器件

在产品设计过程中，通常需要了解产品设计过程中使用的电子元器件的参数指标。可以通过电子技术爱好网站、电子元器件官方网站、专业书籍查询相关电子元器件的详细信息。也可以通过手机、计算机查找并浏览电子元器件采购平台，查询需要的电子元器件数据手册，例如登录浏览器搜索“立创商城”，在该网站中选择“电容/电阻/电感”→“电阻”→“插件电阻”/“贴片电阻”选项，查询电子元器件参数，如图 1-11、图 1-12 所示。

图 1-11　网站主页

图 1-12　电子元器件分类

2. 获取电阻数据手册

随机选取两种电阻，查看它们的数据手册。插件电阻的数据手册一般会标注其材料、封装材料、功率等参数。插件电阻一般通过电阻体上的色环来表示其阻值，这种阻值标注的方法即“色环法”。插件电阻的数据手册如图 1-13 所示。

技术数据

本产品主要用于限流分压，广泛应用于各类使用表面贴装结构的电子产品中，如家用电器、工业控制主板、小型用电器等。

特性

- 材料：金属膜
- 封装材料：树脂
- 焊接方法：无铅回流焊
- 功率：1/4 W、1/2 W、1 W、2 W、5 W
- 符合×××××验证体系要求

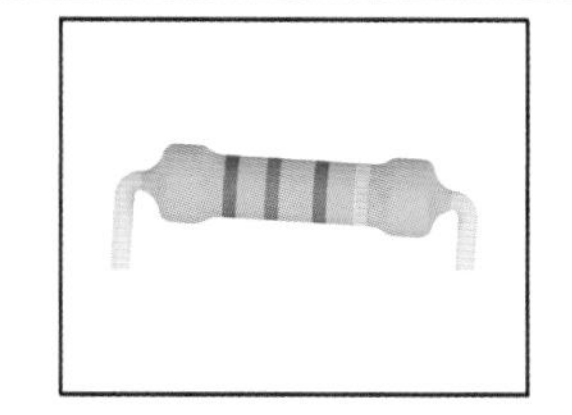

*产品规格如因工艺改进有所变化，恕不另行通知。

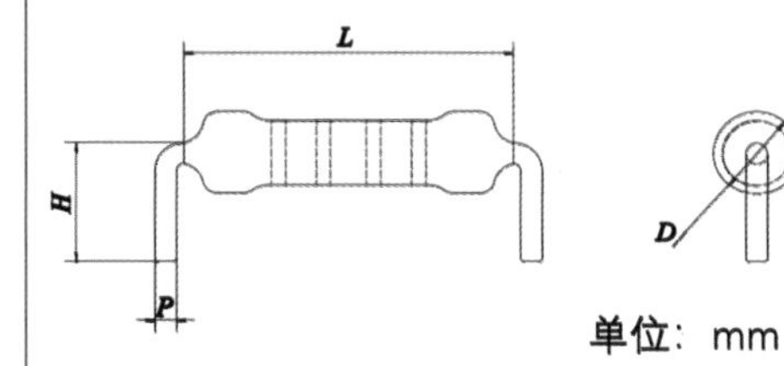

单位：mm

功率	L	D	H	P
1/4 W	6.0±0.5	2.0±0.5	26.0±0.5	0.6±0.02
1/2 W	9.0±1.5	3.0±0.5	26.0±0.5	0.6±0.05
1 W	11.0±1.5	4.0±0.5	30.0±0.5	0.6±0.05
2 W	15.0±1.5	5.0±0.5	30.0±0.5	0.6±0.05
5 W	24.0±1.5	8.0±0.5	28.0±0.5	0.6±0.05

常规插件电阻

规格：×××× 版本号：××××

- XX-06系列：五环电阻采用5个有颜色的环表示数值，前3环为有效数字，第4环表示乘以10的次方数，第5环表示精度值。

电阻值 = 有效数字 $\times 10^n \pm$ 精度

颜色	第1环	第2环	第3环	第4环	第5环
黑	0	0	0	10^0	
棕	1	1	1	10^1	±1%
红	2	2	2	10^2	±2%
橙	3	3	3	10^3	
黄	4	4	4	10^4	
绿	5	5	5	10^5	±0.5%
蓝	6	6	6	10^6	±0.25%
紫	7	7	7	10^7	±0.1%
灰	8	8	8	10^8	±0.05%
白	9	9	9	10^9	
金				10^{-1}	±5%
银				10^{-2}	±10%

图 1-13 插件电阻的数据手册

贴片电阻的数据手册一般也会标注出其材料、封装材料、功率等参数。贴片电阻一般通过电阻表面的数值来表示其阻值，这种阻值标注的方法即“数标法”。贴片电阻的数据手册如图 1-14 所示。

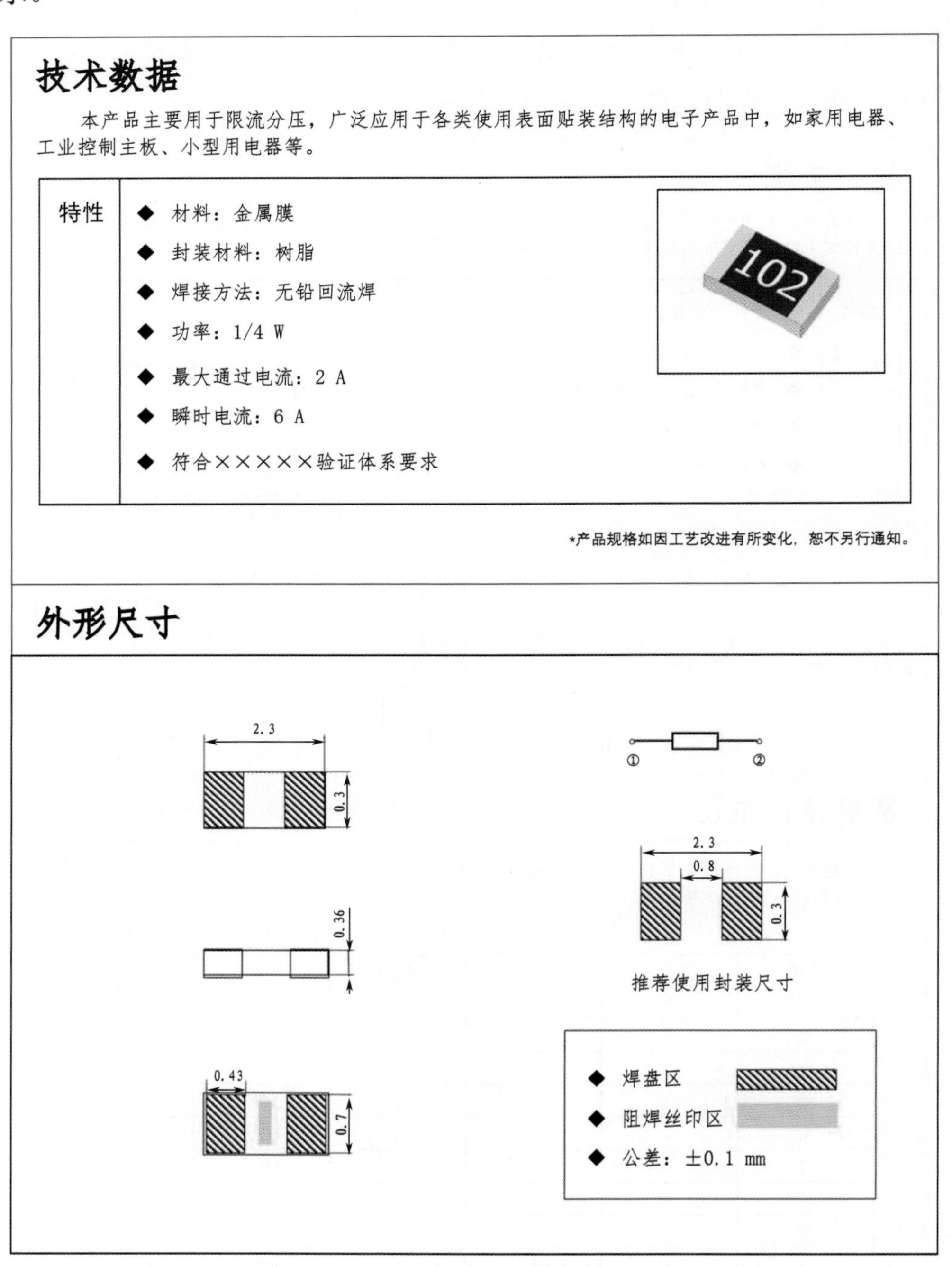

技术数据

本产品主要用于限流分压，广泛应用于各类使用表面贴装结构的电子产品中，如家用电器、工业控制主板、小型用电器等。

特性	◆ 材料：金属膜 ◆ 封装材料：树脂 ◆ 焊接方法：无铅回流焊 ◆ 功率：1/4 W ◆ 最大通过电流：2 A ◆ 瞬时电流：6 A ◆ 符合×××××验证体系要求

*产品规格如因工艺改进有所变化，恕不另行通知。

外形尺寸

图 1-14　贴片电阻的数据手册

3. 分析电阻参数

通过数据手册能了解电阻的阻值和其他关键参数，部分数据手册会告知使用者如何识别或读取该电阻元件的参数。

例如，贴片电阻数据手册还介绍了“数标法”标注贴片电阻阻值的方法，以及读取电阻值的方法。贴片电阻的数据手册局部如图 1-15 所示。

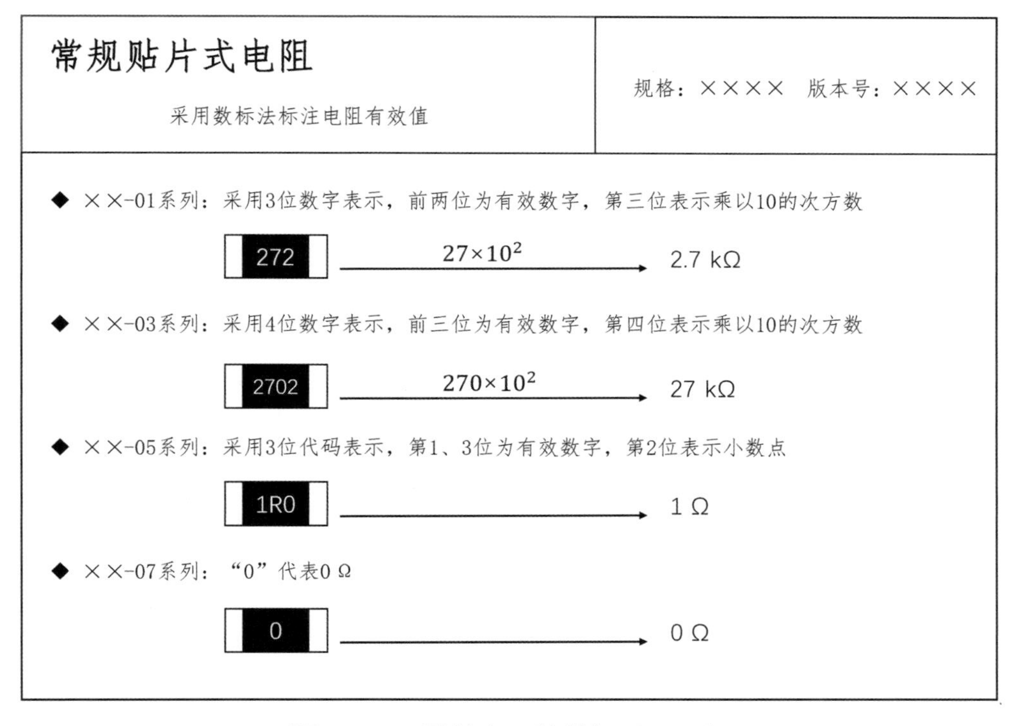

常规贴片式电阻

采用数标法标注电阻有效值

规格：×××× 版本号：××××

◆ ××-01系列：采用3位数字表示，前两位为有效数字，第三位表示乘以10的次方数

272 → 27×10^2 → 2.7 kΩ

◆ ××-03系列：采用4位数字表示，前三位为有效数字，第四位表示乘以10的次方数

2702 → 270×10^2 → 27 kΩ

◆ ××-05系列：采用3位代码表示，第1、3位为有效数字，第2位表示小数点

1R0 → 1 Ω

◆ ××-07系列：“0”代表0 Ω

0 → 0 Ω

图 1-15 贴片电阻的数据手册局部

任务 3 电路设计与电路图绘制

任务 1、任务 2 重点在于电子元器件的查找及其数据手册的获取，从查找到的数据中获取电子元器件的符号、尺寸、参数等，为设计小夜灯电子产品电路做好前期准备。

任务分析

使用电池、电阻、发光二极管设计一个简单、可靠的发光电路。根据设计分析和收集到的数据手册，设计电路的基本参数，电路参数指标见表 1-2。

表 1-2 电路参数指标

元器件	电池	发光二极管	电阻	导线
指标	满电压：3.3V 欠电压：2.3V	典型工作电压：2V 典型工作电流：20mA	阻值：待定 功率：1/4W	多股铜芯线

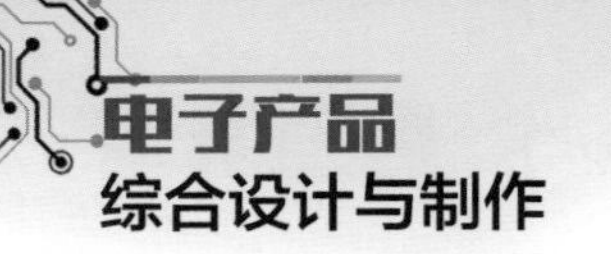

任务实施

1. 获取参数：获取扣式电池、发光二极管参数。
2. 计算参数：计算电路电阻的值。
3. 设计电路：设计发光二极管电路。
4. 改进电路：查找开关，使用开关改进电路。

1. 获取参数

此次小夜灯产品电路设计使用2023型扣式电池及发光二极管。电池电压参数特性如图1-16所示，发光二极管参数见表1-3。在选好电池、发光二极管的型号后，明确电子元器件的主要参数，通过调整电阻的阻值大小来保证发光二极管在使用过程中的安全性和可靠性，确保电路的正常运行。

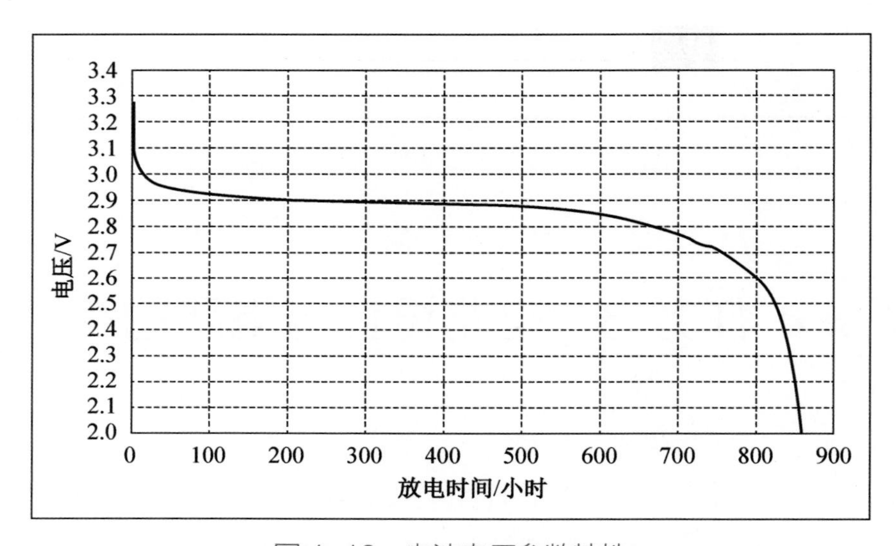

图1-16　电池电压参数特性

表1-3　发光二极管参数

参数名称 Parameter	符号 Symbol	条件 Condition	最小值 Min.	典型值 Typ.	最大值 Max.	单位 Unit
反向电流 Reverse Current	I_R	$U_R = 5V$	—	—	10	μA
视角度 View Angle	$2\theta_{1/2}$	—	—	130	—	°（度）

续表

参数名称 Parameter	符号 Symbol	条件 Condition	最小值 Min.	典型值 Typ.	最大值 Max.	单位 Unit
正向电压 Forward Voltage	U_F	$I_F=20mA$	1.6	2.0	2.6	V
峰值波长 Peak Wavelength	λ_P			630		nm
主波长 Dominant Wavelength	λ_d		615	622	630	nm
半波宽度 Spectrum Radiation Bandwidth	$\Delta\lambda$		—	15	—	nm
光强 Luminous Intensity	I_V		80	120	220	mcd

2. 计算参数

根据欧姆定律：在同一电路中，通过某段导体的电流跟这段导体两端的电压成正比，跟这段导体的电阻成反比。即

$$R=\frac{U}{I}$$

设电池电压为U_1，根据数据手册提示，U_1的值拟定为 2.9V。发光二极管的典型工作电压为U_2。电路为串联结构，电流值$I=20mA$。即可求出电阻值R为

$$R=\frac{U_1-U_2}{I}$$

计算可得$R=45\Omega$。根据电阻值的设定规范（见附录 A），选择 47Ω 的电阻即可。

3. 设计电路

根据以上计算，即可设计出一个正确稳定的电路。通过仿真直观观测电路的运行效果。若工作电流小于典型值，则电路可正常运行。电路仿真图如图 1-17 所示。根据电路仿真图，可使用软件或者徒手绘制出该电路的电路图，如图 1-18 所示。（注意：本书中的电路图均为软件绘制，电子元器件的文字及符号均保留软件默认值。）

4. 改进电路

在实际电子产品设计中，上面的电阻与发光二极管串联电路只要连接电池，发光二极管就能正常发光，但是若想熄灭发光二极管，则要把电池拆卸下来或断开接线。可见该电路缺

乏控制方式，需要串联一个开关，改进效果如图 1-19 所示。

电路图的绘制

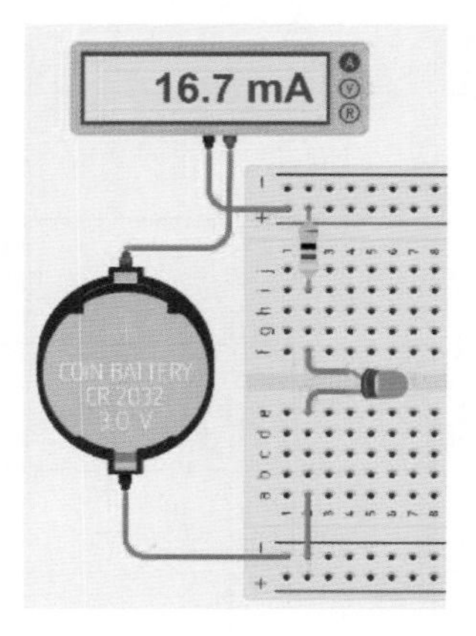

图 1-17　电路仿真图

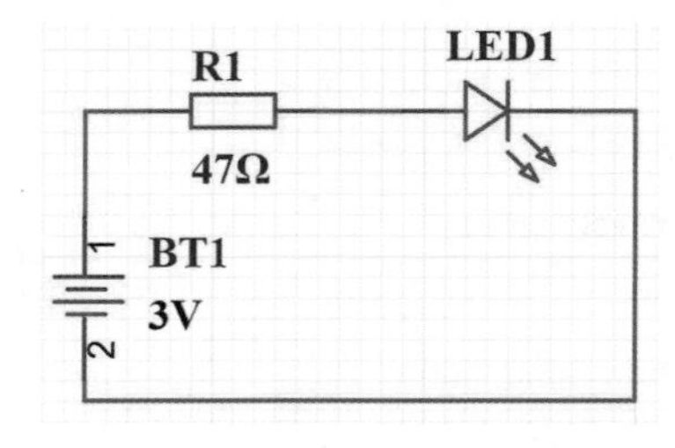

图 1-18　电路图

电子元器件查找与选择

图 1-19　改进效果

使用任务 2 中查找电子元器件的方法，查找并了解图中类似样式的开关，找到数据手册，进一步了解其参数指标。

使用浏览器搜索“立创商城”，通过该网站选择查找电子元器件。其中，开关、按键的选择，可以通过“查看图片”的方式，结合电子产品的特定外观和操控方式，选择对应的开关类型。选择“连接器/开关”→“查看图片”选项，获取各类开关实物，如图 1-20 所示。

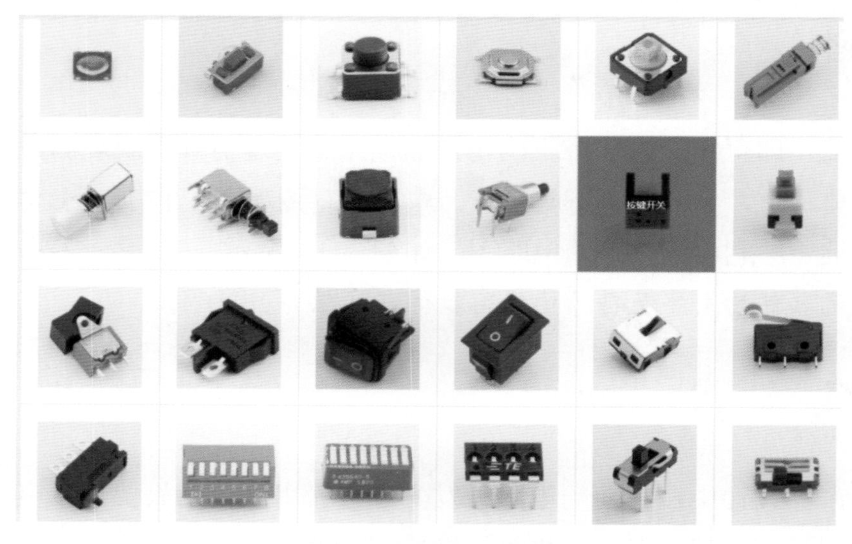

图 1-20　各类开关实物

根据设计需要选择一种简单的拨动开关即可，开关的数据手册如图 1-21 所示。

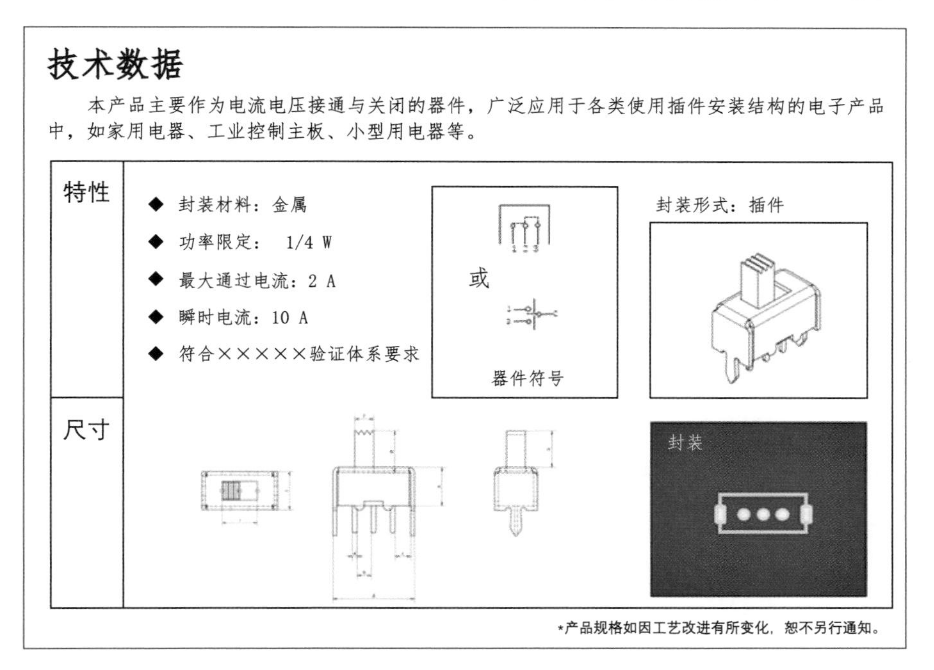

技术数据

本产品主要作为电流电压接通与关闭的器件，广泛应用于各类使用插件安装结构的电子产品中，如家用电器、工业控制主板、小型用电器等。

特性	◆ 封装材料：金属 ◆ 功率限定： 1/4 W ◆ 最大通过电流：2 A ◆ 瞬时电流：10 A ◆ 符合×××××验证体系要求	或 器件符号	封装形式：插件
尺寸			封装

*产品规格如因工艺改进有所变化，恕不另行通知。

图 1-21　开关的数据手册

通过开关的数据手册，可以获取这款开关的元器件符号。修改后的电路图如图 1-22 所示。

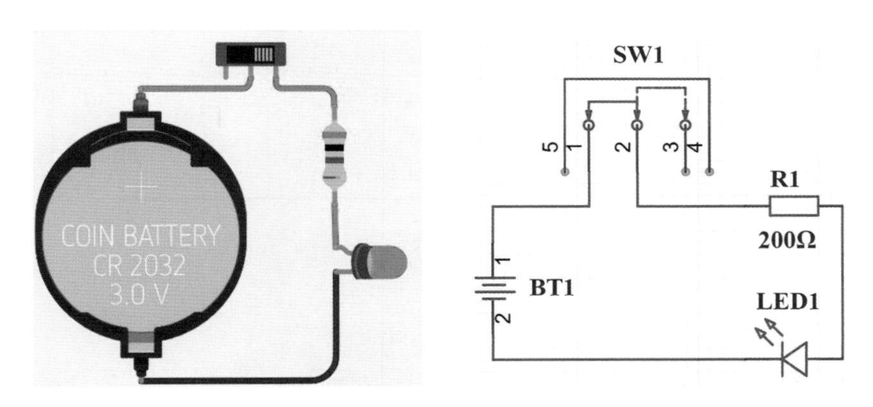

图 1-22　修改后的电路图

任务 4　电路设计调整

前面的任务通过对电子元器件的查找和数据手册的探究，设计出了一个简单的电路。发光玩具小球、儿童发光鞋、荧光头饰等产品之所以发光，都是由于产品内置了发光二极管电路，这类电路与任务 3 所设计的电路相似，差异在于选择了不同型号的电池、发光二极管、开关。在设计电子产品的过程中，需要根据不同产品的定位选择相应的电子元器件或电子模块。

任务分析

小夜灯作为照明设备，需要达到一定的亮度，电路中只有一个发光二极管，不能满足照明要求。现在根据修改后的电路参数（见表 1–4），重新修改电路图。

表 1-4　电路参数

元器件	电池	发光二极管	电阻	导线
指标	满电压：3.3V 欠电压：2.3V 数量：3 个	典型工作电压：2V 典型工作电流：20mA 数量：5～10 个	阻值：待定 功率：1/4W	漆包线

任务实施

1. 计算与调整电路参数：发现电路缺点，提出改进，通过计算调整电路参数。
2. 改进电路结构：发光二极管的串、并联。
3. 比较电路改进方案：比较改进方案，绘制电路图。

1. 计算与调整电路参数

设电池电压为U_1，三个电池串联，电压值相加直接取定U_1的值为 9V。发光二极管的典型工作电压为 2V，设 10 个发光二极管为并联结构，则发光二极管组的正向管压降U_2=2V，电流值$I = 20 \times 10 = 200\text{mA}$，即可求出电阻值 R 为

$$R=\frac{U_1-U_2}{I}$$

计算可得 $R=35\Omega$。根据电阻值设定规范（详见附录 A），选择 36Ω 的电阻即可。

设 10 个发光二极管为串联结构，三个电池串联，电压值相加直接取定 U_1 的值为 9V。若发光二极管的典型工作电压为 2V，则发光二极管组正向管压降 $U_2=2\times10=20\text{V}$，$U_2>U_1$，发光二极管无法点亮，即证明设计错误。电路参数也可通过电路仿真获得。

2. 改进电路结构

增加发光二极管的数量，需要调整电路的基本参数，利用串联、并联、混联的基础理论，设计安全、稳定运行的发光二极管控制电路。方案选择如图 1-23 所示。

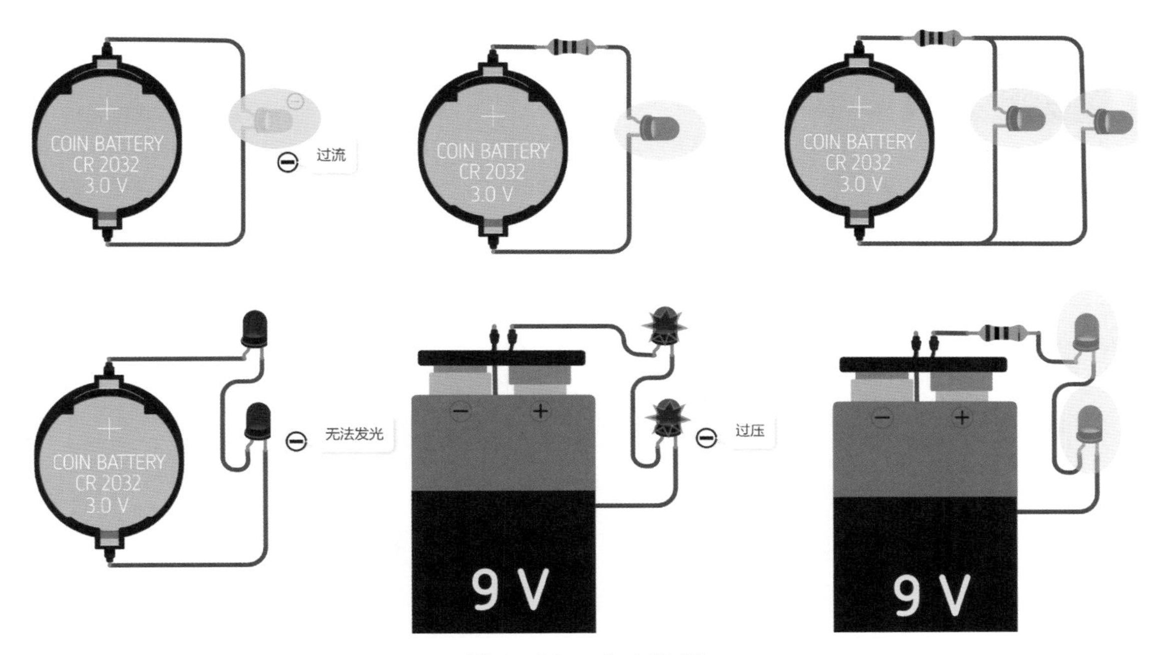

图 1-23　方案选择

3. 比较电路改进方案

现在进行其他电子元器件的数量调整，寻找一款适合开发的电路。注意设计电路的细节：①电池数量；②发光二极管数量与连接方式（串联、并联或混联）；③发光二极管的亮度；④电阻数值。方案对比见表 1-5。

表 1-5　方案对比

方案	电路仿真效果	仿真结论	优点或缺点
A	9V　电压不足，发光微弱	串联过多发光二极管，发光微弱或无法发光	优点：耐压值高； 缺点：若电压低于启动值，则电路无法运行；故障率高
B	9V　电压不足，发光微弱	无限流电阻，发光二极管电流过大，寿命缩短	优点：无须限流电阻，电路结构简单； 缺点：若电压低于启动值，则电路无法运行
C	9V　串联	正常运行，亮度不足	优点：对限流电阻的功率要求低； 缺点：若一个发光二极管损坏，则电路无法运行
D	9V	正常运行，要求电阻承受功率大于 0.7 W	优点：单个发光二极管损坏不影响整体；故障率低； 缺点：要求电阻的功率较大
E	9V	正常运行，要求电阻承受功率大于 0.28 W	优点：综合性能好； 缺点：要求电阻的功率大，电路相对复杂

结论：发光二极管并联方案简单，故障率低，故选择方案 D。

任务 5　产品化设计预览

任务 4 对多个发光二极管串联、并联、混联的电路方案进行了比较，为本项目中小夜灯的设计打下基础。完成小夜灯产品的设计与制作还需要完成电路原理设计、PCB 设计、PCB 打样、三维模型设计、三维模型打样、电路制作、安装调试等。普通电路板制作的过程与印制过程相似，即通过印制→转印→刻蚀→打孔等步骤获得印制电路板（以下简称 PCB）。

任务分析

电路设计影响 PCB，PCB 和产品外壳相互关联，设计过程中需要相互调整。选定电路设计方案，进行电路设计、PCB 设计和产品外壳设计。任务 5 将展示设计电子产品的其他步骤。

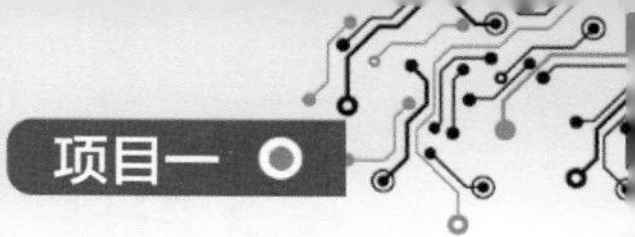

任务实施

1. 预览电路图：预览电路设计结果。
2. 预览 PCB 设计：预览 PCB 设计结果。
3. 预览产品外壳设计：预览产品外壳设计结果。

1. 预览电路图

以方案 D 作为小夜灯的电路设计原理。调整电阻参数，并使用专业软件绘制电路图，如图 1-24 所示。

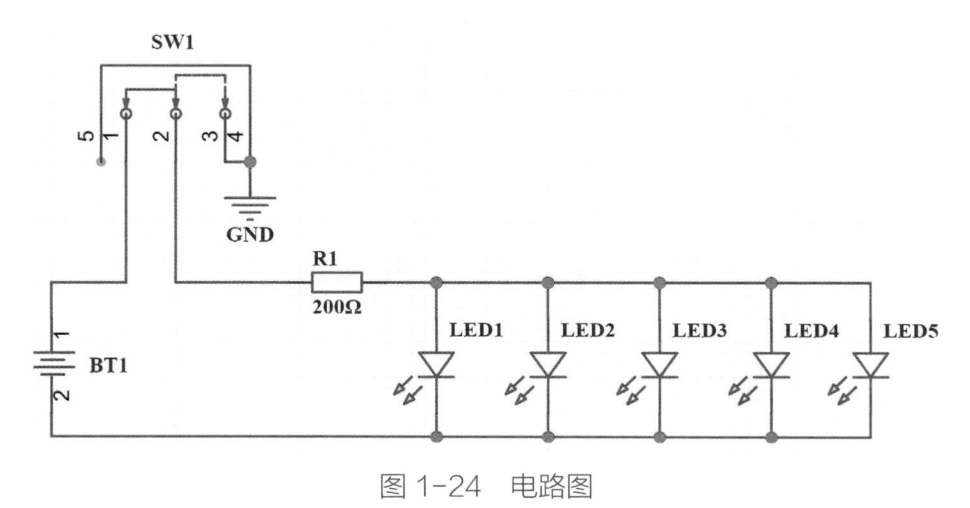

图 1-24 电路图

采用此电路设计方案，还要结合产品定位设计产品外壳。同款电路设计不同的外壳能得到不同的产品，如设计自行车发光尾灯，则应将 PCB 设计为长方形，将产品外壳设计成长方体盒子即可。自行车发光尾灯如图 1-25 所示。

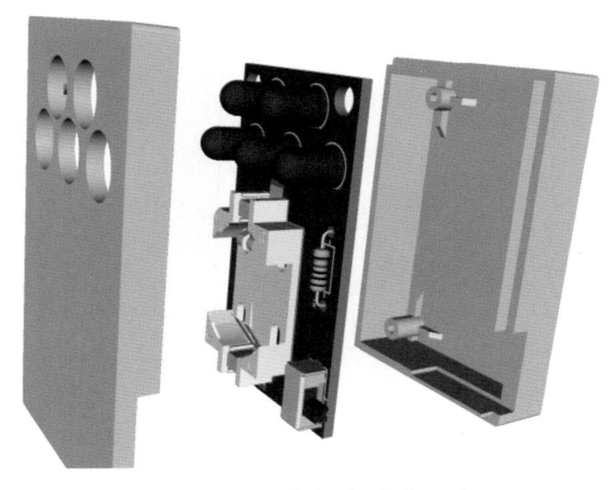

图 1-25 自行车发光尾灯

2. 预览 PCB 设计

采用方案 D 设计小夜灯，还需要对电路进行调整，首先需要增加发光二极管的数量，其次为了方便发光二极管的布局更改，采用发光二极管与控制电路分开的方式设计 PCB。控制电路如图 1-26 所示（图中 P1、P2 是用于接连发光二极管的接口），发光二极管灯头电路如图 1-27 所示（图中 P3、P4 是用于接连电源的接口）。

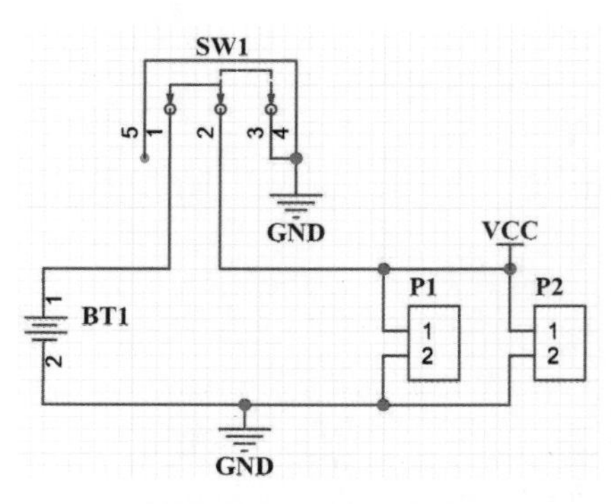

图 1-26　控制电路

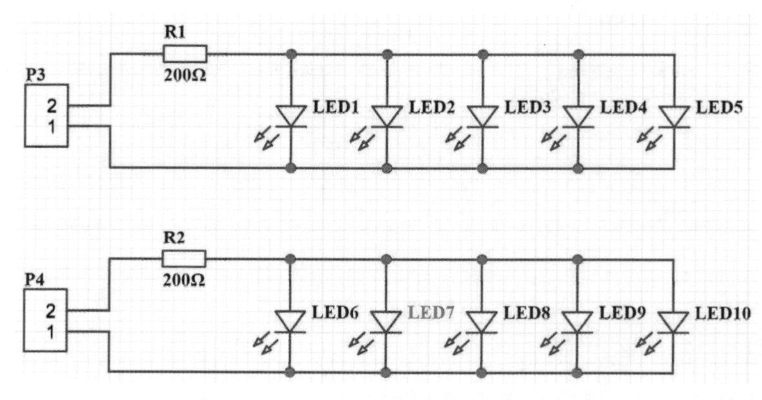

图 1-27　发光二极管灯头电路

采用圆形外壳、控制电路和发光二极管灯头分开设计的方案，设计出的小夜灯更贴近产品定位。外壳方案构思如图 1-28 所示。

外壳设计过程

图 1-28　外壳方案构思

调整电路设计方案，采用电路仿真验证电路设计方案，电路仿真图如图 1-29 所示。

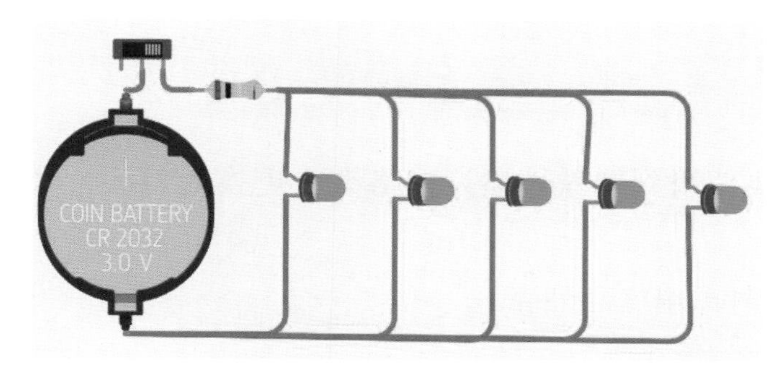

图 1-29　电路仿真图

预览对应的 PCB 设计结果如图 1-30 所示。

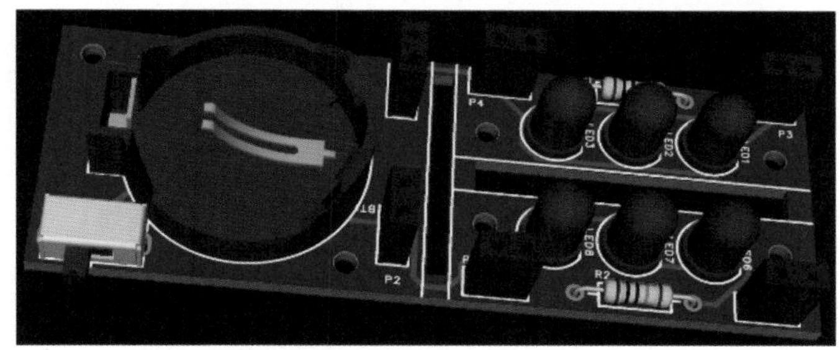

图 1-30　对应的 PCB 设计结果

3. 预览产品外壳设计

利用已设计制作出的 PCB，设计产品外壳，即可得到所要设计的电子产品。同一个 PCB，设计不同的外壳，也可构建出不同的电子产品。如图 1-31 所示为两款不同产品外壳的组装效果。

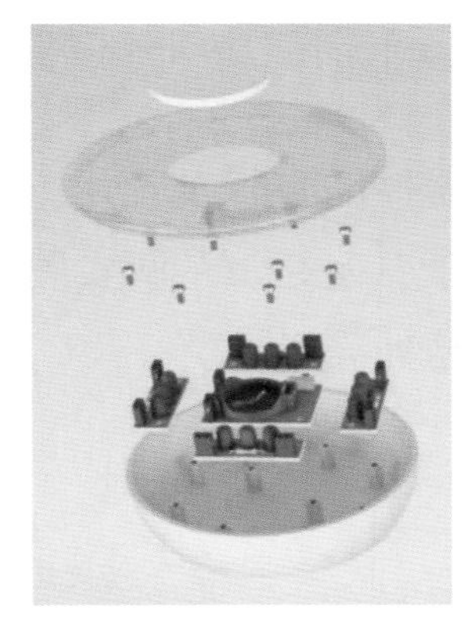

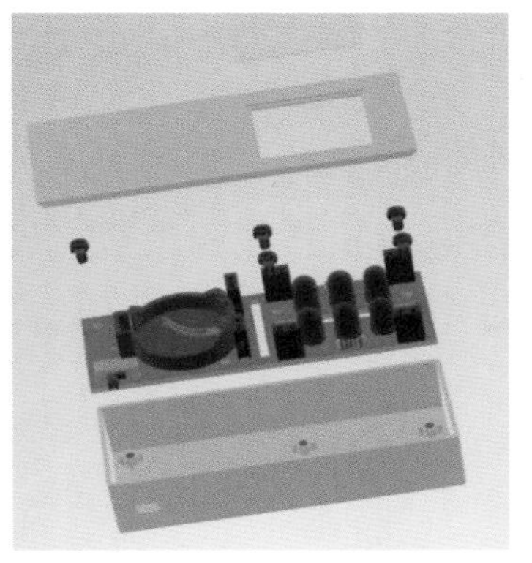

产品动画：小夜灯

图 1-31　两款不同产品外壳的组装效果

4. 产品制作流程

电路制作流程需要使用到烙铁（建议把烙铁头更换为刀头）、烙铁架、焊锡、镊子等工具。

产品制作过程需要打印出产品外壳。

小夜灯电路制作

小夜灯产品组装

四、项目评价与总结

本项目共由 5 个工作任务构成，从初次自主设计产品的角度来探究设计电子产品的基本要素。回顾项目流程图（见图 1-32）进行总结，记录任务完成过程中的体会，见表 1-6。

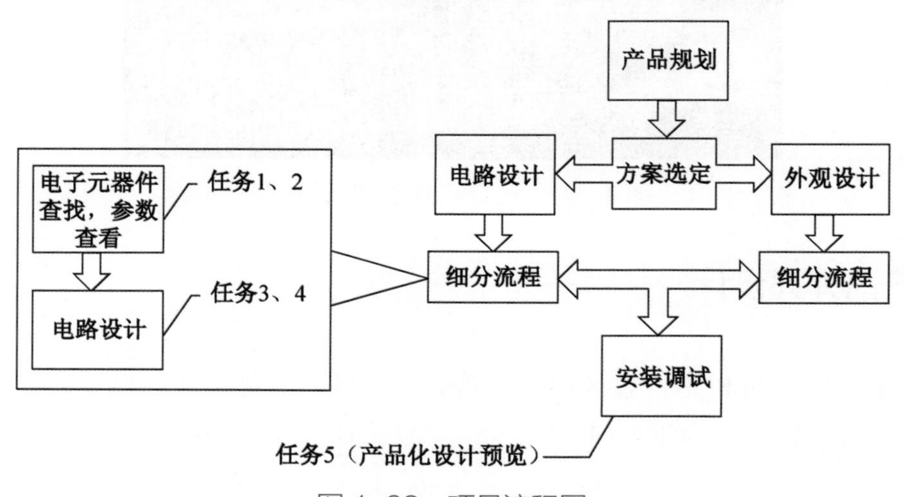

图 1-32　项目流程图

任务 1～任务 4 带领我们熟悉了相关电子元器件的查找及使用方法，基础电路的搭建与调整方法，通过调整电路电子元器件和参数，设计小夜灯，了解实物与图纸间的相互依存关系；任务 5 预览了小夜灯电路图、PCB 设计、产品外壳设计。

表 1-6　体会

序号	任务名	任务说明	体会
任务 1	电子元器件查找	电子元器件的认识与测量：通过查找和实际测量电池、电阻、发光二极管，了解它们的特性和外观特点，学会查找电子元器件参数与资料	
任务 2	电子元器件数据手册查询	点亮发光二极管：通过电子元器件参数与基本电路原理计算并设计电路，通过仿真软件测试、调整与验证电路	
任务 3	电路设计与电路图绘制	改进设计：探究发光二极管电路设计，构想使用场景，手绘电路图	
任务 4	电路设计调整	结构探究：利用串联、并联、混联的基础理论，构建基础的控制电路，了解电子元器件的特性和基本使用条件	
任务 5	产品化设计预览	预览 PCB 渲染图，产品化小夜灯	

完成项目的学习，并对完成情况进行评价，项目评价表见表 1-7。

表 1-7　项目评价表

班级：　组别：　姓名：　日期：					
评价指标		评定等级	自评	组评	教师评价
道德品质	尊敬师长，团结同学，待人诚恳，严于律己，遵纪守法	A			
		B			
		C			
	热爱祖国，热爱集体，社会责任感强，自觉维护集体利益	A			
		B			
		C			
	热爱劳动，珍惜劳动成果，有安全意识和环保常识，珍视生命，保护环境	A			
		B			
		C			
学习能力	学习目标明确，学习积极主动，学习方法合适，学习效率高	A			
		B			
		C			
	学习有计划、有总结、有反思，善于听取他人意见	A			
		B			
		C			
	能够独立思考、提出问题、分析问题、解决问题	A			
		B			
		C			
交流与合作	具有团队精神，与他人团结协作共同完成任务	A			
		B			
		C			
	能约束自己的行为，能与他人交流与分享，尊重和理解他人	A			
		B			
		C			

五、项目拓展习题

1. 填空题

（1）一个 0805 封装的贴片电阻上标有数字“104”，那么它的阻值是_______。

（2）发光二极管两个引脚分别是_______和_______。

（3）欧姆定律的公式为________________。

2. 简答题

（1）手绘电路图会用到什么工具？

（2）采购电子元器件需要注意什么问题？

（3）写出图 1-33 中所表示的贴片电阻的阻值，并在横线上写出计算过程。

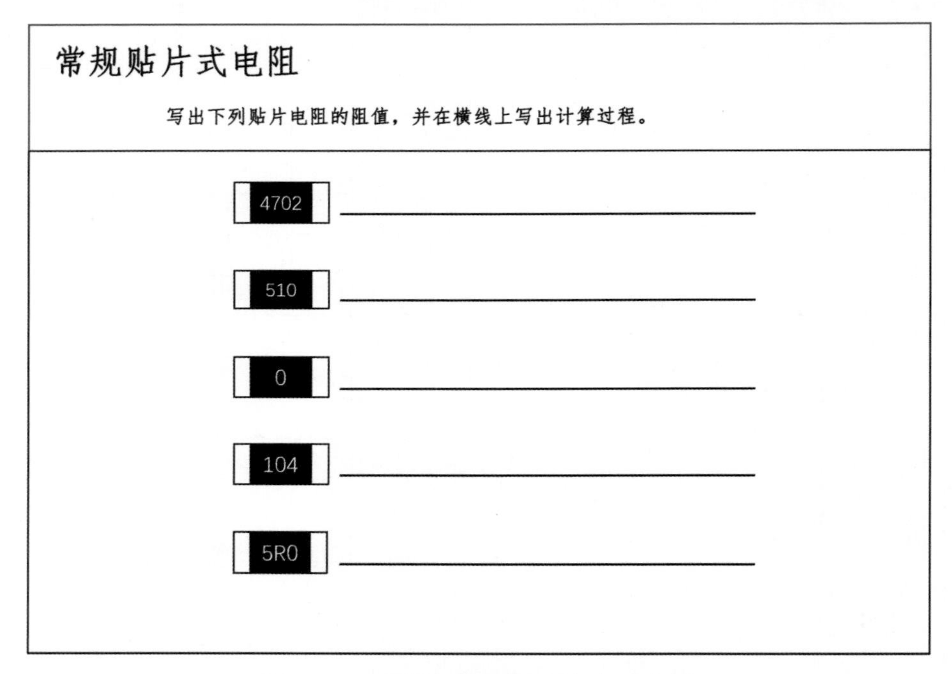

图 1-33　贴片电阻的阻值表示方法

3. 产品设计拓展

使用本项目中的电路设计方案，设计一款野外露营求救灯。要求：使用回收材料制作外壳，焊接电路时注意用电安全。

项目二

小风扇的设计与制作

一、项目描述与目标

1. 项目介绍

项目一着重介绍了在设计产品电路的过程中查找电子元器件及其资料的方法。根据项目实施流程，项目二将深入介绍电子产品设计过程中的电路设计流程，并通过电路设计软件绘制电路原理图。

2. 项目来源

项目一使用的电子元器件比较基础，设计要求简单。本项目将在此基础上，挖掘可调电阻、三极管等电子元器件的潜力，设计电子产品。

场景设想：某乡村希望小学需要组织学生观看一场以“红色之旅”为主题的露天电影。但是当地气象局发布了高温预警信息，考虑到天气炎热无风，校方需要定制一批手持小电风扇（后文中简称为小风扇）送给孩子们。

设计要求：电路结构简单，参数控制简单，产品便于携带。

思政小课堂

红军长征精神

红军战士曾经在食物极度匮乏的情况下，以野菜、野草充饥完成了长征的壮举。在物质生活丰富的今天，我们应当珍惜当下的美好生活，决不能忘记先辈们的付出。以红军长征精神，突破自己的知识、技术极限，用双手创造美好的未来。

3. 项目的现实价值

通过小风扇的设计与制作，掌握电路设计的流程与要点，以及利用电路设计软件绘制电路原理图的方法。小风扇实物图如图 2-1 所示。

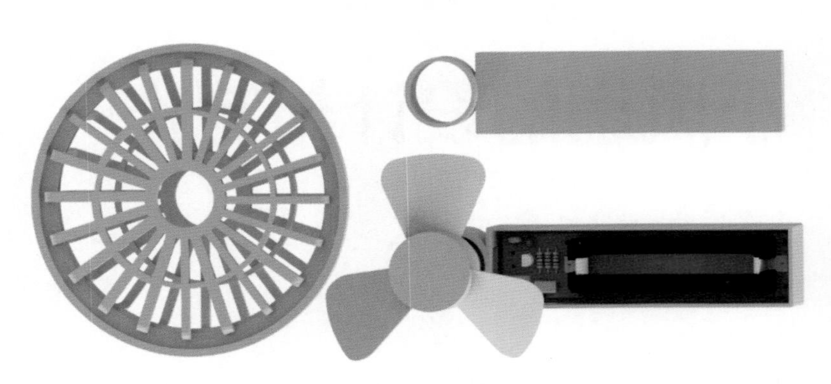

图 2-1　小风扇实物图

产品动画：小风扇

电路设计图纸

4. 项目实施目标

（1）知识目标：掌握电路设计流程。
（2）技能目标：能使用电路设计软件绘制电路原理图。
（3）职业素养：团结协作，合作交流，勇于创新。

二、项目分析与路径

1. 项目分析

小风扇是一种大众化的电子产品，产品功能比较简单。常见的小风扇有固定风速和可调风速两种。本项目以可调风速小风扇为设计目标。

由锂电池给电动机供电，电动机驱动扇叶旋转，从而促使空气流动。简单几个电子元器件就构成了小风扇的电路，产品电路结构图如图 2-2 所示。

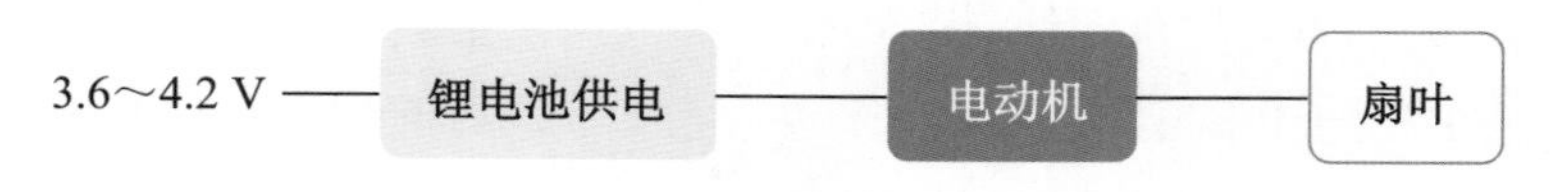

图 2-2　产品电路结构图

上面的产品电路结构虽然具备了产品的主要功能，但并不完善，如产品电路结构中没有开关，不能控制电路的启动和关闭，锂电池如何充电等，可见，目前产品的可控性差、稳定性也较差。

在产品规格和方案选定阶段，应该对电子产品的基本功能和使用方式进行构思。

设计分析

产品作用：定速出风或可调速出风。

设计思路：锂电池给电动机供电，电动机（使特定的电子元器件调速）带动扇叶出风。

电路设计：电动机控制（调速）电路。

外观设计：体积小、便于携带，有调速按键（或旋钮），可用电池供电（或插电使用）。

优化后的产品电路结构图如图 2-3 所示，接下来可根据这个产品电路结构图设计电路。

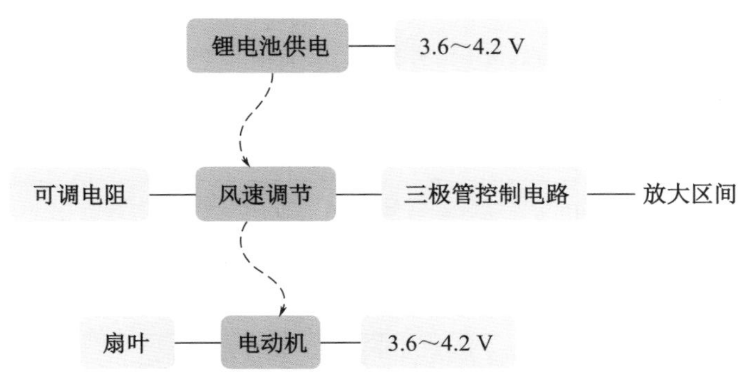

图 2-3 优化后的产品电路结构图

2. 项目路径

本项目共由 5 个任务构成，重点从电路图绘制的角度来探究设计电子产品的基本要素。

任务 1、任务 2 继续巩固学习查找和选择常见电子元器件的方法；任务 3、任务 4 将使用嘉立创 EDA（专业版）软件绘制电路图；任务 5 预览 PCB、产品外壳及产品的设计结果。项目任务分布如图 2-4 所示。

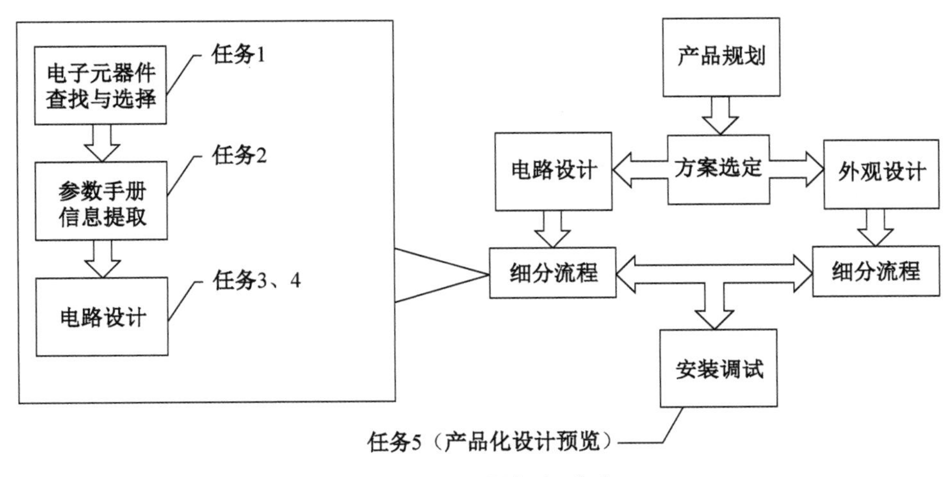

图 2-4 项目任务分布

三、项目准备与实施

1. 项目准备

通过实践，了解电路设计与电路图绘制的流程，任务分布见表 2-1。

表 2-1　任务分布

序号	任务名称	任务说明
任务 1	电子元器件查找与选择	了解三极管的基本参数、特性和外观特点，学会查找三极管等电子元器件的数据手册等资料，并根据其参数进行选择
任务 2	数据手册信息提取	查找其他所需的电子元器件，通过数据手册提取关键参数，通过简单计算得出设计参数，并了解电子产品设计开源平台
任务 3	电路设计软件介绍	学习嘉立创 EDA（专业版）软件的使用
任务 4	电路图绘制	改进设计：探究三极管控制电路设计，构想使用场景，使用电子辅助设计软件绘制电路图
任务 5	产品化设计预览	预览 PCB 设计结果，产品化小风扇

2. 项目实施

任务 1～任务 4 通过小风扇的设计与制作，了解电路原理设计及电路图绘制对电子产品设计的影响。任务 5 了解完成小风扇设计与制作所需的其他步骤，以及相应步骤操作会得到什么结果。

任务 1　电子元器件查找与选择

项目一用到了发光二极管、电池、电阻、开关，重点介绍了这些电子元器件的查找方法和数据手册的获取方式。本任务在上一个项目的基础上，进一步探究可调电阻、电动机等元器件的查找与使用。

任务分析

本任务将通过查找电动机、可调电阻的参数，了解电动机、可调电阻的使用方式。一旦选定一款电动机，将会影响到后面的全部设计。

任务实施

1. 选择电动机：获取电动机参数，绘制电动机电路。
2. 选择可调电阻：获取可调电阻的电路参数，改进电动机电路。

1. 选择电动机

电动机是一种通过改变内部线圈磁场方向，从而把电能转换成机械能的电磁机械设备。电动机的用途广泛，种类繁多。电动机按其性能参数有多种不同的分类方式，如按其使用的电源类型的不同可分为：交流电动机、直流电动机；按其转速大小可分为：低速电动机、高速电动机；根据其运行时的噪声大小可分为：静音电动机、普通电动机。小风扇产品设计所需的电动机，需要满足小巧轻便、功率适中、转速合适、静音等条件，其实物图如图 2-5 所示。

图 2-5　电动机实物图

选择电动机时，需要了解它的基本参数，如运行电压、运行电流、输出扭矩、转速、噪声等是否满足产品设计需求，同时还需要考虑产品生产成本。为了选到优质、低成本的电子元器件，可以通过常见的电子元器件采购平台查看并采购。本项目可采用直流低压低速的静音电动机，静音电动机的数据手册如图 2-6 所示。

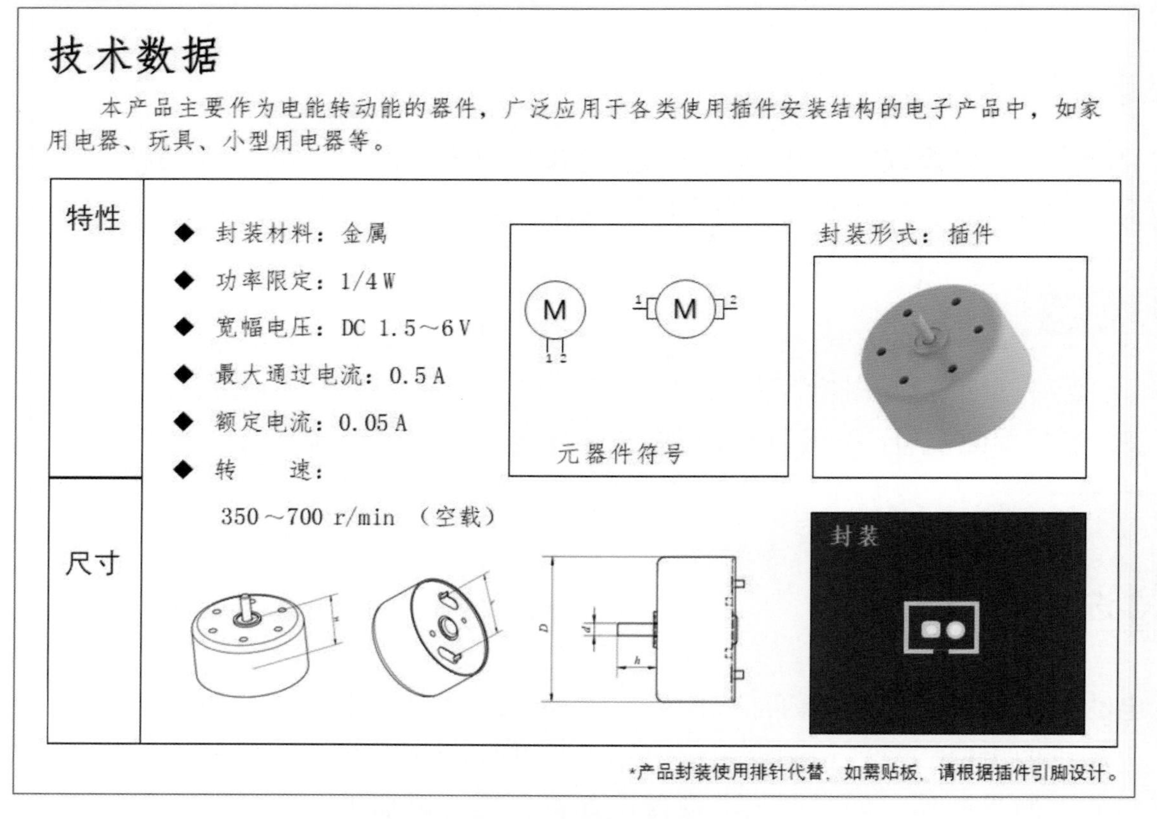

图 2-6　静音电动机的数据手册

通过阅读数据手册可知这款静音电动机的宽幅电压（即工作电压）为 DC 1.5～6V，电动机的转速受工作电压大小的影响。根据图 2-2 所示由锂电池给电动机供电，可先设计出电动机电路，如图 2-7 所示，其仿真图如图 2-8 所示。

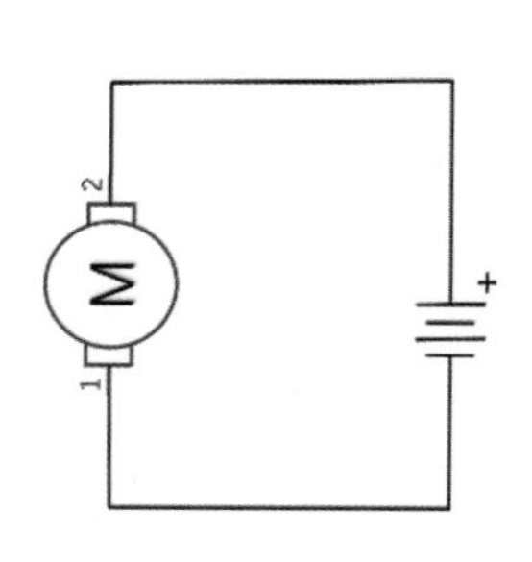

图 2-7　电动机电路

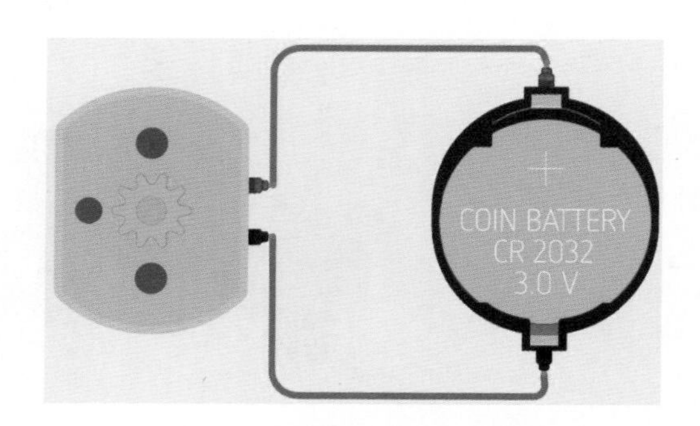

图 2-8　电动机电路仿真图

从自己动手制作（DIY）产品的角度考虑，需要给这个电路增加一个手柄，将电池封装在手柄中，将电动机固定在手柄上，并在电动机转轴上安装扇叶，就能得到一个简单的小风扇。但从产品的角度考虑，其在完整性、可控性等方面还未达标。要想调节小风扇的转速，只要通过改变直流电动机两端电压的大小来改变电动机的输出转速即可。

2. 选择可调电阻

电动机在电路中可以等效为一个电阻和一个电感串联，如图 2-9 所示。

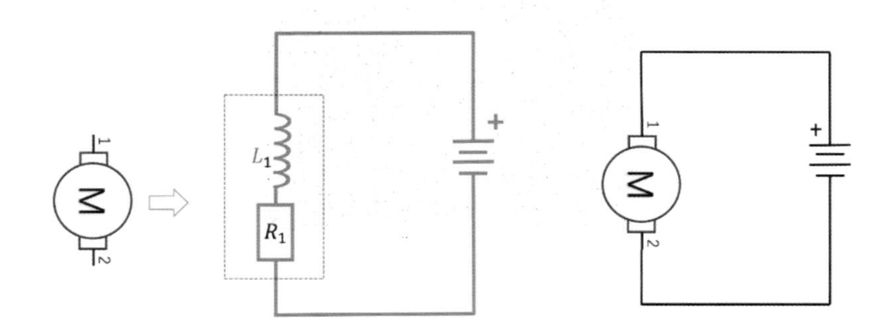

图 2-9 电动机电路原理等效图

分析图 2-9，电感 L_1 会影响电路电压、电流的变化，现假设电压、电流、温度数值稳定，影响电动机两端电压大小的只有电阻 R_1，而改变电动机两端电压的大小可以通过更换电池或者通过串联额外的电阻实现。更换电池在实际使用中不方便，因此可选择串联电阻。以下是两种串联电阻的修改方案比较，如图 2-10 所示。

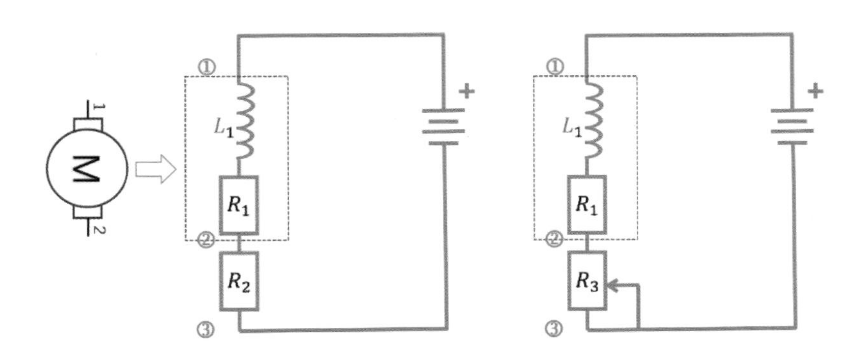

图 2-10 修改方案比较

电阻 R_2 为固定阻值电阻，R_2 会“分走”一部分电压，从而影响电动机两端电压的大小，电阻 R_2 的阻值越大，“分走”的电压越多。改变电动机速度只需要改变电阻 R_2 的大小即可，但是每次更换固定阻值电阻需要拆装、再焊接电阻，因此可选择使用可调电阻 R_3 替换电阻 R_2 即可。

在电路部分参数尚不明确的情况下，可以选择使用可调电阻作为阻值补偿，用于产品调试阶段调整电路的参数，使电路处于良好的运行状态或输出理想的运行结果。如图 2-10 所示，将普通电阻更换为可调电阻后，初步达成了小风扇可调速的基础目标。可调电阻的符号、封装、实物对照图如图 2-11 所示，需要注意引脚对应封装的孔位，以免在绘图时出现重大技术失误。

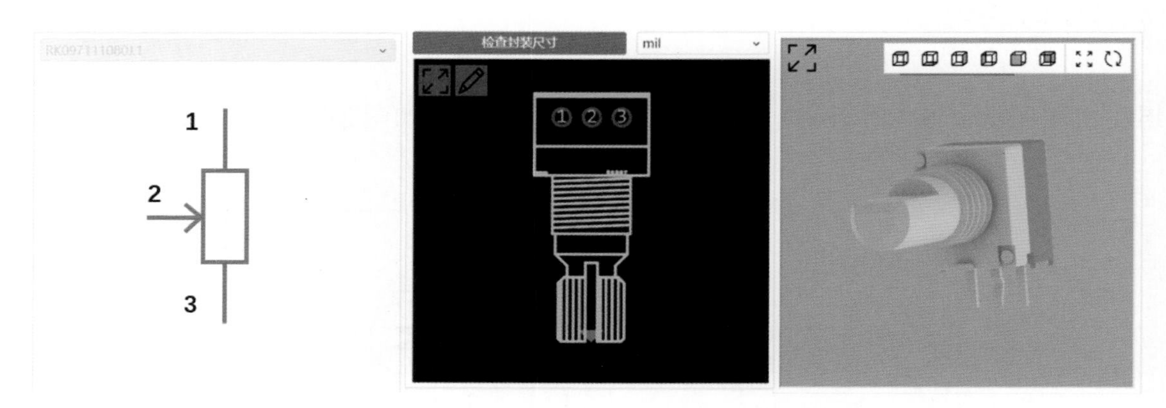

图 2-11　可调电阻的符号、封装、实物对照图

选择合适的可调电阻需要了解其阻值和可调范围。电动机的转速与流过电动机线圈的电流大小有关。为了能够正常开启或关断电动机，可调电阻的总阻值应远大于电动机的线圈阻值，且具有较大的可调范围。可调电阻的数据手册如图 2-12 所示。

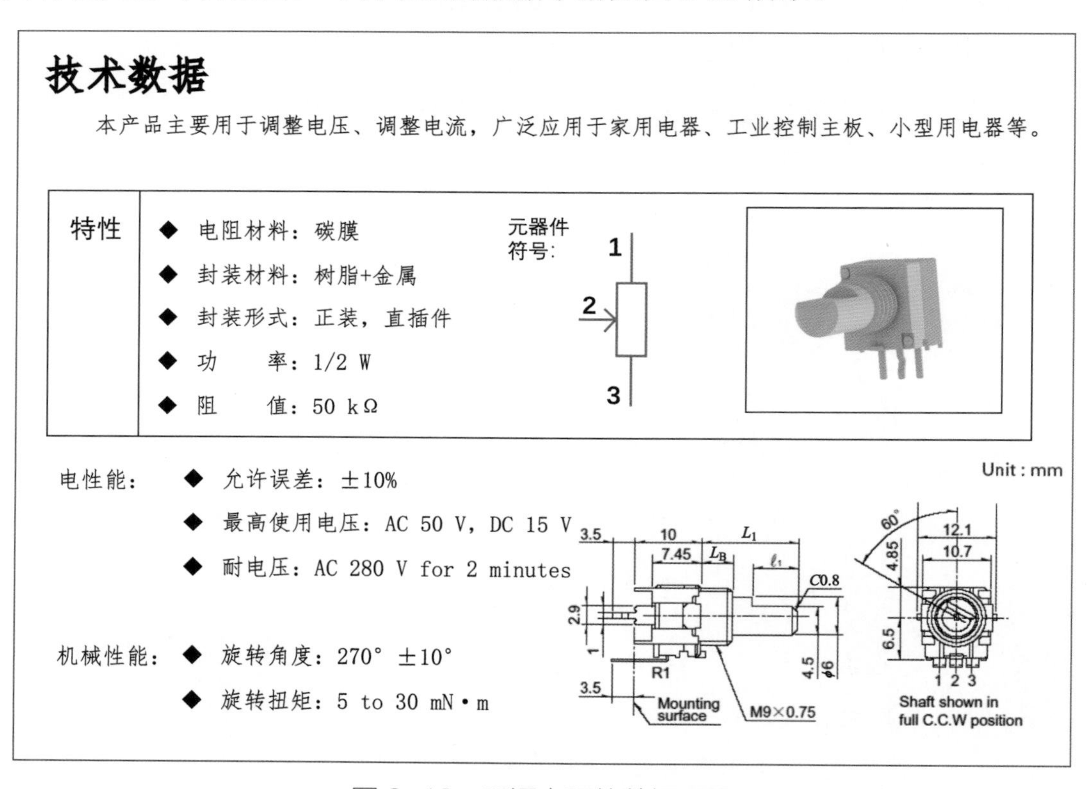

技术数据

本产品主要用于调整电压、调整电流，广泛应用于家用电器、工业控制主板、小型用电器等。

特性
- 电阻材料：碳膜
- 封装材料：树脂+金属
- 封装形式：正装，直插件
- 功　　率：1/2 W
- 阻　　值：50 kΩ

元器件符号：1 2 3

电性能：
- 允许误差：±10%
- 最高使用电压：AC 50 V，DC 15 V
- 耐电压：AC 280 V for 2 minutes

机械性能：
- 旋转角度：270° ±10°
- 旋转扭矩：5 to 30 mN·m

图 2-12　可调电阻的数据手册

任务2 数据手册信息提取

任务1中使用电动机、锂电池、可调电阻构建的小风扇电路，初步实现了可调速风扇的基础目标。使用相应的电子元器件搭建电路进行测试，实物接线效果图如图2-13所示。

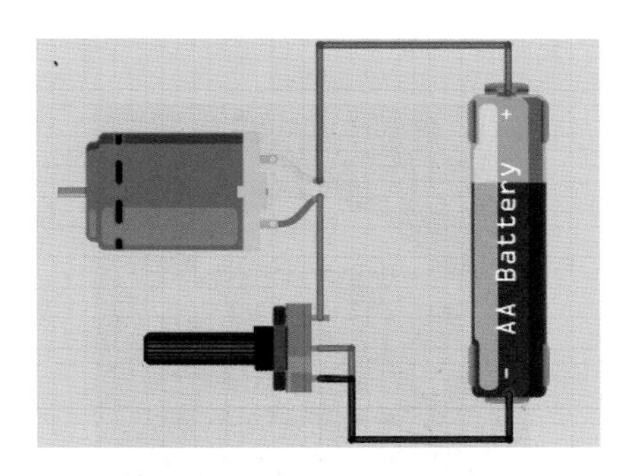

图2-13 实物接线效果图

经测试，电路可以运行，但随着运行时间变长，出现电量损耗过快和可调电阻发热等问题。从图2-10可知，电路中出现2个同种性质的负载，电动机耗电的同时，与它串联的电阻也必然消耗电能。

任务分析

想要达到理想的控制方式，且起控制作用的电子元器件不能消耗太多的电能，不能采用这种电流型的电子元器件串联在负载回路里。那么有没有什么电子元器件既能控制电压，自身又不消耗过多能量呢?

在前面的任务中提到了发光二极管的核心是PN结，PN结反向接入电源时会出现截止的状态。截止状态的PN结，结面电压高于两端电压，阻碍了电流的前进。利用PN结的性质设计出的三极管可以通过微小电流控制大电流的运行情况，从而可以控制三极管两端的电压大小。

任务实施

1. 选择三极管：获取三极管参数，绘制电动机电路。
2. 了解开源平台：获取电路设计方案，了解开源平台。
3. 选择三极管电路：选择三极管典型电路。

1. 选择三极管

三极管作为常见的电子元器件，使用场景十分广泛，可以分为 PNP 型和 NPN 型两种，电子技术类书籍中都有较为详细的介绍。受限于篇幅，在本任务中重点设计三极管控制电路，着重分析三极管典型放大电路在设计小风扇产品中的应用。

通过“立创商城”选择“二极管/晶体管”→“三极管/MOS 管/晶体管”→“三极管（BJT）”选项，即可看到种类众多的三极管。三极管的符号、封装、实物对照图如图 2-14 所示。

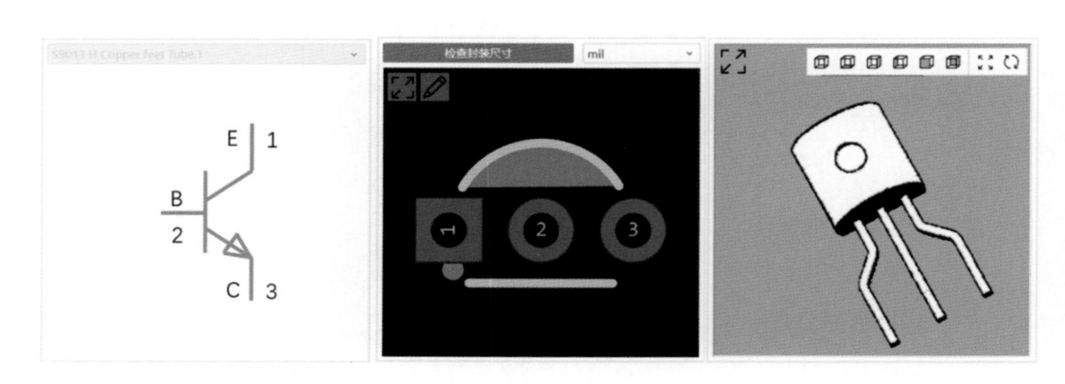

图 2-14　三极管的符号、封装、实物对照图

选择三极管时要注意三极管的管型（NPN 型/PNP 型）、U_{CEO}（最大击穿电压）、I_C（集电极最大电流），基于这三个基本参数，再查看其他参数是否符合要求。随机查找一款三极管的数据手册，如 S9013-DA6 三极管，其数据手册如图 2-15 所示。

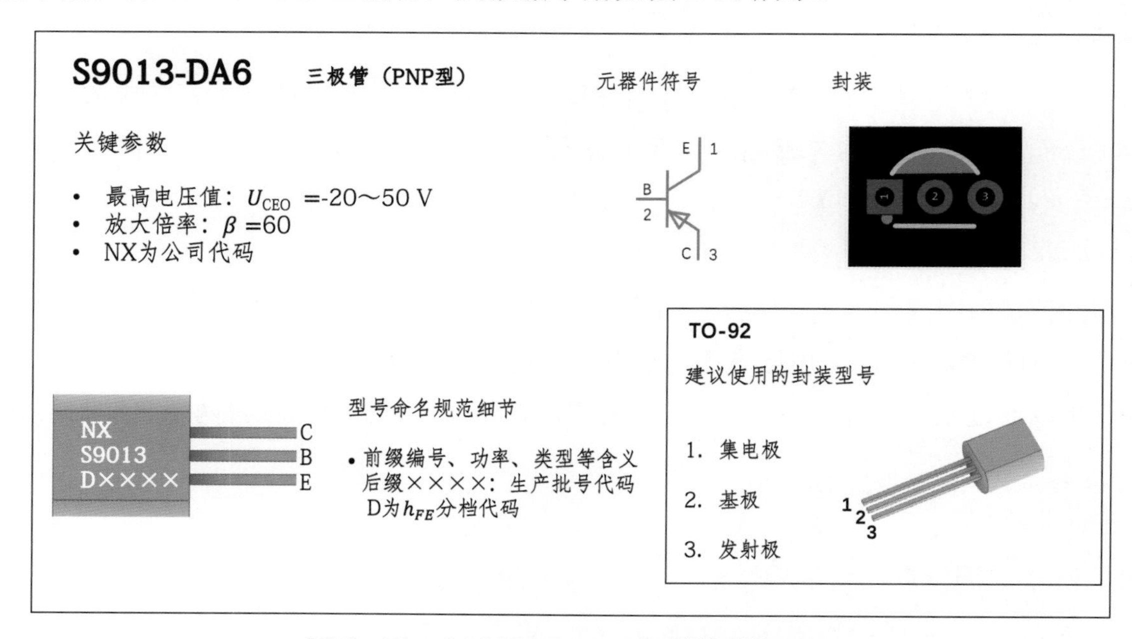

图 2-15　S9013-DA6 三极管的数据手册

常见的三极管型号有 901×系列、8050 和 8550 系列等。S8050-C6A 三极管的数据手册如图 2-16 所示。根据设计分析得出的基础电路构思，准备需要使用的电子元器件，找出它们的数据手册，对重要的电子元器件的关键参数做好记录和分析。

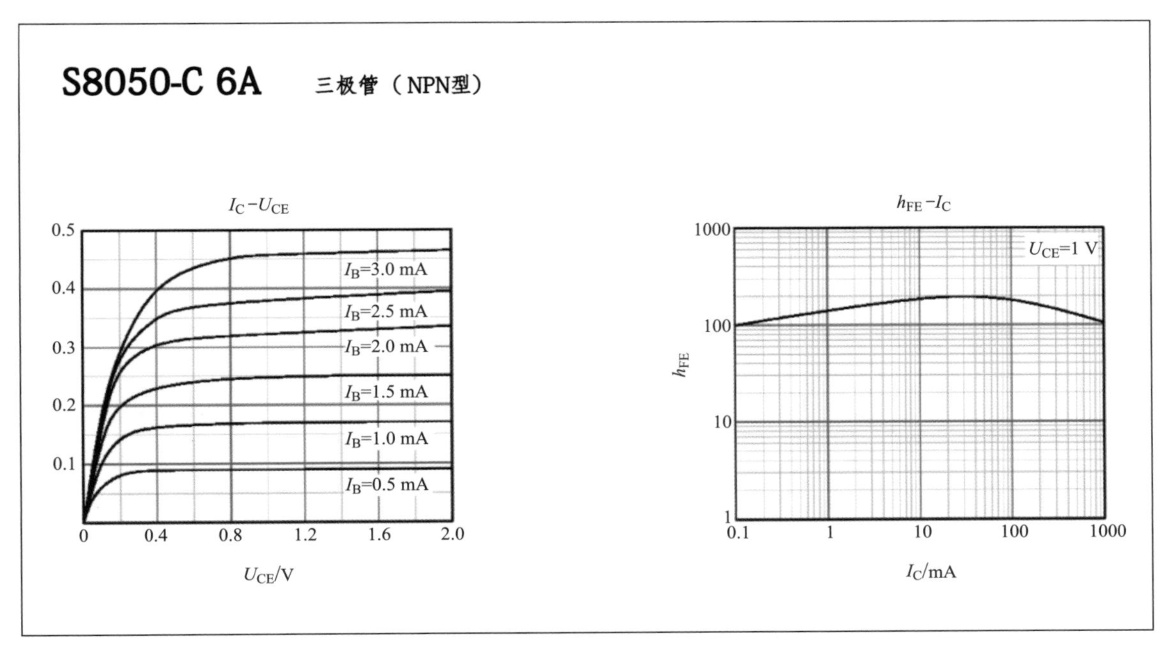

图 2-16 S8050-C6A 三极管的数据手册

通过比较 PNP 型三极管和 NPN 型三极管的参数差异，可以发现 $U_{CEO} < 50$ V 的三极管更适合本项目设计需求。由此可见，在电子元器件的查找过程中，需要对电子元器件的参数进行分析、比较，甚至需要使用网络采购平台查找并采购该电子元器件进行实验测试。

通过数据手册可以看到三极管的性能直接体现在电子元器件的运行参数上，三极管拥有三种运行状态：截止、放大、饱和。通过回忆所学知识或查找资料，在三极管工作状态曲线（见图 2-17）中标出三极管的三种运行状态。

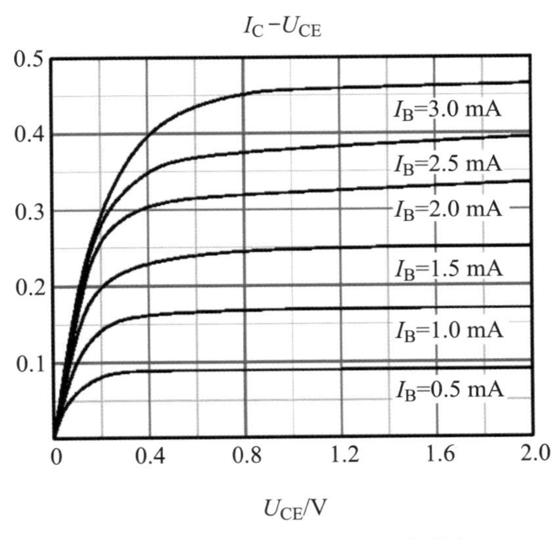

图 2-17 三极管工作状态曲线

2. 了解开源平台

设计电子产品时，根据电子产品的功能特点查找拥有相似功能的电路方案，在电路图中圈出需要的部分进行电路分析，也可以通过电路仿真手段验证，网页仿真平台有 Tinkercad。在浏览器中搜索“Tinkercad”，注册并登录后即可免费使用。

如果你在设计产品的过程中缺乏灵感，或者在设计电路的过程中遇到电路原理方面的问题，可以通过查阅电子技术类书籍查找答案，或通过网络查找相似方案的电路图。国内有许多优秀的电子产品硬件设计开源平台，如“立创开源硬件平台”“电子发烧友”“电子信息港”等。立创开源硬件平台如图 2-18 所示。

图 2-18 立创开源硬件平台

电路设计模仿是电路设计逆向工程（抄板）的步骤之一。找到电路之后，需要注意电路中的电源类型、电压范围，关键电子元器件在电路中的作用。

思政 创作开源

电路设计开源是技术传承、科技共享的体现。通过协作、共享，让更多人参与电路设计的行列，吸纳创新、创意。让电子工程师和电子设计爱好者在开源中学习、收获，用分享促进创新，接力传递技术，共同促进科技发展。积极拥抱开源，共促科技发展。

3. 选择三极管电路

为了方便项目设计，对三极管典型电路进行比较和选择，选择一款适合本项目的三极管电路，设计修改电动机调速电路。三极管典型电路见表 2-2。

表 2-2　三极管典型电路

序号	电路图	功能描述	适用场景
A	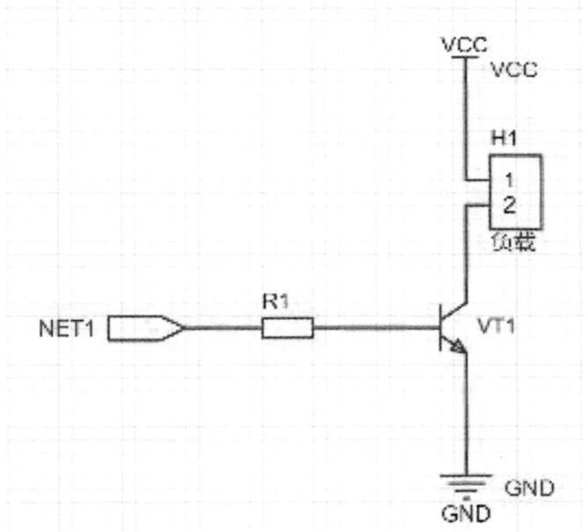	常见的三极管驱动电路，电阻有限流作用，由三极管在负载低侧驱动	用于指示灯、继电器线圈、数码管等元件的低侧驱动
B	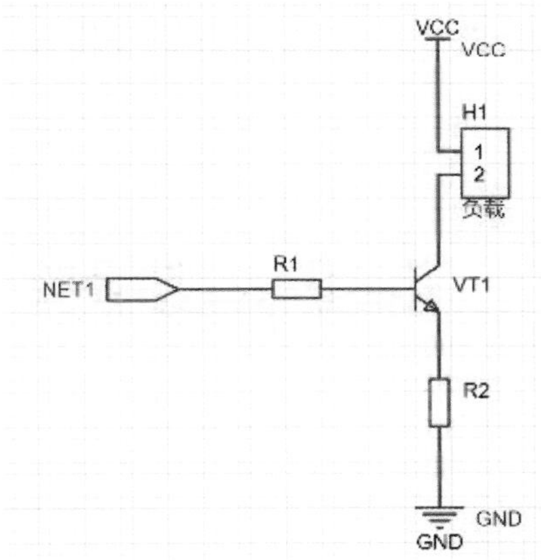	电流越大，R2“分走”的电压越多，使得 R1 的电压、电流降低，实现负反馈	负载低侧反馈调节电路
C	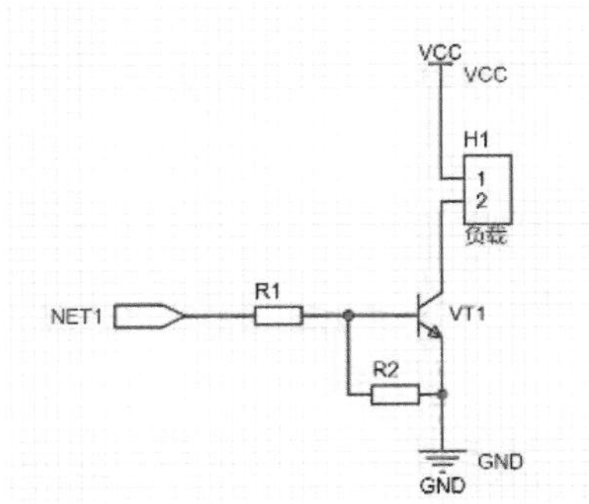	与方案 A 相同，R2 能确保 NET1 信号断开时，三极管不受外界信号干扰	可将输入信号 NET1 的相位反转，作为反向电流使用

续表

序号	电路图	功能描述	适用场景
D		B、C 方案的结合体	综合控制电路
E		隔直流、通交流，交流信号放大电路	用于放大信号

小风扇产品设计选用低速、直流的电动机，不能用交流驱动，也不需要反馈，因此选择方案 A 即可。

任务 3　电路设计软件介绍

任务 2 调整电路设计后，得到一个由可调电阻、三极管、电动机构成的小风扇电路，该电路能够实现调节电动机转速的目标。小风扇电路如图 2-19 所示。

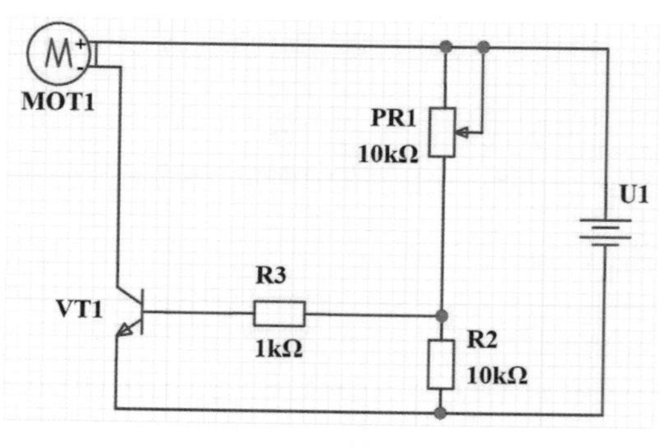

图 2-19　小风扇电路

任务分析

电路设计是一个科学严谨的过程，绘制如图 2-19 所示的电路图必须借助电子辅助设计软件。本任务将学习使用电子辅助设计软件来完成产品的电路设计。EDA（Electronic Design Automation）是计算机辅助设计软件的一种，早期的 EDA 软件主要用于完成集成芯片的设计，随着电子产品硬件集成度的提高，针对电路设计的电子辅助设计软件也逐渐发展壮大。本书以嘉立创 EDA（专业版）软件为工具，学习电路设计的流程。

任务实施

1. 了解嘉立创 EDA（专业版）软件。
2. 安装软件与熟悉界面：了解嘉立创 EDA（专业版）软件的安装步骤，熟悉界面。
3. 新建工程：使用嘉立创 EDA（专业版）软件新建电路设计工程。

1. 了解嘉立创 EDA（专业版）软件

嘉立创 EDA（专业版）软件是我国企业自主研发的电路绘图软件，针对我国广大硬件工程师和相关电子设计从业人员做了许多优化，更符合国人的电路设计使用习惯。嘉立创 EDA（专业版）软件作为后起之秀，打破了电子辅助设计软件领域的固有格局，受到我国电子行业从业者、电子兴趣爱好者、教科研人员的喜爱。

嘉立创 EDA 作为针对电子工程师、电子兴趣爱好者、供货商等人群的专业设计软件，拥有丰富的实用功能，如团队协同办公、电路仿真、高精度放置、主动保存、快捷操作等。“嘉立创”首先推出的是嘉立创 EDA（标准版）软件，2020 年“嘉立创”又推出了嘉立创 EDA（专业版）软件，这极大地降低了电子产品设计兴趣爱好者的设计门槛，使个人独立设计制作电子产品变得十分容易。

嘉立创 EDA（标准版）与嘉立创 EDA（专业版）软件图标如图 2-20 所示，两款软件的基础功能相同，不同之处如下。

（1）标准版。

① 简单易用，提供电路设计参考。

② 单个工程界面最多支持 300 个电子元器件的设计布线。

③ 可以进行简单的电路仿真（需要选择具有仿真数据的电子元器件）。

④ 适宜入门学习。

（2）专业版。

① 具有全新的交互和界面。

② 流畅支持超过 3 万个电子元器件或 10 万个焊盘的设计规模，支持面板和外壳设计。

③ 提供更严谨的设计约束，更规范的流程。

④ 更适合用于电子产品的设计与量产。

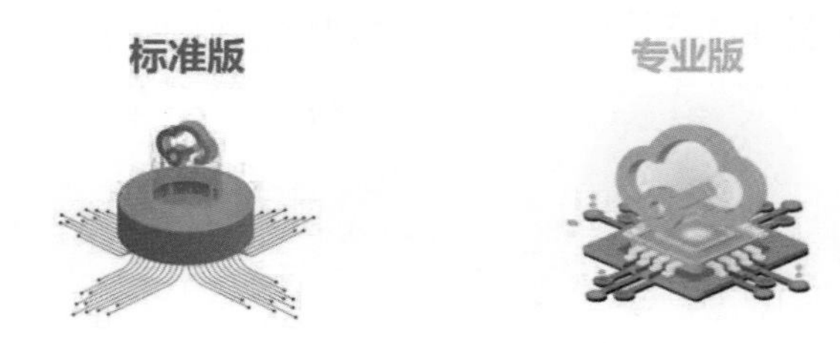

图 2-20　图标

嘉立创 EDA（专业版）软件是一款基于云平台设计的电子辅助设计软件，它既可以通过网站直接打开，也可以安装客户端，满足了互联网时代随时随地进行工程设计的需求，通过网页将自己的设计灵感记录下来。网页版嘉立创 EDA（专业版）软件界面如图 2-21 所示。

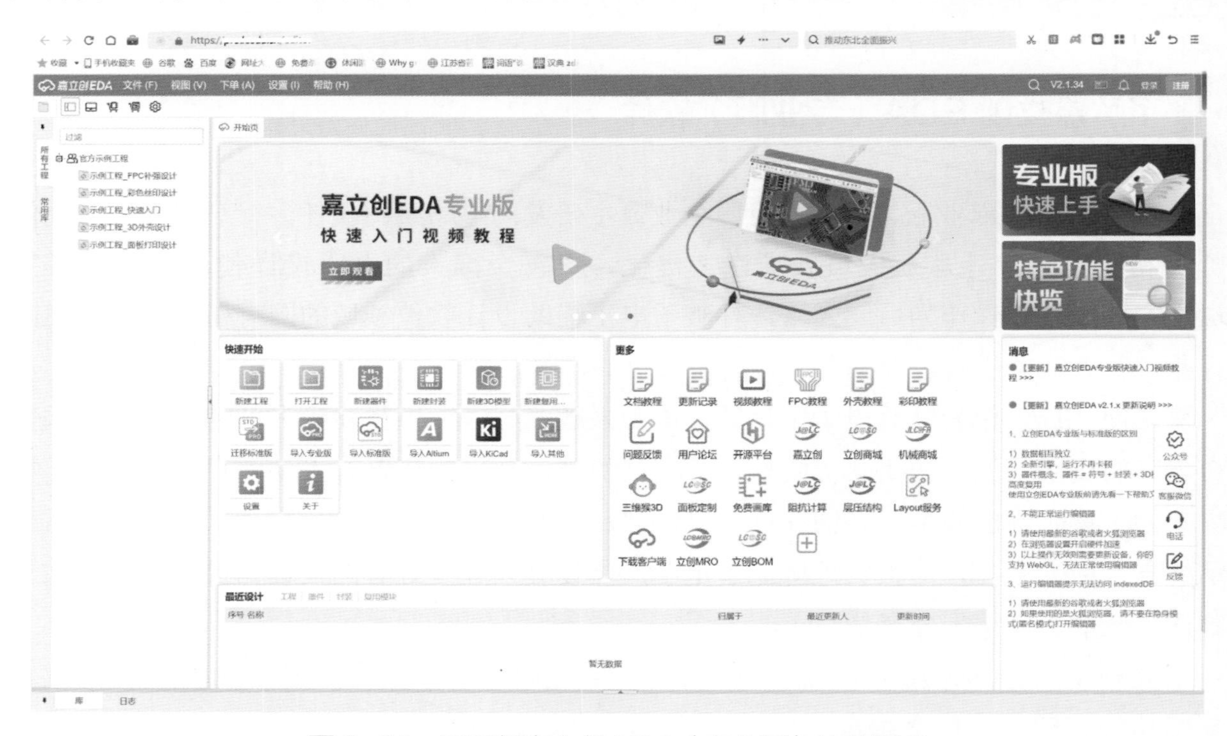

图 2-21　网页版嘉立创 EDA（专业版）软件界面

嘉立创 EDA（专业版）软件不仅是简单的电路设计软件，还集成了电路设计工程、三维模型设计、同步其他电子设计工程软件设计的电路工程、电子元器件采购、PCB 打样、SMT 贴片等实用功能，提供了完整的电子产业链闭环，为用户提供了完整的一站式电子工程设计解决方案，降低了非电子产品设计工程师设计电子产品的门槛。

注意：嘉立创 EDA（专业版）软件囊括了电子元器件选择、电子元器件采购、电路设计、PCB 打样、SMT 贴片、外观设计、3D 外壳打样等环节，通过这个软件平台可以完成电子产品电路的设计和打样。

同时“嘉立创”作为国内知名的硬件方案开源共享平台，设计的作品可以在“立创开源硬件平台”进行开源，与广大网友进行探讨，为促进中国电子工业发展添砖加瓦。平台使用流程如图 2-22 所示。

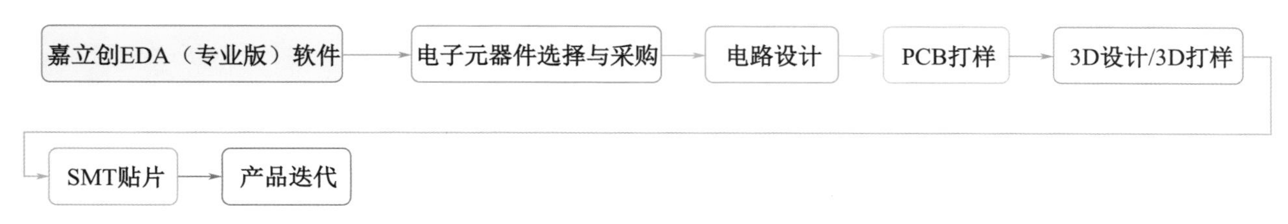

图 2-22　平台使用流程

2. 安装软件与熟悉界面

（1）嘉立创 EDA（专业版）软件客户端版本的安装方法。

在浏览器中搜索“嘉立创 EDA”→打开国产嘉立创 EDA（专业版）网站→选择“下载客户端”→根据计算机的配置和系统选择对应的版本进行下载。嘉立创 EDA（专业版）软件的安装可以根据“嘉立创”提供的《安装与使用说明》逐步进行。客户端下载界面如图 2-23 所示。

图 2-23　客户端下载界面

专业版的客户端安装完之后需要联网激活才能使用，对于没有网络的地方，建议使用嘉立创 EDA（专业版）软件，按照使用说明安装并注册激活客户端之后即可正常使用。使用过程中即使网络中断，也不会影响绘制工程项目，但是 PCB 的 3D 渲染和电路仿真会出现封装无法正常显示或数据出错的情况。

嘉立创公司还为我国自主研发的操作系统设计了专用的版本，支持自主研发系统的发展是一个优秀中国企业的行为典范。

（2）嘉立创 EDA（专业版）软件客户端版本的界面介绍。

① 双击“嘉立创 EDA（专业版）”软件客户端图标（见图 2-24），打开客户端。

图 2-24　“嘉立创 EDA（专业版）”软件客户端图标

② 进入客户端界面后，界面布局与网页版嘉立创 EDA（专业版）软件（见图 2-21）的相同。客户端不仅会显示最近绘制的工程，还会有“示例工程”供设计者参考，建议使用该软件前查看示例工程，学习经典的设计案例。

③ 想要绘制如图 2-19 所示的小风扇电路图，需要在“快速开始”栏选择“新建工程”选项，在弹出的“新建工程”对话框中填写“工程”名称，并选择工程存储的“工程路径”，如图 2-25 所示。

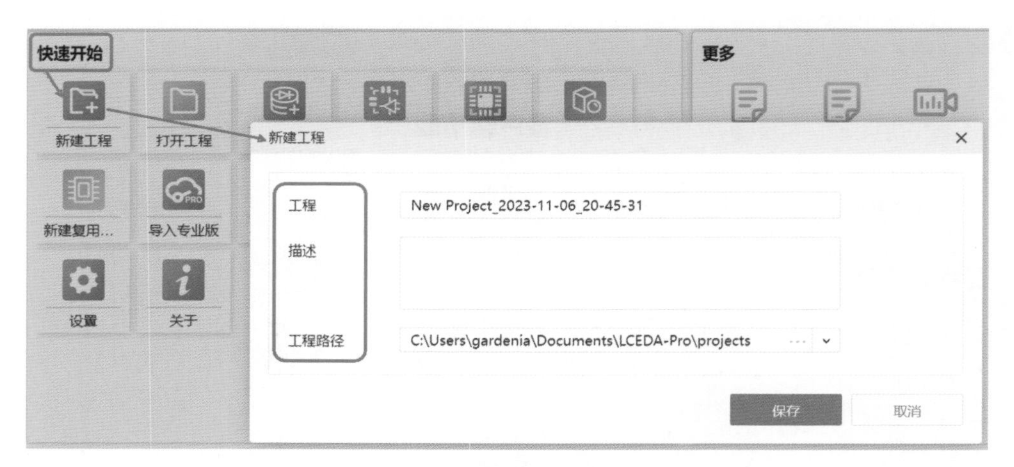

图 2-25　新建工程

注意：“新建工程”对话框中的“描述”栏可以用于填写工程的详细描述或者工程设计思路。工程描述可以为后续电路开发，项目快速移植提供便利。工程描述需要记录电路工程的关键参数、关键指标、设计要求、测试条件和尺寸参数等信息。

④ 单击“保存”按钮，进入主界面，在左侧“图页”选项卡中可以看到自动生成的

PCB 工程“Board1”，其中包含电路图文件夹“Schematic1”和 PCB 文件“PCB1”。单击“Schematic1”文件夹，然后双击“1.P1”即可进入电路图绘制界面，可以根据图 2-19 绘制小风扇电路图了。操作步骤如图 2-26 所示。

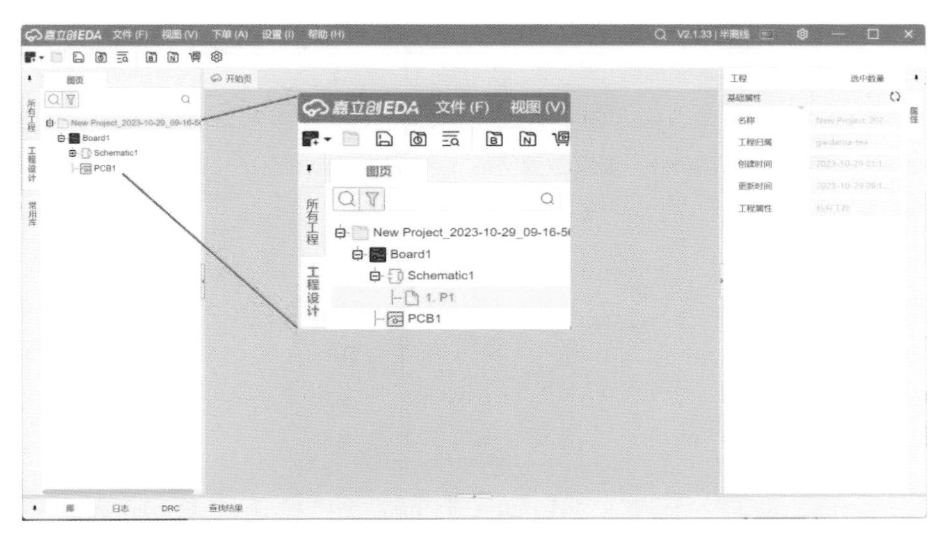

图 2-26　操作步骤

任务 4　电路图绘制

任务 3 介绍了嘉立创 EDA（专业版）软件，通过嘉立创提供的软件操作手册可以获取更多的操作信息。完成任务 3 后进入工程的电路图绘制界面，如图 2-27 所示。

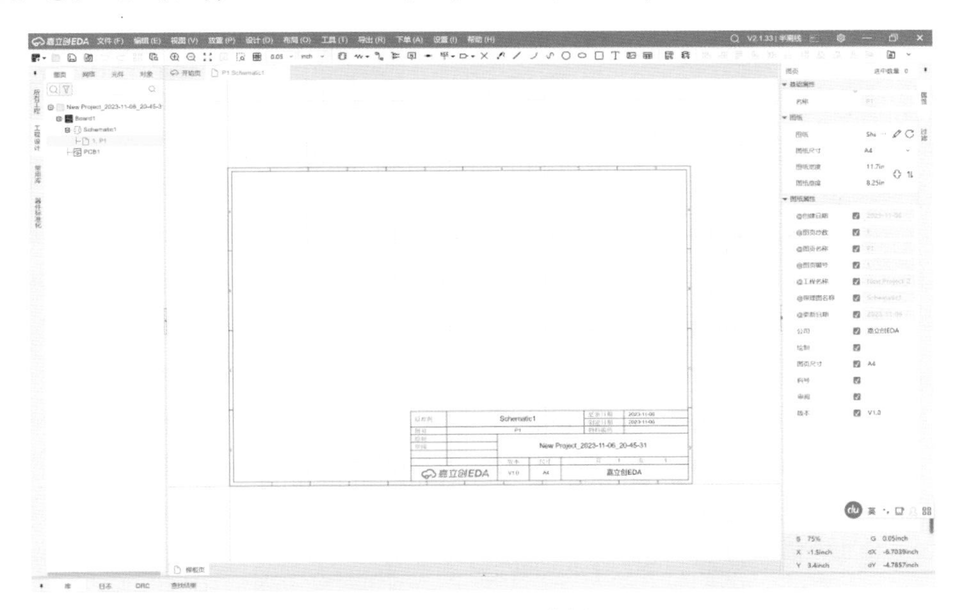

图 2-27　电路图绘制界面

任务分析

在软件的绘图区完成电路图的绘制，绘制过程可分为以下几个步骤，如图 2-28 所示。

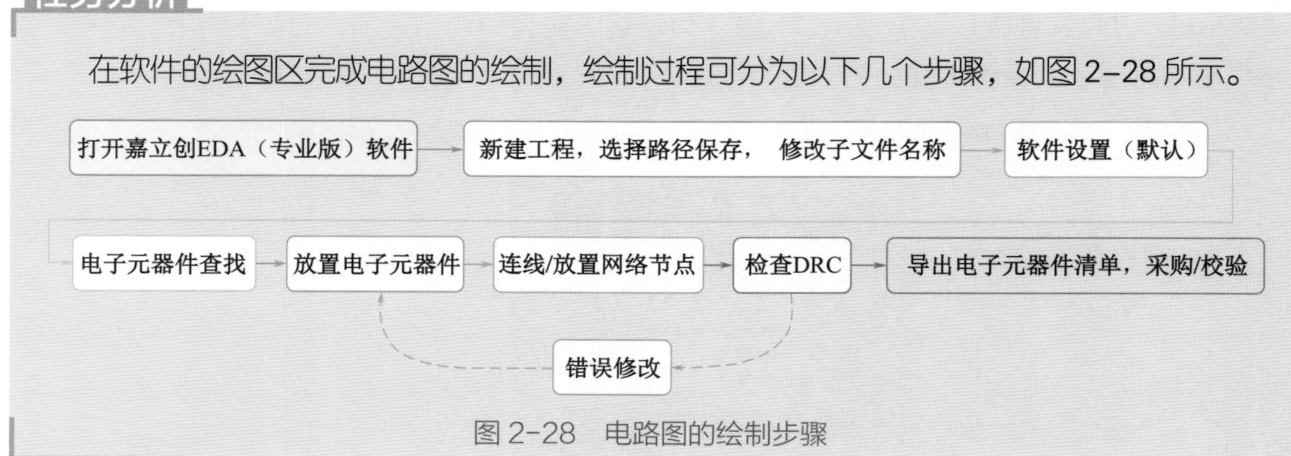

图 2-28 电路图的绘制步骤

任务实施

1. 查找电子元器件：使用嘉立创 EDA（专业版）软件查找电子元器件。
2. 放置电子元器件：选择电子元器件并放置在绘图区。
3. 连接电路：使用导线工具连接电子元器件。

1. 查找电子元器件

查找电子元器件的方法有很多，例如，利用立创商城、电子元器件生产厂商的官方网站查找。若要获取电子元器件的详细信息或数据手册，则需要到电子元器件生产厂商官方网站获得，简单的电子元器件也可以通过仪表测量获取其参数信息。本书中项目电路设计使用的嘉立创 EDA（专业版）软件，可在查找电子元器件的同时，获取其数据手册。

在该软件中，除了使用“Shift + F”组合键放置电子元器件，还可以通过图 2-29 所示的三种方式打开电子元器件查找界面或直接打开电子元器件放置界面。

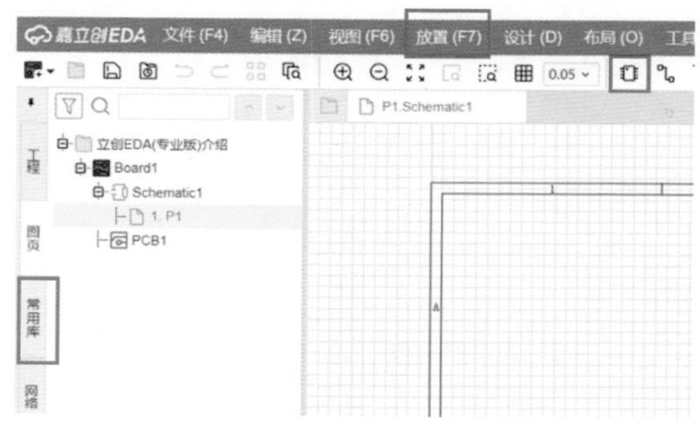

图 2-29 电子元器件放置方法

本任务设计的电子产品将用到以下电子元器件，物料清单（BOM）表见表 2-3。

表 2-3 物料清单（BOM）表

序号	数量	型号	位号	封装	值	编号
1	1	204-10SDRD/S530-A3-L	LED1	发光二极管-th_bd3.8-p2.54-fd		C84774
2	1	RK097111080J	PR1	RES-ADJ-TH_RK097111080J	10kΩ	C97444
3	1	S9013-TA	VT1	TO-92-3_L4.8-W3.7-P2.54-L		C15085
4	1	RN 1/4W 1K F T/BA1	R1	RES-TH_BD2.4-L6.3-P10.30-D0.6	1kΩ	C410696
5	1	RN 1/2WS 10K F T/BA1	R2	RES-TH_BD2.4-L6.3-P10.30-D0.6	10kΩ	C433531
6	1	RN 1/2WS 10K F T/BA1	R3	RES-TH_BD2.4-L6.3-P10.30-D0.6	1kΩ	C433531
7	1	SK12D07VG4	SW1	SW-TH_SK12D07VG4		C393937
8	2	DB301V-5.0-2P-BU-P	U1，U2	conn-th_2p-p5.00_db301v-5.0-2p-bu-p		C430621

2. 放置电子元器件

普通的电子辅助设计软件在放置电子元器件时需要手动填写或修改电子元器件的各种信息、手动调整封装。“嘉立创”联合国内外各类电子元器件供货商，统一在嘉立创 EDA 平台中录入了详细的电子元器件信息和上传了电子元器件的数据手册。

嘉立创 EDA（专业版）软件已经完整录入了海量电子元器件信息，使用嘉立创 EDA（专业版）软件放置绝大多数电子元器件时，无须填写电子元器件信息和参数。放置电子元器件的方法如图 2-30 所示。

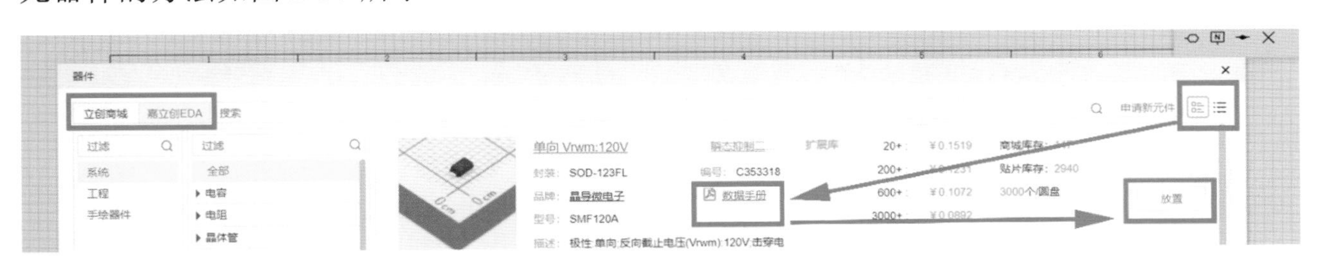

图 2-30 放置电子元器件的方法

在元件库选择“嘉立创 EDA（专业版）”→在搜索栏中输入型号或商品编号→按回车键或单击“搜索”按钮→查看基本信息/数据手册→选择符合要求的电子元器件单击“放置”按钮。

在绘制电路的过程中，同一个电路中的很多电子元器件的引脚数、外观、符号是相同的，所以要格外注意其参数大小和功能差异；在选择电子元器件时，要注意其型号、外观、大小、符号等参数。

当放置同种电子元器件时，可以复制粘贴电子元器件，对应的电子元器件位号会自动累加。如果批量复制粘贴同种电子元器件可能会出现位号重复的错误，需要手动修改电子元器件的位号。通过按“Shift + F”组合键打开元件库，查找并放置的元器件其属性内容会比较详细。通过左侧“常用库”栏放置的元器件，其属性内容单一，需要手动添加详细信息。元器件属性对比如图 2-31 所示。

图 2-31 元器件属性对比

在嘉立创 EDA（专业版）软件中放置电子元器件时，可以直接预览包括价格在内的各种数据，数据查看方法如图 2-32 所示。

为了方便机器贴装电子元器件，电子元器件的包装通常以卷为单位。把贴片元器件固定在打有定位孔的纸（或塑料小盒子）上封包成条，然后将固定规格的卷装盘。设计制作电子产品时，只需采购少量的电子元器件，整卷购买的成本太高，而且也无法全部使用。在平台上采购电子元器件，供货商会根据客户需求出货，客户可少量采购，满足电子产品设计样品制作环节的使用量即可。

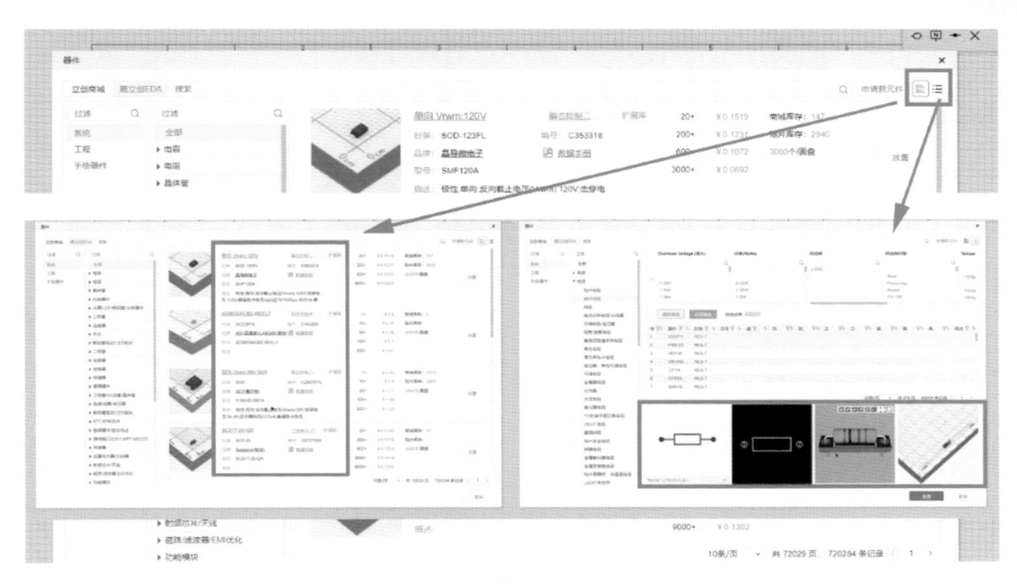

图 2-32 数据查看方法

通过物料清单（BOM）表的数据也能在嘉立创 EDA（专业版）软件中快速找到电子元器件。根据物料清单（BOM）表（见表 2-3）中的型号或商品编号查找并放置电子元器件，放置后，需要进行如下操作：选择电子元器件，按住鼠标左键（不要松开）拖曳到合适位置→按空格键/X 键/Y 键调整电子元器件方向→松开鼠标左键→在右侧元器件“属性”窗口单击查看、核对、修改信息。常用的位置放置快捷键见表 2-4。

表 2-4 常用的位置放置快捷键

功能	快捷键
左向旋转	Space
左对齐	Ctrl+Shift+L
左右居中	Shift+Alt+E
右对齐	Ctrl+Shift+R
顶部对齐	Ctrl+Shift+O
上下居中	Shift+Alt+H
底部对齐	Ctrl+Shift+B
对齐网格	Ctrl+Shift+G
水平等距分布	Ctrl+Shift+H
垂直等距分布	Ctrl+Shift+E
左右翻转	X
上下翻转	Y
左移所选图形	←
右移所选图形	→
上移所选图形	↑
下移所选图形	↓

3. 连接电路

在电路图中放置电子元器件时，通常只需使用空格键/X 键/Y 键调整电子元器件的方向即可。电子元器件间需要预留一些空间，根据元器件数量的多少来决定，通常留出 1～2 个普通电子元器件的位置。将电子元器件水平对齐或上下对齐摆放整齐，使用“导线（W）”工具连接各个电子元器件。电子元器件的位置放置如图 2-33 所示。

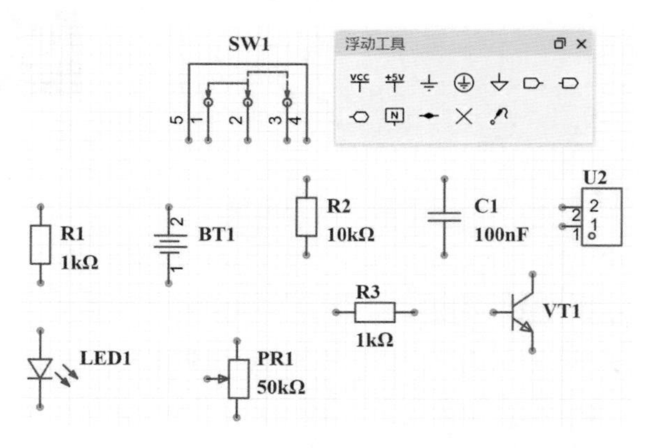

图 2-33　电子元器件的位置放置

嘉立创 EDA（专业版）软件默认绘图区布满网格，方便设计者在放置电子元器件时快速对齐元器件。电子元器件摆放时，相连的引脚需要对齐，但不能直接对接在一起。

其中，SW1 为 2 挡开关，U2 为电动机导线连接插座，C1 为电动机滤波电容（可不接此电容），VT1 是三极管。接线效果图如图 2-34 所示。

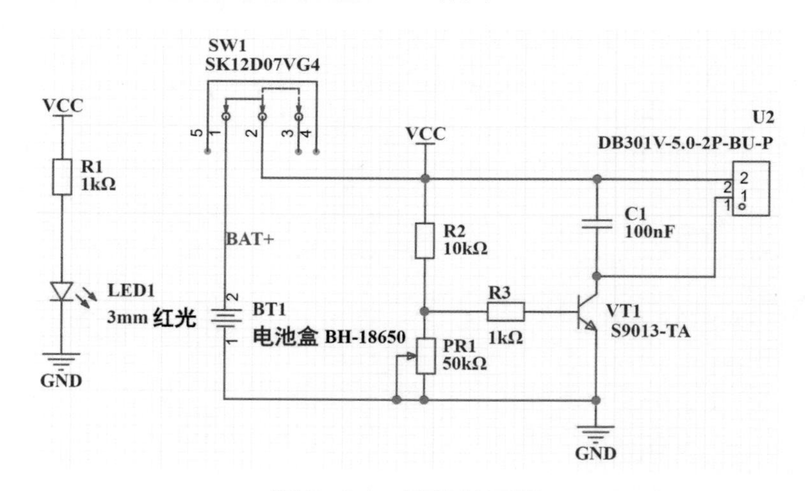

图 2-34　接线效果图

注意： VCC/GND/BAT+都是网络标号（属于特殊符号），使用相同网络标号的线路都是相通的。在绘制电子元器件较多的电路图时，一定会使用到这些网络标号。网络标号可以减少电路图中导线的数量，使版面整洁，也更方便 PCB 绘制时放置电子元器件和布线。

任务 5　产品化设计预览

通过前面的任务完成了电路的设计，并使用嘉立创 EDA（专业版）软件新建工程绘制并保存了电路图。电子工程图纸的绘制需要大量的练习，才能找到放置电子元器件的最佳方位、间距。

设计中可以将电路按功能模块进行分割。如图 2-35 所示为电路的功能划分，这款电路是由指示灯电路、电阻分压电路和三极管控制电路构成的。在设计其他电子产品电路时，如要使用已有的功能模块电路，直接复制该电路即可。

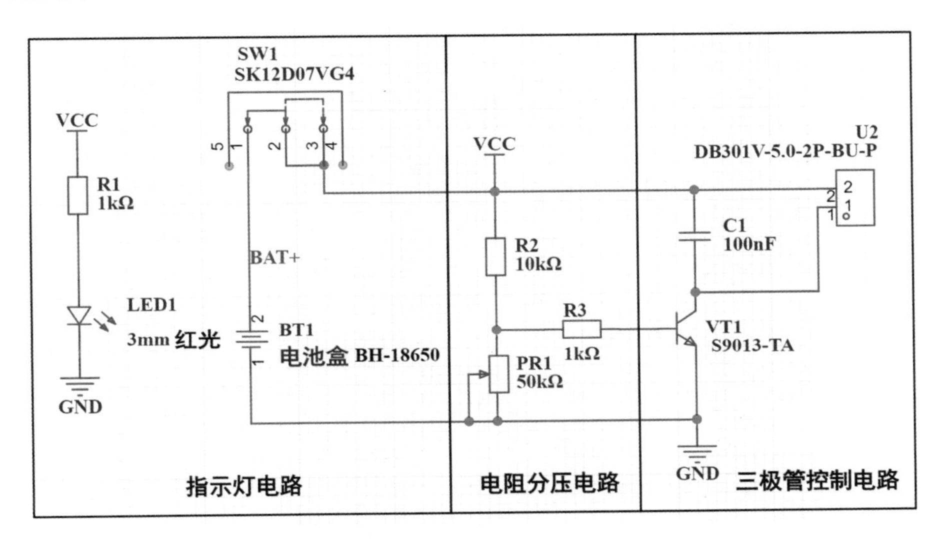

图 2-35　电路的功能划分

任务分析

任务 1 ~ 任务 4 通过嘉立创 EDA（专业版）软件的元件库查找电子元器件，并导出数据手册进行分析，在软件中放置电子元器件，修改其方位和参数，连接导线后完成电路图的设计。任务 5 将预览电子产品的 PCB 设计结果和产品外壳设计结果。

任务实施

1. 预览 PCB 设计：预览 PCB 设计结果。
2. 预览产品外壳设计：预览产品外壳设计结果。
3. 预览产品设计：预览产品设计结果。

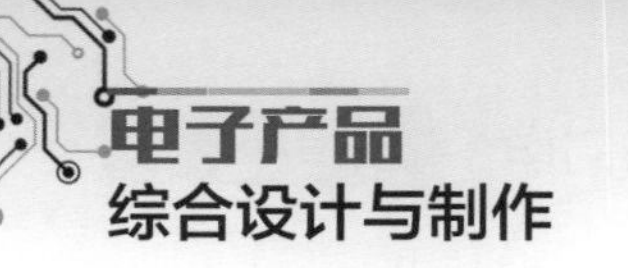

1. 预览 PCB 设计

为了满足产品的安全性和续航能力，本产品使用 18650 型锂电池为电路提供电能，并采用电池底座直接焊接在 PCB 上的设计方案。PCB 设计结果如图 2-36 所示。

注意：这种设计方式旨在降低设计难度，方便学习和项目复刻。商品化的电子产品为了节约 PCB 板材，很少把电池座焊接布置在 PCB 上，通常做法是使用排线、排座把电池与 PCB 连接在一起。

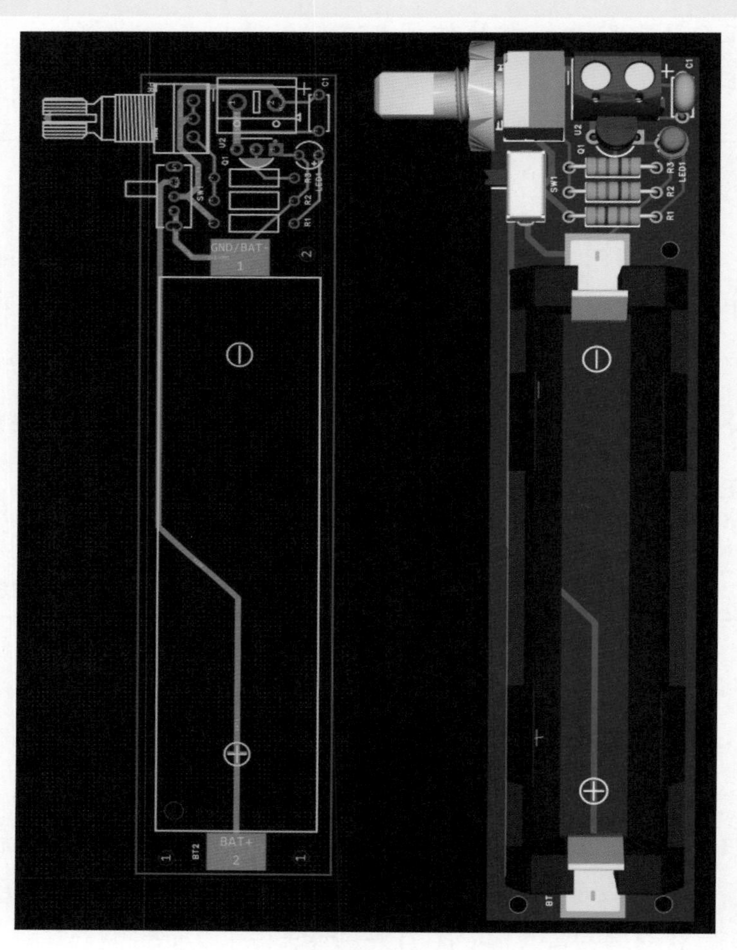

图 2-36　PCB 设计结果

2. 预览产品外壳设计

电子元器件的选用会影响PCB的大小与外观，电子元器件的摆放位置需要与产品外壳相对应，外壳上的开孔位置和固定位置应映射在 PCB 上。

嘉立创 EDA（专业版）软件也拥有 3D 外壳设计的功能，简单外壳的设计可以在该软件平台上完成。当 PCB 权重较高时，应先绘制 PCB 再设计外壳样式。

一个电子产品设计的工程立项，要明确外观和核心权重。通常情况下设计电子产品，需要先确定外观再确定内部电路硬件的位置。本项目没有设定明确的外观要求，可以通过 PCB 外观设计外壳。外壳设计结果如图 2-37 所示。

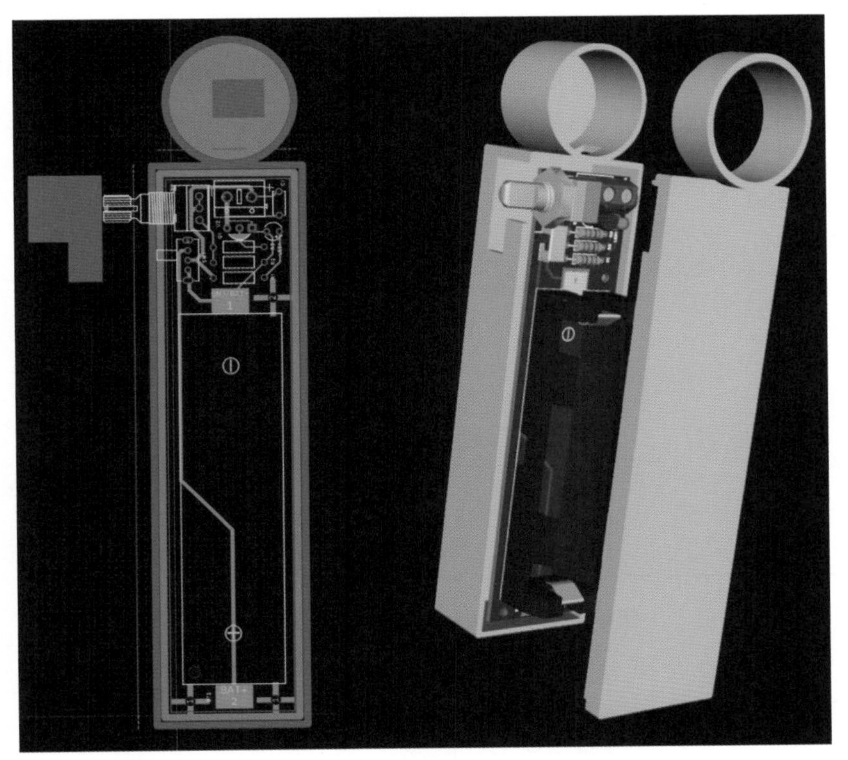

图 2-37　外壳设计结果

外壳设计过程

3. 预览产品设计

在产品量产前必须进行 PCB 3D 打样，并且焊接制作电路，组装调试产品。通过实物直观的验证，才能发现问题所在。产品设计结果如图 2-38 所示。

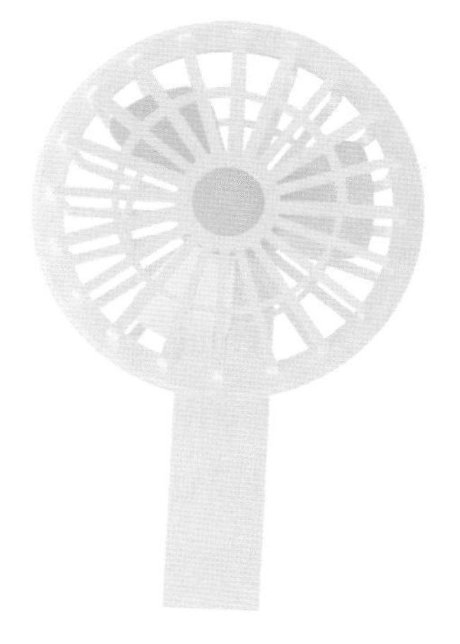

图 2-38　产品设计结果

四、项目评价与总结

本项目共由5个任务构成，从电路设计、绘制的角度探究设计电子产品的基本要素。回顾项目流程图（见图2-39）进行总结，记录任务完成过程中的体会，见表2-5。

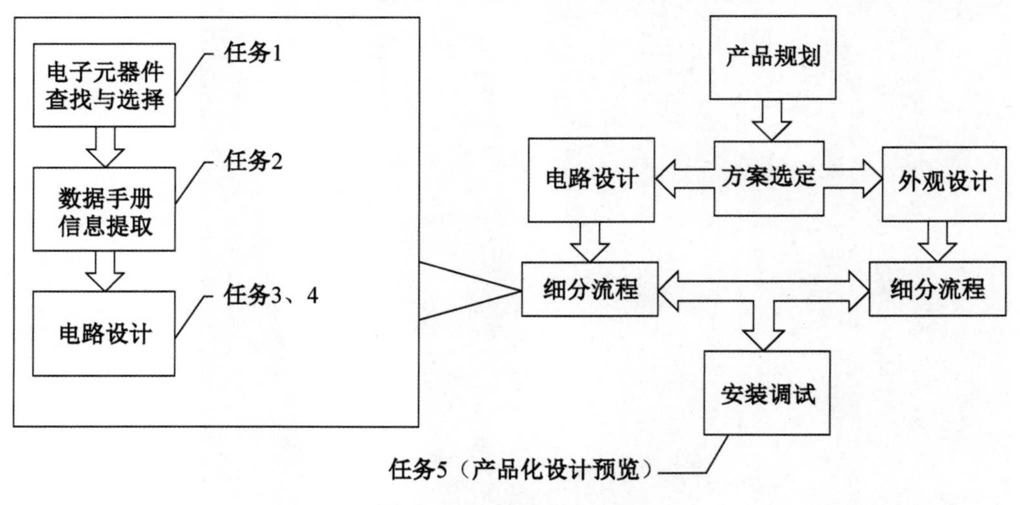

图2-39　项目流程图

表2-5　体会

序号	任务名	任务说明	体会
任务1	电子元器件查找与选择	了解三极管的基本参数、特性和外观特点，学会查找三极管等电子元器件的数据手册等资料，并根据其参数进行选择	
任务2	数据手册信息提取	查找其他所需的电子元器件，通过数据手册提取关键参数，通过简单计算得出设计参数，并了解电子产品设计开源平台	
任务3	电子电路设计软件介绍	学习嘉立创EDA（专业版）软件的使用	
任务4	电路图绘制	改进设计：探究三极管控制电路设计，构想使用场景，使用电子辅助设计软件绘制电路图	
任务5	产品化设计预览	预览PCB设计结果，产品化小风扇	

任务1、任务2使用了项目一中电子元器件的查找方法；任务3、任务4学习了使用嘉立创EDA（专业版）软件对电路图进行设计与绘制的流程。通过实践探究电子元器件和电路图之间的关系及学习绘制电路图，为电子产品的设计打好基础；任务5预览了小风扇的PCB设计、外观设计、产品设计的结果。

完成项目的学习，对完成情况进行评价，项目评价表见表2-6。

表 2-6 项目评价表

班级： 组别： 姓名： 日期：					
评价指标		评定等级	自评	组评	教师评价
道德品质	尊敬师长，团结同学，待人诚恳，严于律己，遵纪守法	A			
		B			
		C			
	热爱祖国，热爱集体，社会责任感强，自觉维护集体利益	A			
		B			
		C			
	热爱劳动，珍惜劳动成果，有安全意识和环保常识，珍视生命，保护环境	A			
		B			
		C			
学习能力	学习目标明确，学习积极主动，学习方法合适，学习效率高	A			
		B			
		C			
	学习有计划、有总结、有反思，善于听取他人意见	A			
		B			
		C			
	能够独立思考、提出问题、分析问题、解决问题	A			
		B			
		C			
交流与合作	具有团队精神，与他人团结协作共同完成任务	A			
		B			
		C			
	能约束自己的行为，能与他人交流与分享，尊重和理解他人	A			
		B			
		C			

五、项目拓展习题

1. 填空题

（1）三极管的三个极分别是________、__________和________。

（2）三极管典型电路有____________、______________和____________。

2. 简答题

（1）电子辅助设计软件的使用步骤是什么？

（2）怎样查找电子元器件的数据手册？

3. 产品设计拓展

使用本项目中的电路设计方案，设计一款电动打蛋器。要求：加工过程佩戴护目镜，注意调试时的用电安全。

项目三

声控灯的设计与制作

一、项目描述与目标

1. 项目介绍

项目二通过 5 个任务展示了电子产品的电路设计、绘制流程，介绍了在嘉立创 EDA（专业版）软件中查找电子元器件和设计电路的方法。如何查找、放置、连接电子元器件是上一个项目的重点内容。项目三将通过“声控灯的设计与制作”深化学习电子产品设计电路的流程，通过数据手册和软件渲染深入了解电子产品电路硬件设计的核心内容——PCB 设计。

2. 项目来源

小风扇项目设计中使用了三极管、可调电阻等电子元器件，并介绍了三极管的几种基本电路。三极管的作用较多，本项目将在前面所学电子元器件相关知识的基础上，应用三极管的其他特性设计电路，挖掘这些电子元器件的其他潜在价值。

思政小课堂

工匠精神

平凡的岗位，也有不平凡的一生。全国五一劳动奖章获得者、广西工匠程克辉，能在焊接工岗位中获得如此成就，靠的是对焊接技术的钻研，他说焊接是一门既考验眼力、手力,又考验耐力、定力的技术活，而核电工程对焊接质量的要求更高。

场景设想：某小区的老旧房型需要升级改造楼梯声控灯，委托我公司进行设计。该声控灯除了可放置在楼梯拐角，还可放置在衣橱、配电房等环境中。当环境光照不足且有人员走动时，该灯具可以提供短时间的照明。

要求：产品结构简单，方便固定到楼梯拐角、衣橱、配电房等环境中。

3. 项目的现实价值

设计一款新的产品来满足当前客户的需求。本项目将以声控灯为设计目标，以 PCB 设计流程为重点，讲解电路设计的 PCB 绘制流程。声控灯实物图如图 3-1 所示。

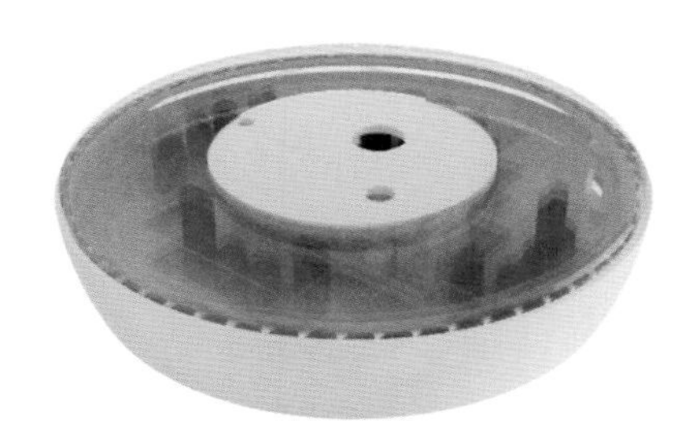

图 3-1　声控灯实物图

产品动画：声控灯

电路设计图纸

4. 项目实施目标

（1）知识目标：了解 PCB 的设计流程。

（2）技能目标：熟练使用电路设计软件绘制 PCB。

（3）职业素养：坚韧不拔，坚持不懈，打磨技能。

二、项目分析与路径

1. 项目分析

声控灯作为照明设备，注重节能特性，用于光线亮度不足、人员停留时间短的场所，如公共卫生间、公共路段、窄巷、楼道等。

电源给控制器、灯头供电，当触发条件同时满足环境亮度不足和有声响时，控制器控制灯头（发光二极管）点亮。产品电路结构图如图 3-2 所示。

根据产品构想与电路结构分析，本产品可以设计为“灯头 + 控制器”的形式。为了能够快速完成项目设计，可以沿用已有的设计方案，如利用项目一设计的小夜灯。

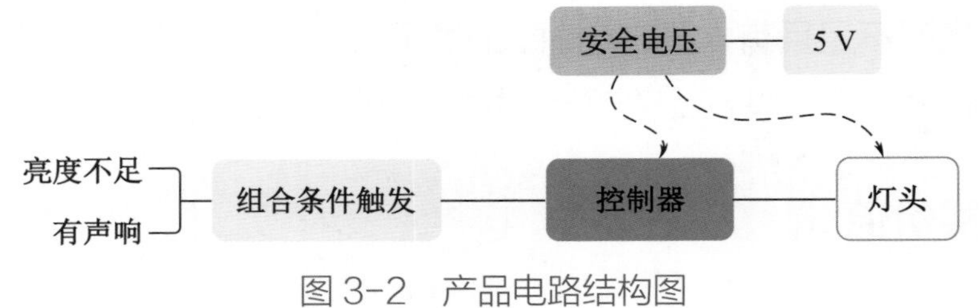

图 3-2　产品电路结构图

设计分析

产品作用：为光线亮度不足、人员停留时间短的场所提供照明。
设计思路：电源给控制器和灯头供电，控制器接收到组合条件触发信号才会开启照明。
电路设计：三极管控制电路。
外观设计：体积小，小夜灯外形，可挂在墙上。

为了方便设计过程的学习，本电路使用低压电源进行控制，使用时需要配置一个 5V 的充电器作为供电电源。

优化后的产品电路结构图如图 3-3 所示，接下来根据这个产品电路结构图设计电路。

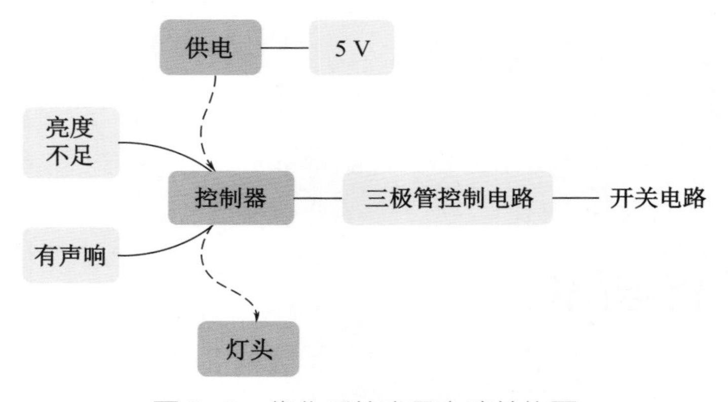

图 3-3　优化后的产品电路结构图

2. 项目路径

本项目共由 5 个任务构成，将从电路设计、绘制的角度来探究设计电子产品的基本要素。

任务 1 继续巩固学习常见电子元器件的查找和选择方法；任务 2 强化电路图的设计和绘制方法，任务 3、任务 4 将使用嘉立创 EDA（专业版）软件绘制 PCB；任务 5 预览声控灯的 PCB 设计、产品外壳设计、产品设计的结果。项目任务分布如图 3-4 所示。

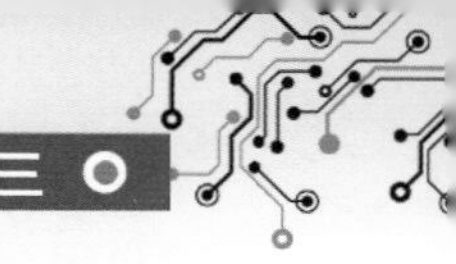

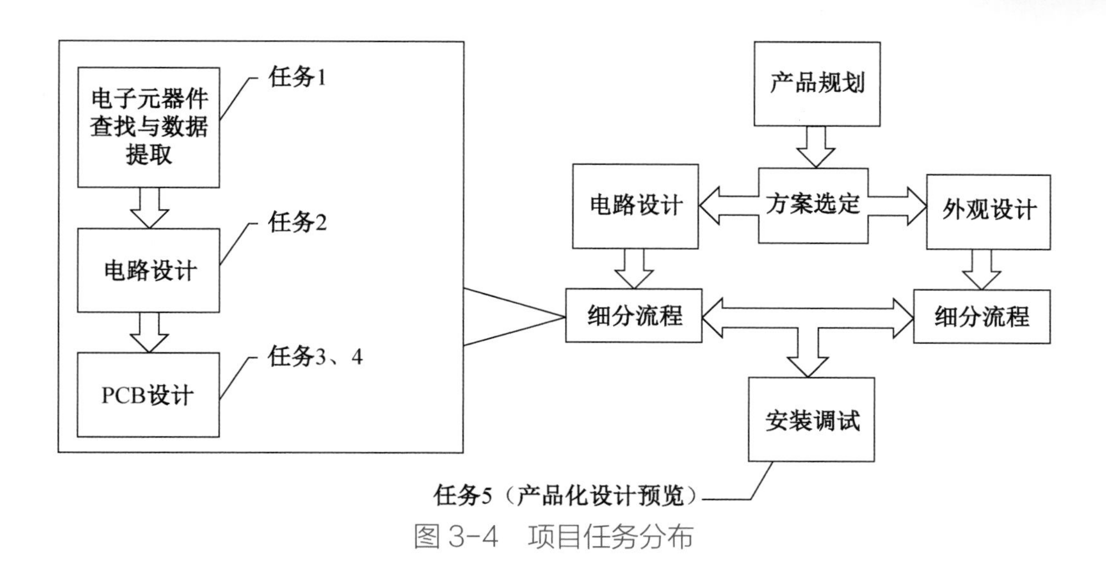

图 3-4　项目任务分布

三、项目准备与实施

1. 项目准备

通过实践了解电路设计与 PCB 绘制的流程，任务分布见表 3-1。

表 3-1　任务分布

序号	任务名称	任务说明
任务 1	电子元器件查找与数据提取	了解光敏电阻、驻极体话筒（驻极体传声器）的基本信息、特性和外观特点，通过电子辅助设计软件查找电子元器件并提取有用的参数
任务 2	电路设计	对电子元器件进行分析，设计符合要求的电路，并且绘制电路图
任务 3	PCB 导入与布局	电路设计规则检查（DRC），认识电路图网络节点与接线网络，电路图转为 PCB
任务 4	PCB 绘制	绘制 PCB 外框，PCB 电子元器件布局、布线
任务 5	产品化设计预览	预览 PCB 渲染图，产品化声控灯

2. 项目实施

任务 1～任务 4 完成声控灯的设计与制作，了解电路原理设计及 PCB 绘制对电子产品设计的影响，任务 5 了解完成声控灯设计与制作所需的其他步骤，以及相应步骤操作会得到什么结果。

任务1 电子元器件查找与数据提取

通过项目一、项目二的学习，总结电子元器件的查找方法，如图 3-5 所示。

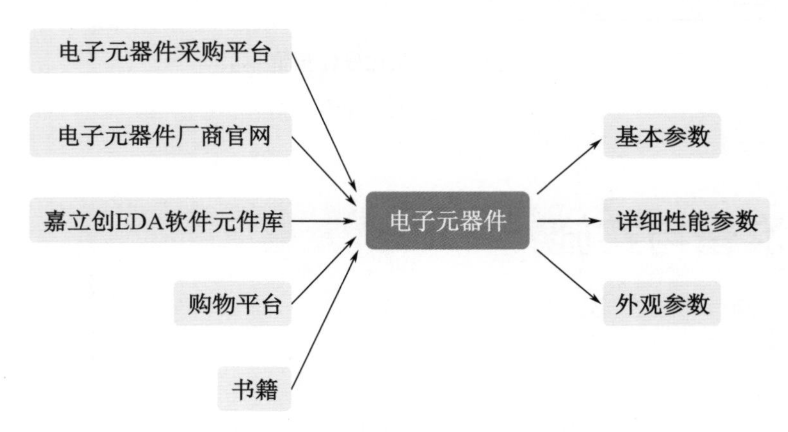

图 3-5 电子元器件的查找方法

其中通过嘉立创 EDA（专业版）软件的元件库查找电子元器件的方法比较直观高效。通过多种采购渠道查找电子元器件并进行采购，用于实验验证电路设计构想。

本任务在上一个项目的基础上，进一步探究电子产品设计过程中电子元器件的查找与数据提取的过程。

任务分析

根据设计分析，制作本项目产品使用的新的电子元器件有光敏电阻、驻极体话筒、电容、可调电阻、三极管、晶闸管等。根据优化后的产品电路结构图（见图 3-3），还需要准备一个手机充电器作为电路的电源。

任务实施

1. 选择光敏电阻：获取光敏电阻数据，练习设计电路。
2. 选择晶闸管：获取晶闸管数据，了解晶闸管的特性和外观特点，分析其参数。

1. 选择光敏电阻

（1）获取光敏电阻数据。

光敏电阻是由一种对光照强度敏感的半导体材料制成的电阻，它的作用和上一个项目介绍的可调电阻类似，只不过调节电阻值大小的不是旋钮，而是光照强度。感光半导体材料的电导率随光照强度的不同而变化。根据识别光谱的类型，可将光敏电阻分为 3 种：可见光光敏电阻、紫外光敏电阻、红外光敏电阻，其广泛应用于灯具、玩具、电器、摄影等行业。光敏电阻的数据手册如图 3-6 所示。

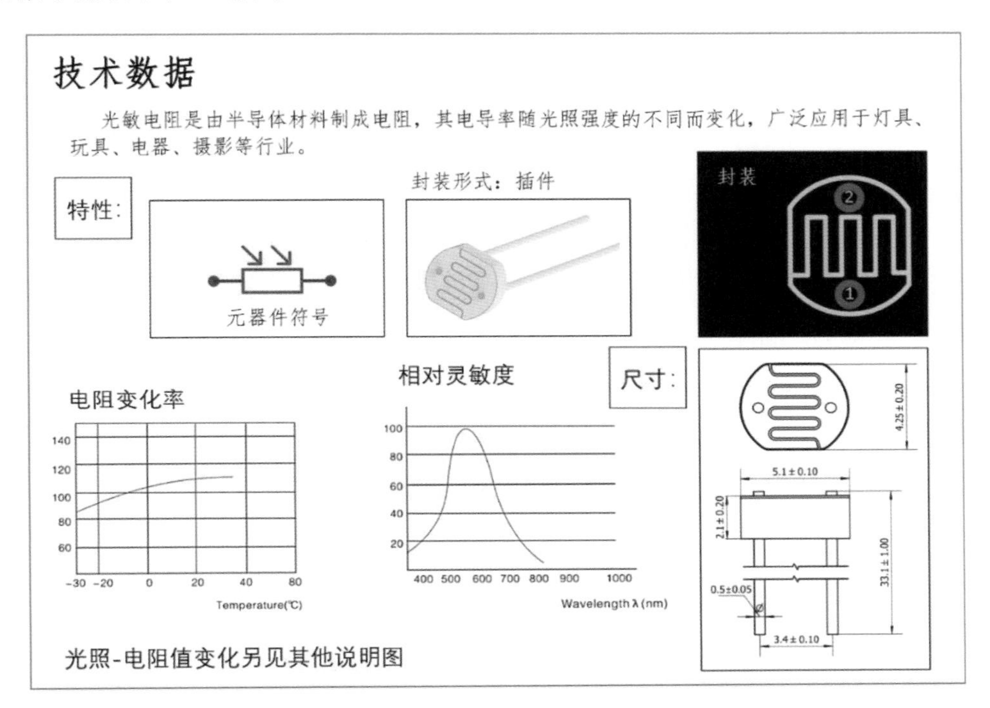

图 3-6　光敏电阻的数据手册

使用光敏电阻时，需要注意的特性有：伏安特性、功率特性、光谱类型、光照-电阻值变化特性。本项目产品的设计难度不高，只要选择尺寸合适、电阻阻值恰当的可见光光敏电阻即可。

推荐型号为 GL5528 的光敏电阻，其主要参数如下所示。

光谱峰值（波长）：540nm。

最大电压：150V。

亮电阻（10lx）：8～20kΩ。

暗电阻：1 MΩ。

（2）练习设计电路。

使用这款光敏电阻制作亮度不足时的亮灯电路，只需要将项目二设计的产品电路中的可调电阻更换为光敏电阻，调整一下其他电阻阻值即可。亮度不足时的亮灯电路如图 3-7 所示。

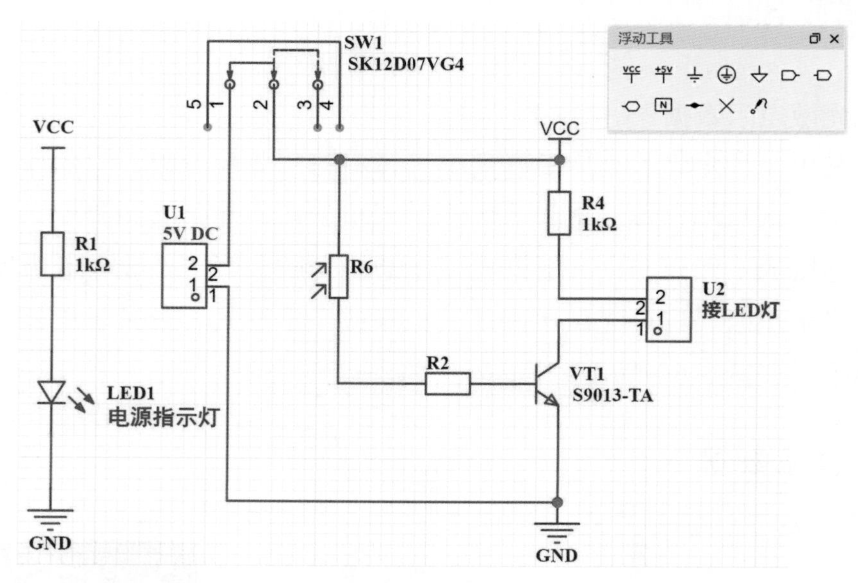

图 3-7　亮度不足时的亮灯电路

该电路使用的是 5V 电源，电源数据明确，光敏电阻 R6 的阻值大小将会影响 U2 端的电压值，所以 U2 端接的发光二极管（LED 灯）的亮度会受 R6 的影响，这体现了 VT1 三极管 S9013 的电流放大能力。

如果要隐藏三极管的放大作用，只体现三极管的开关作用，则再添加一个三极管 VT2 作为开关控制 U2 端接的发光二极管。改进的亮度不足时的亮灯电路如图 3-8 所示。

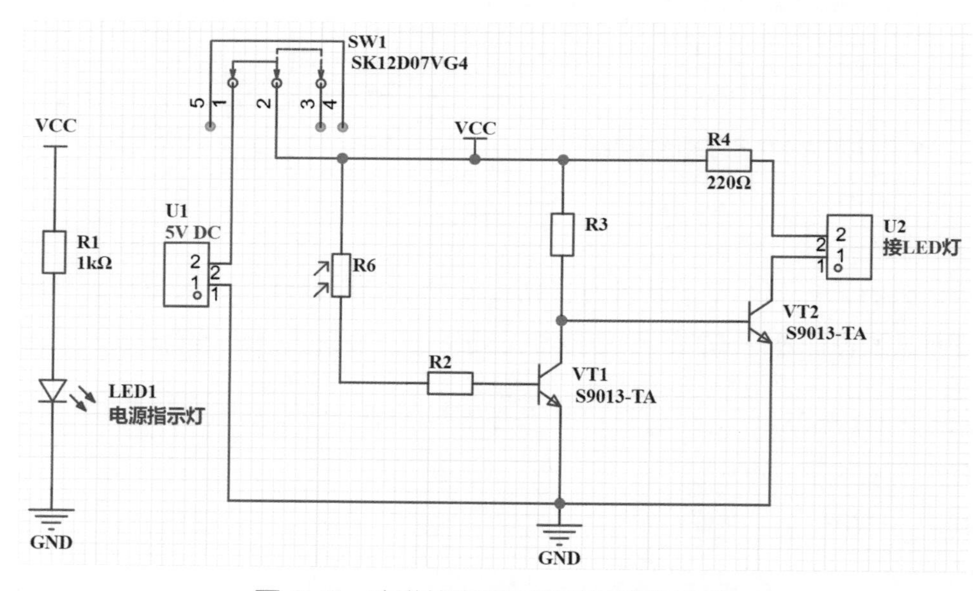

图 3-8　改进的亮度不足时的亮灯电路

2. 选择晶闸管

三极管的开关状态切换都会经过放大区间，为了确保开关状态的稳定，使用单向晶闸管替代三极管 VT2。晶闸管又称为可控硅整流器，简称可控硅，主要作为可控开关使用。晶闸管作为开关，具有开关响应速度快，且没有机械开关切换瞬间电源抖动的问题。

晶闸管的符号与二极管相似，插件形式的晶闸管的封装与三极管的相同，使用过程中同样需要注意安装方向和引脚顺序。单向晶闸管的符号、封装、实物对照图如图 3-9 所示。

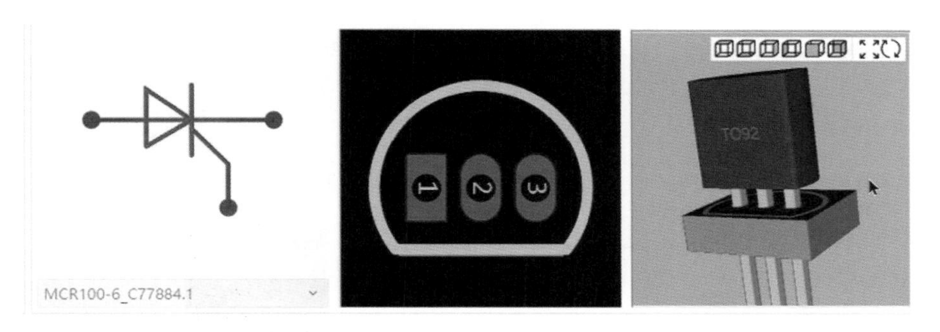

图 3-9 单向晶闸管的符号、封装、实物对照图

除了这种插件外观，单向晶闸管还有几种常见的外观，每种外观都会对应一种或多种封装型号，常见的单向晶闸管外观与封装型号如图 3-10 所示。

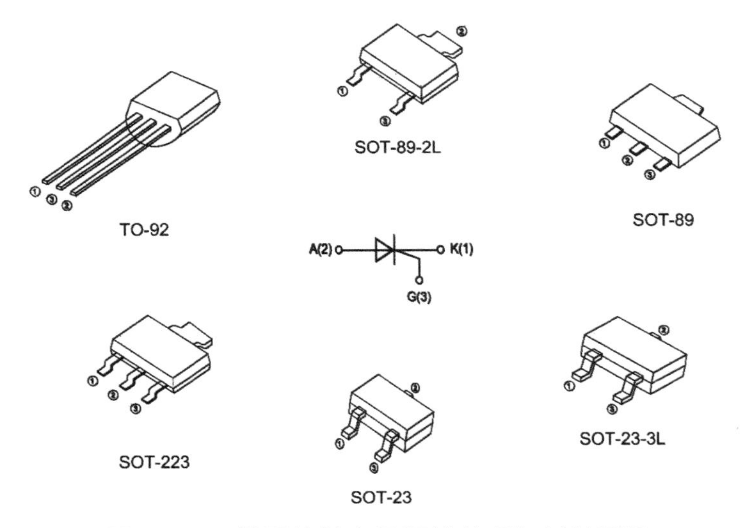

图 3-10 常见的单向晶闸管外观与封装型号

更换电子元器件需要测量、分析当前电路的数据，通过计算得出需要更换的电子元器件的关键参数，并根据数据手册找到适合的电子元器件。以 MCR100-6 单向晶闸管为例，其关键参数有：耐压为 400V、管子类型为单向可控硅、门极触发电流 I_{GT} =200μA、端子有效电流为 0.8A，其数据手册如图 3-11 所示。

其中，开启状态电流-电压曲线作为重要指标，标明了该电子元器件的开启条件。MCR100-6 单向晶闸管开启状态电流-电压曲线如图 3-12 所示。

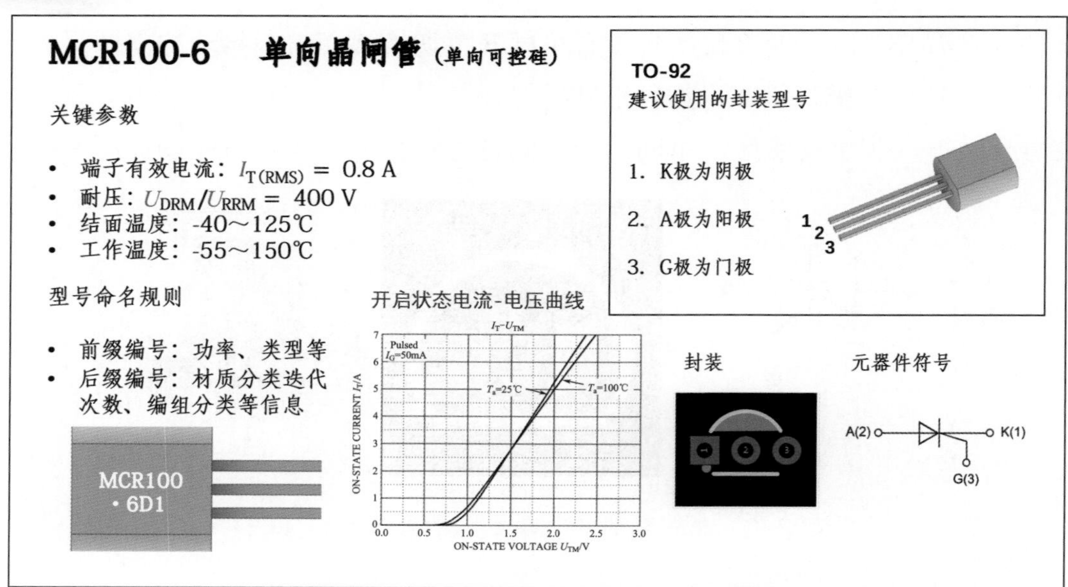

图 3-11　MCR100-6 单向晶闸管数据手册

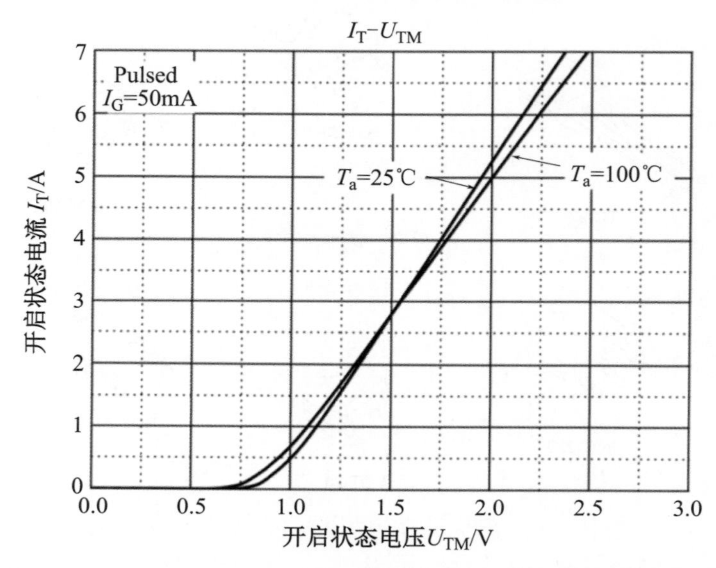

图 3-12　MCR 100-6 单向晶闸管开启状态电流-电压曲线

任务 2　电路设计

任务 1 中提到使用单向晶闸管（可控硅）替换三极管 VT2 会有更好的开关效果。光控开关电路如图 3-13 所示。

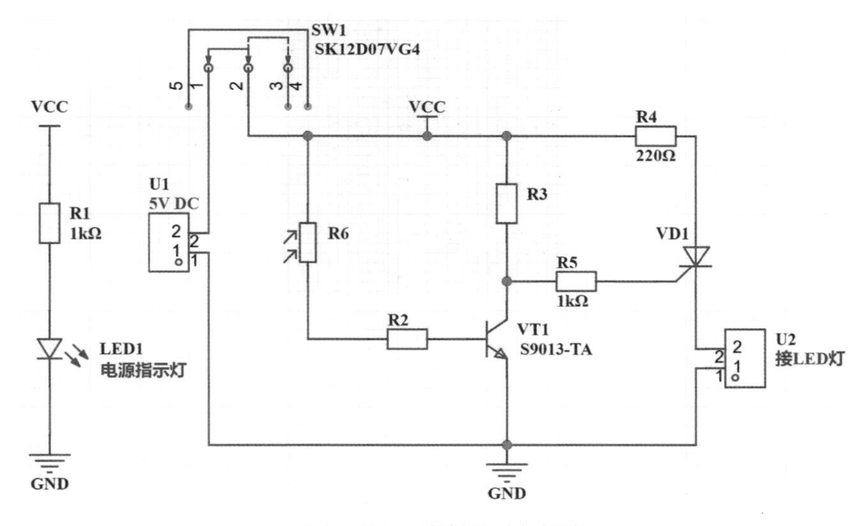

图 3-13 光控开关电路

由于U2外接发光二极管，发光二极管具有单向导电性，若接入电路后两端电压小于导通电压值，则处于截止状态。此时若U2与单向晶闸管D1阳极相连，则单向晶闸管会因发光二极管的截止状态无法正常工作。因此，U2需要与单向晶闸管D1的阴极相连，即如图3-13所示的连接方式。（注意：单向晶闸管的文字符号应为VT，这里使用的是软件中的默认符号D。）

任务分析

以上电路完成的任务是天黑亮灯，缺点是：如果使用空间没有人，那么灯具也会在天黑时亮起，节能指标未能达成。考虑到在该产品的使用空间中若有人员走动，会有声音发出，则将人员流动时发出的声音作为灯具的开关条件，可达到人来开灯、无人关灯的效果。

任务实施

1. 选择驻极体话筒：获取驻极体话筒的数据。
2. 电路设计：查询电路设计方案。

1. 选择驻极体话筒

（1）数据获取。

电路获取声音信号的电子元器件是驻极体话筒，又称为驻极体传声器，它能够将声音转换为电压信号，主要由驻极体振膜、金属外壳、引脚组成。驻极体话筒的符号、封装、实物对照图如图3-14所示。

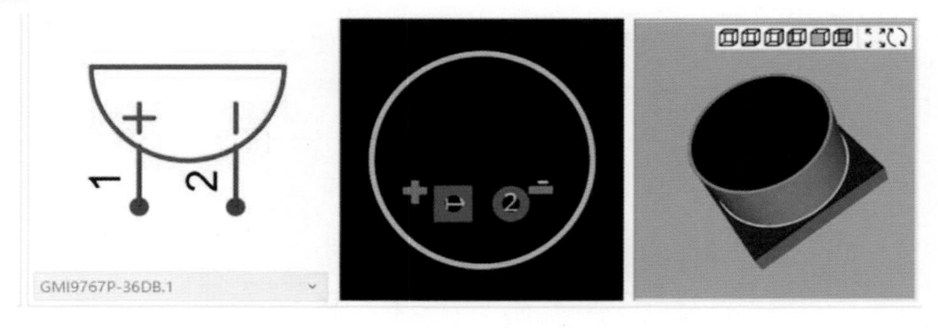

图 3-14　驻极体话筒的符号、封装、实物对照图

选择驻极体话筒时要注意其尺寸大小、最大工作电压 U_S、声波识别频率范围、相对响应值等，只有这些参数符合性能要求，才能应用到电路中。随机查找一款驻极体话筒的数据手册，如图 3-15 所示。

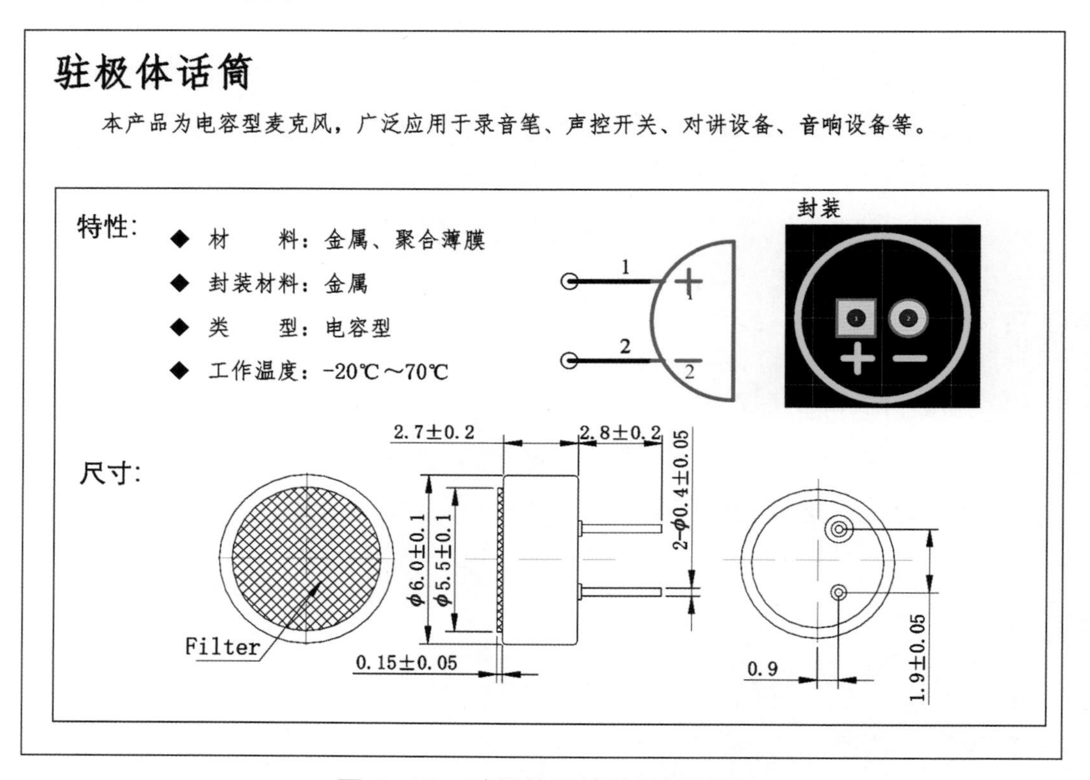

驻极体话筒

本产品为电容型麦克风，广泛应用于录音笔、声控开关、对讲设备、音响设备等。

特性：

- 材　　料：金属、聚合薄膜
- 封装材料：金属
- 类　　型：电容型
- 工作温度：-20℃～70℃

封装

尺寸：

图 3-15　驻极体话筒的数据手册

根据设计分析得出基础电路的构思，将需要的电子元器件的数据手册下载下来，通过数据手册查找电子元器件的性能参数，对重要的电子元器件的关键参数做好记录和分析。

驻极体话筒的测试数据如图 3-16 所示。

为了发挥电子元器件的作用，电路设计时需要为该电子元器件提供与测试电路、测试条件相近的工作条件。

驻极体话筒/驻极体咪头　　规格：EMC6027P　版本号：38DRF76

◆ 测试条件：R_L=2.2 kΩ　U_S=2.0 V　温度=25℃±2℃　空气湿度=65±5%

基本参数

项目	符号	单位	规格	测试调件
方向性			外壳为负极	
敏感度	S	dB	-20～-38±5	f=1 kHz, 1 Pa 0 dB=1 V/Pa
标准工作电压	U_S	V	2.0	f=1 kHz，1 Pa
输出阻抗	Z_{OUT}	kΩ	≤2.3	
频率		Hz	100～10 000	
最大工作电压		V	12	
信噪比	$\triangle S\text{-}V_S$	dB	-3	f=1 kHz，1 Pa U_S=DC 1.5～3 V

图 3-16　驻极体话筒的测试数据

2. 电路设计

在使用较为复杂的电子元器件时，可参考厂商的测试电路，调整产品设计电路中电子元器件的参数，以获得理想的输出参数。厂商的驻极体话筒的测试电路如图 3-17 所示。

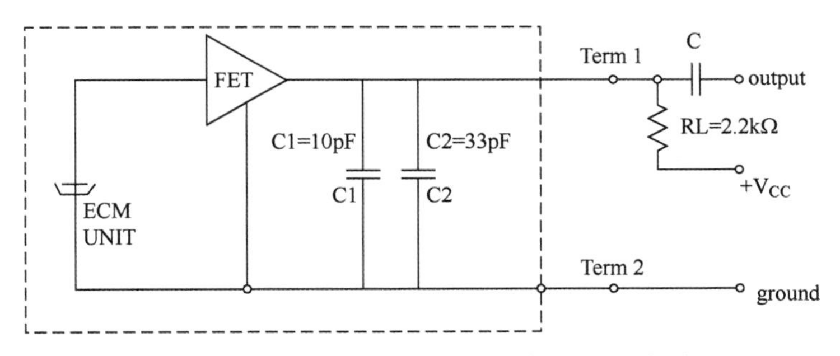

图 3-17　厂商的驻极体话筒的测试电路

该电路是为了测试这款驻极体话筒的频率响应性能，其频率响应曲线如图 3-18 所示，如要设计录音笔、智能音箱、对讲机之类的电子产品的电路，可参考该测试电路进行设计。

本项目产品不需要收集、记录声音，只是以声音作为触发条件，因此只需要这款电子元器件在直流 5V 的工作电压环境下，串联一个合适电阻值的电阻让驻极体话筒的信号能够控制三极管。

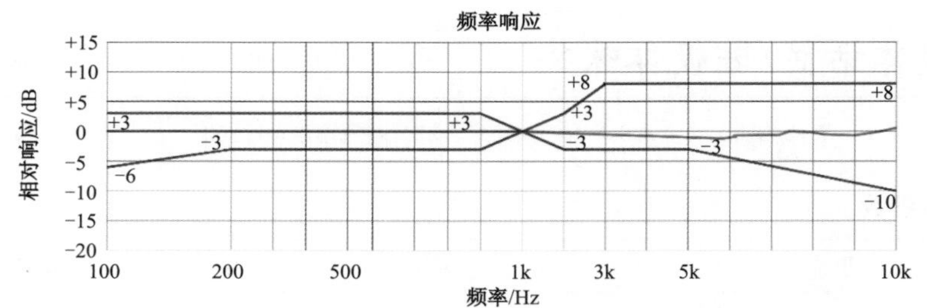

图 3-18　驻极体话筒的频率响应曲线

任务 3　PCB 导入与布局

由于驻极体话筒的阻值会随接收到的声音大小的变化而变化，因此可以将驻极体话筒接入电路作为信号接收的传感器件。通过调整声控电路，设计出一款由驻极体话筒、光敏电阻控制的声控灯电路，声控灯电路如图 3-19 所示。

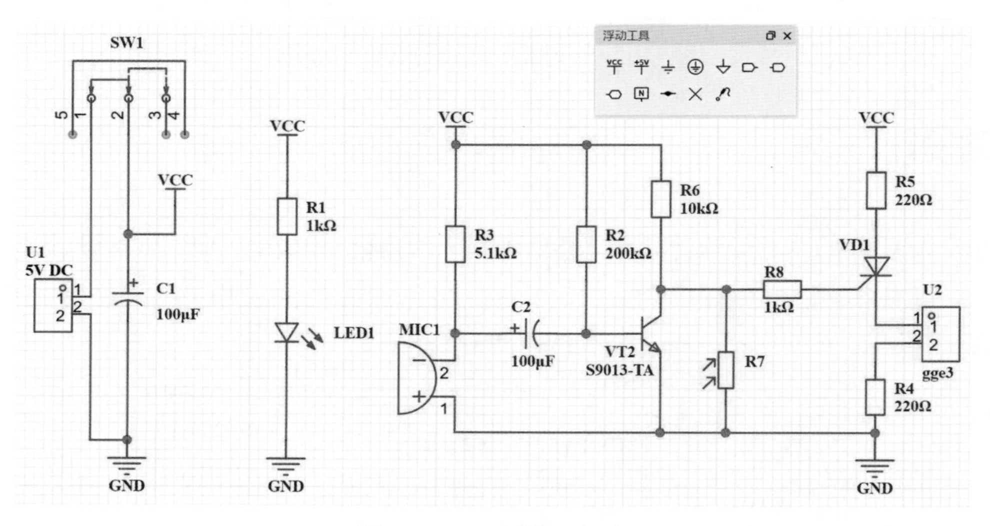

图 3-19　声控灯电路

任务分析

电路设计完成后，需要对电路图进行科学严谨的检查，如电子元器件的位号、封装、连接完成度等，都需要逐一校验。

任务实施

1. 电路 DRC：检查电路设计是否符合电路设计规则。
2. 设置网络节点：优化电路接线，给电路网络节点命名，方便识别。
3. 导入 PCB：把电路图导入 PCB，为绘制 PCB 做准备。

1. 电路 DRC

电路设计完成后，需要检查电路设计是否符合电路设计规则。EDA 软件都设置有 DRC（设计规则检查）功能，通过 DRC（设计规则检查）后，会在软件的底部显示检查结果。例如，显示“完成设计规则检查。致命错误：0；错误：0；警告：1；信息：0”说明在设计规则框架里电路没有“致命错误”和“错误”，可以进行 PCB 的绘制工作。

检查结果说明电路图绘制没有默认的绘图规则错误，但不包含设计时的电路原理错误。电路原理设计无误才能实现目标功能。

注意：DRC 指“design rules checking”，即设计规则检查。嘉立创 EDA（专业版）软件预设了 29 条设计规则，且支持手动添加设计规则。默认的设计规则如图 3-20 所示。

设计规则 ×

☑	No.	检查项	设计规则	消息等级
☑	1	网络	总线名需要符合规则	致命错误
☑	2		网络名需要符合规则	致命错误
☑	3		网络名不能超过 255 个字符	错误
☑	4		通过总线分支跟总线相连的导线，必须有名称且符合所连总线的命名规则	致命错误
☑	5		元件相同引脚编号的引脚需要连接到同一个网络。	致命错误
☑	6		网络标识，网络端口需要有名称	错误
☑	7		网络标识，网络端口含有“全局网络名”属性时，所连导线的名称需要与“全局网络名”的值一致	错误
☑	8		引脚的连接端点不能重叠且未连接	致命错误
☑	9		导线不能是游离导线(未连接任何元件引脚)	警告
☑	10		导线不能是独立网络的导线(仅连接了一个元件引脚)	警告
☑	11		网络端口名称需要与所连接导线的名称一致	提醒
☑	12		网络端口名称需要与所连接总线的名称一致	提醒
☑	13		网络标签、网络标识、网络端口、短接符需要连接导线或总线	提醒
☑	14		导线和总线未连接网络标识或网络端口时，名称需要显示在画布	提醒
☑	15	元件	元件需要有“器件”、“封装”属性，不能为空	致命错误
☑	16		元件如果有“值”属性，不能为空	提醒
☑	17		元件的引脚需要有“编号”属性，不能为空	致命错误
☑	18		元件的引脚和焊盘需要一一对应	错误
☑	19		如果元件含有多部件，每个部件的“器件，封装，位号”这几个属性必须一致	致命错误
☑	20		如果元件含有多部件，每个部件除了“器件，封装，位号”这几个属性外，其他属性必须一致	警告
☑	21		元件的属性需要与供应商编号匹配	警告
☑	22		如果元件含有多部件，每个部件都需要出现	提醒
☑	23		检测元件悬空引脚	警告
☑	24		元件位号需要符合规则：英文字母 + 数字或英文问号	提醒
☑	25		元件需要分配位号(生成网表、原理图转PCB过程中会自动分配位号)	提醒
☑	26	复用模块	元件位号不能重复(生成网表、原理图转PCB过程中会自动修改重复位号)	提醒
☑	27		当原理图图页有复用模块符号时，复用模块不能没有底层原理图	致命错误
☑	28		原理图图页的网络端口与复用模块符号的引脚需要一一对应	错误
☑	29		不同端口在底层所连的网络不允许被短接在一起	错误

导入配置 导出配置 恢复默认 立即校验 确认 取消

图 3-20 默认的设计规则

嘉立创 EDA（专业版）软件的“检查 DRC”菜单命令及检查结果显示如图 3-21 所示。

本项目设计的电子产品将会用到以下电子元器件，物料清单（BOM）表见表 3-2。

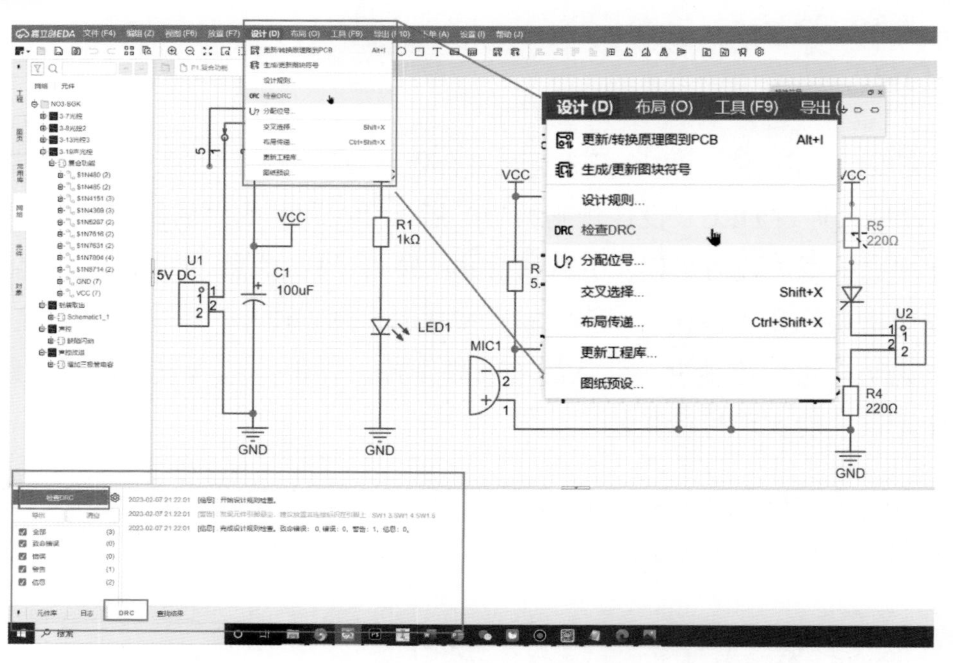

图 3-21　“检查 DRC”菜单命令及检查结果显示

表 3-2　物料清单（BOM）表

序号	数量	型号	位号	封装	值	编号
1	2	ERM1HM101F12OT	C1，C2	CAP-TH_BD8.0-P3.50-D0.6-FD	100μF	C106600
2	1	MCR100-6	D1	TO-92-3_L4.9-W3.7-P1.27-L		C77884
3	1	204-10SDRD/S530-A3-L	LED1	发光二极管-th_bd3.8-p2.54-fd		C84774
4	1	GMI9767P-52DB	MIC1	MIC-TH_BD9.7-P2.54-D0.8-L-FD		C234023
5	1	S9013-TA	VT2	TO-92-3_L4.8-W3.7-P2.54-L		C15085
6	1	RN 1/4W 1K F T/BA1	R1	RES-TH_BD2.4-L6.3-P10.30-D0.6	1kΩ	C410696
7	1	RN 1/2WS 10K F T/BA1	R2	RES-TH_BD2.4-L6.3-P10.30-D0.6	200kΩ	C433531
8	1	RN 1/2WS 10K F T/BA1	R3	RES-TH_BD2.4-L6.3-P10.30-D0.6	5.1kΩ	C433531
9	2	RN 1/2WS 10K F T/BA1	R4，R5	RES-TH_BD2.4-L6.3-P10.30-D0.6	220Ω	C433531
10	1	RN 1/2WS 10K F T/BA1	R6	RES-TH_BD2.4-L6.3-P10.30-D0.6	10kΩ	C433531
11	1	GL5549	R7	RES-TH_L5.1-W4.3-P3.40-D0.5		C125631
12	1	RN 1/2WS 10K F T/BA1	R8	RES-TH_BD2.4-L6.3-P10.30-D0.6	1kΩ	C433531
13	1	SK12D07VG4	SW1	SW-TH_SK12D07VG4		C393937
14	2	KF301-5.0-2P	U1，U2	CONN-TH_P5.00_KF301-5.0-2P		C474881

2. 设置网络节点

设计规则的导入路径在顶部菜单栏的“设计”菜单中，单击即可进入“设计规则”窗口。本书设计的电路只需使用默认的设计规则即可，无须导入其他设计规则。默认设计规则见附录 B，设计规则是重要的设计指标，建议仔细阅读。

在电路原理设计过程中，主要是对“器件”“网络标识”“复用图块”等对象进行操作。其中“器件”的详细操作方法可参考前面任务中的介绍。按照之前介绍的操作方法，使用“放置”菜单中的绘制工具完成电路图的绘制后，嘉立创 EDA（专业版）软件会自动将电路生成“网络”。网络生成工具及结果如图 3-22 所示（框中的工具即网络生成工具，最左侧的图为“网络”生成结果）。

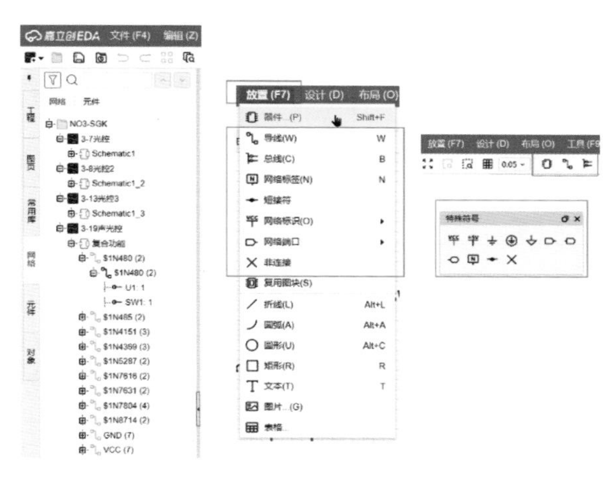

图 3-22 网络生成工具及结果

设计电路的基本要领是掌握“导线”“网络标识”等命令的使用。“导线”“网络标识”命令可在“放置”菜单中选取，也可通过在“特殊符号”工具栏中单击相应的图标命令选取，如图 3-22 所示。单击“网络标识”命令，在电路设计界面（绘图区）的特定位置单击释放。合理地使用“网络标识”，能够提升电路的辨识度、简洁度，如图 3-23 所示。

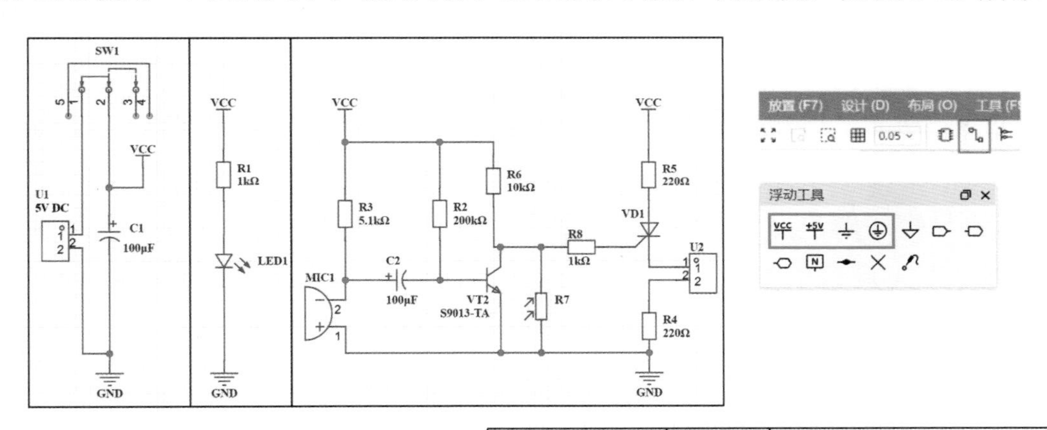

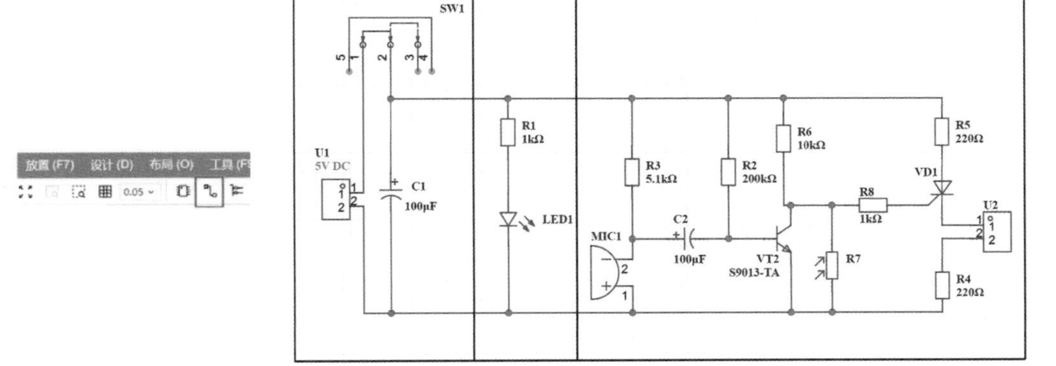

图 3-23 电路的不同画法

分模块绘制电路，可方便检查电路原理。分模块绘制复杂电路时，会使电路图更容易阅读，如图 3-24 所示。

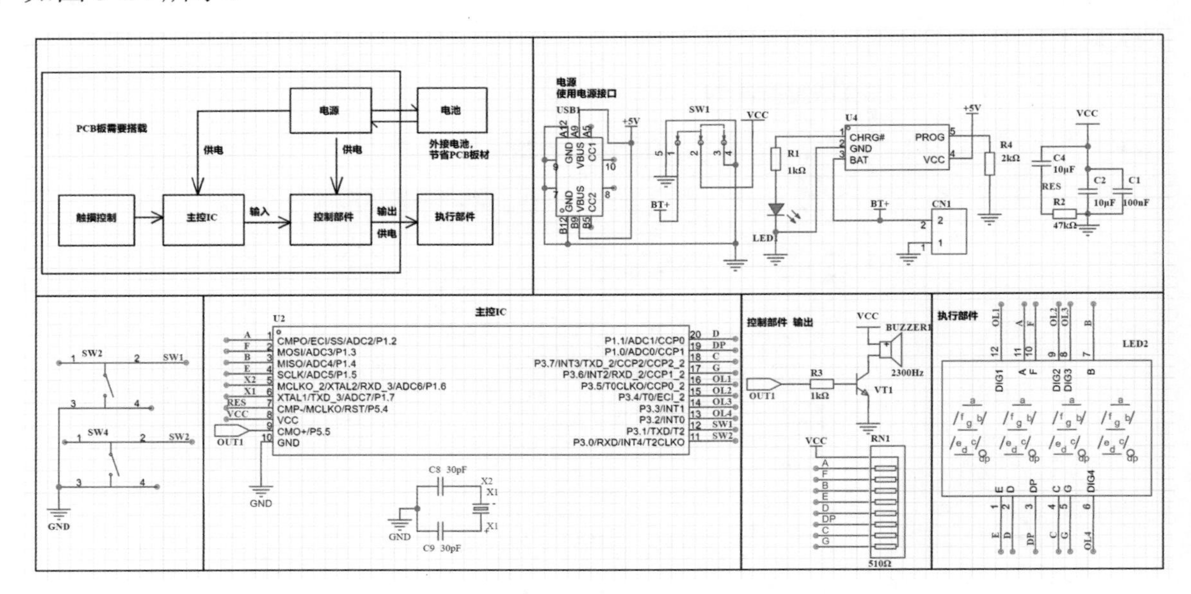

图 3-24　分模块绘制电路

3. 导入 PCB

使用嘉立创 EDA（专业版）软件完成电路图的绘制，通过检查 DRC 无错误，可将电路图导入 PCB 中。

按照图 3-23（上图）所示修改电路图后，通过检查 DRC，出现了 1 个“警告”，警告内容为“发现元件引脚悬空，建议放置非连接标识在引脚上：SW1.3，SW1.4，SW1.5”，说明 SW1 元件有 3 个引脚悬空。解决办法如图 3-25 所示，单击“放置”菜单中的“非连接标识”命令或“特殊符号”工具栏中的“×”非连接标识图标命令，用“×”非连接标识分别连接 SW1.3、SW1.4、SW1.5 引脚，表示未使用到的该元件的 3 个引脚。

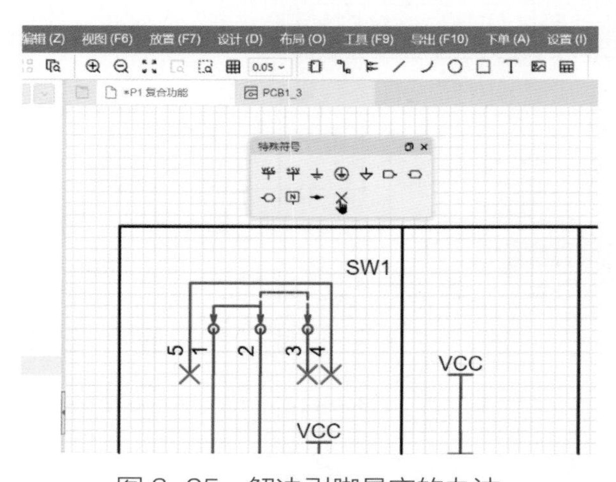

图 3-25　解决引脚悬空的办法

手动添加“×”非连接标识并进行 DRC 检查，显示结果无错误、无警告，即可将电路图导入 PCB。在菜单栏中选择“设计”→“更新/转换电路图到 PCB”命令，或在电路设计界面按“Alt+I”组合键，软件会自动跳转到 PCB 绘制界面。

任务 4　PCB 绘制

电路图是电路设计的“骨骼”，验证所设计电路的原理需要将电路“变现”，验证的方法包括 PCB 打样测试、电路仿真、面包板插件测试、棚搭电路、洞洞板焊接测试等。

目前能够实现电子产品的电路硬件量产的最优方案是 PCB。面包板插件电路、棚搭电路、洞洞板焊接电路存在稳定性差、手工量高的问题，一般不采用。电路制作效果对比如图 3-26 所示。

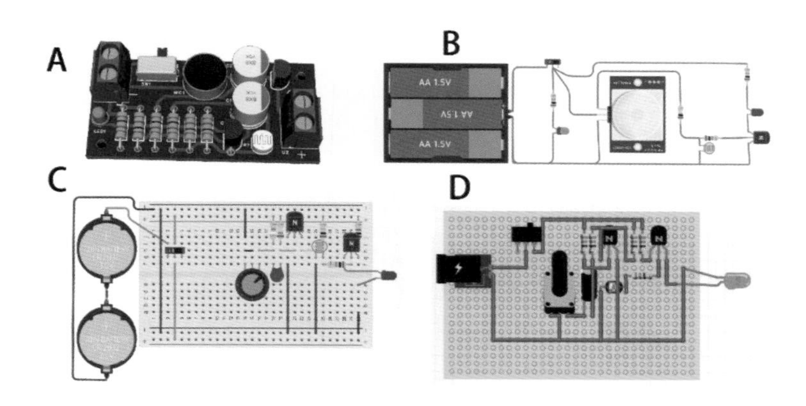

A—PCB；B—仿真电路；C—面包板插件电路；D—洞洞板焊接电路

图 3-26　电路制作效果对比

任务分析

PCB 相较于面包板插件电路、棚搭电路、洞洞板焊接电路更加简洁、结构更加稳定。本任务将通过嘉立创 EDA（专业版）软件介绍 PCB 的绘制界面和绘制方法。

任务实施

1. 绘制 PCB 外框：根据产品设计规划绘制 PCB 外框。
2. 电子元器件布局：根据电子元器件的体积、产品外观，调整电子元器件的布局。
3. 网络线布置：绘制、调整 PCB 布线，完成 PCB 绘制。

1. 绘制 PCB 外框

PCB 绘制流程如图 3-27 所示。

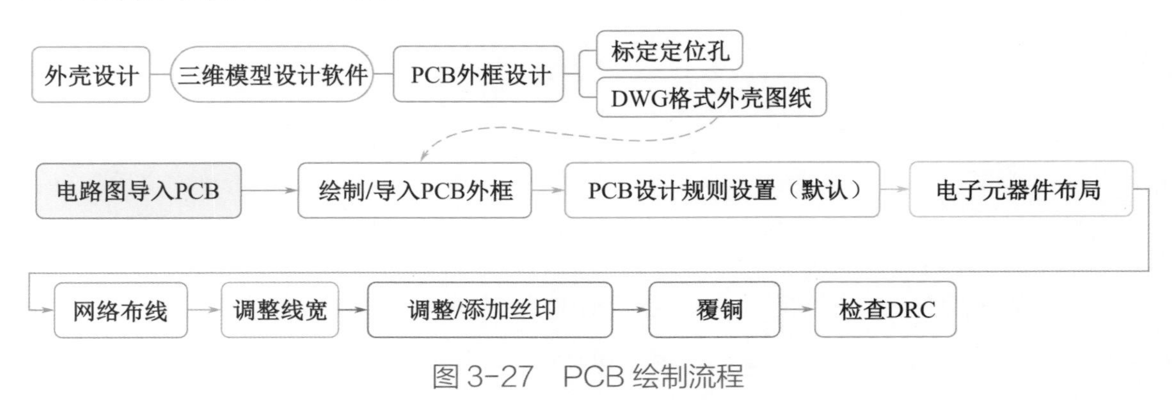

图 3-27　PCB 绘制流程

设计简单的电路硬件时，可以简化绘制 PCB 的步骤。PCB 绘制的简化流程如图 3-28 所示。

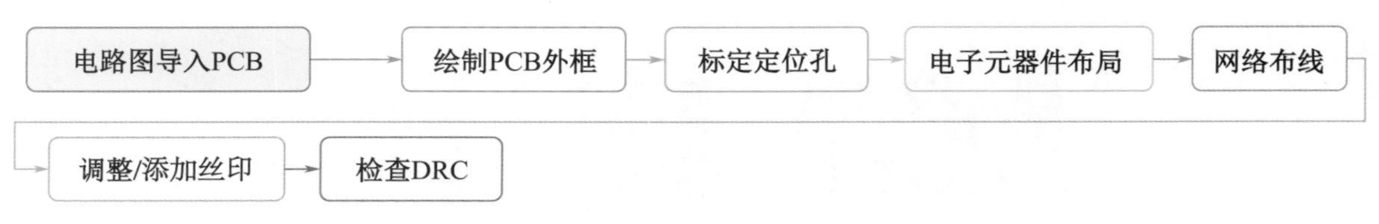

图 3-28　PCB 绘制的简化流程

本项目设计的电子产品沿用项目一小夜灯的产品外壳，PCB 外框采用项目一的 PCB 外框。或者直接在菜单栏中选择“放置”→“板框”→“矩形”命令，然后在 PCB 绘制界面的坐标系原点开始向第一或第四象限绘制一个随机大小的矩形，完成绘制后查看软件右侧的“属性”窗口，修改外框尺寸为 50mm × 25mm（绘制过程中矩形会有尺寸标注，也可直接通过数字键盘输入尺寸，获得准确尺寸的外框），外框的起始坐标（起点 *X*，起点 *Y*）=（0，25）或（起点 *X*，起点 *Y*）=（0，0）。外框绘制过程如图 3-29 所示。

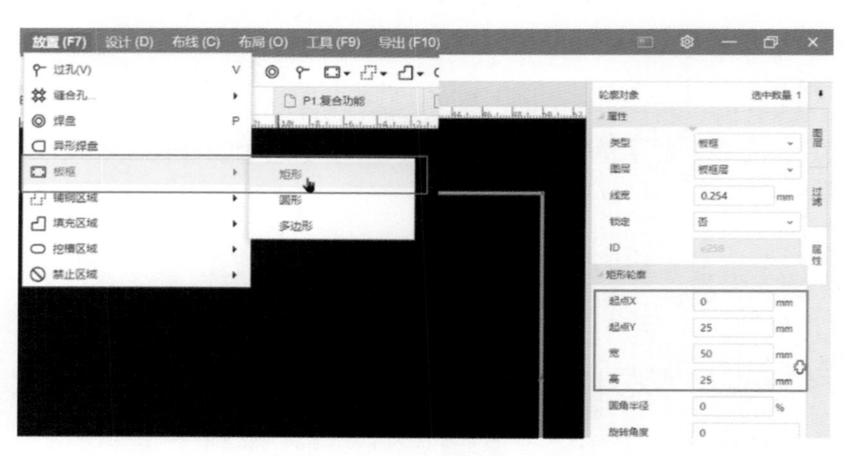

图 3-29　外框绘制过程

完成外框的绘制后，使用“放置”→“挖槽区域”菜单命令，给PCB对角打上固定用的螺钉孔（孔半径为 1mm）。螺钉孔的定位也是通过选中绘制的螺钉孔后查看其属性，在“属性”窗口中修改孔的“中心 X”和“中心 Y”的数值。孔的属性如图 3-30 所示。

两点定位位置为（3，3）、（47，22）或（-3，-22）、（47，-3）。

图 3-30 孔的属性

绘制完螺钉孔后，按住 Ctrl 键，依次单击外框和两个定位孔，在右侧“属性”窗口的“组合”输入框中输入“外框”→新增“外框”，即可绑定选中的三个对象。选择并绑定部件后，可把选中部分作为一个整体（设计过程中，建议不要随意挪动外框，必要时可“锁定”外框），它们将保持当前相对位置。

注意： 嘉立创 EDA（专业版）软件中，先选中需要查看的对象，然后在右侧“属性”窗口中才会显示选中对象的属性。没有选择任何操作对象时，默认显示 PCB 界面属性。

2. 电子元器件布局

本书在设计电子产品时，PCB 中电子元器件的布局主要根据外框的大小，以及电路图的功能区域分布。首先根据外框的大小排布元器件，在完成外框绘制和标定定位孔后，选中全部元器件，单击菜单栏中的“布局”→“分布”→“元件区域分布”命令，单击选择起始点，鼠标指针画出区域大小后，单击选择结束点(起始点、结束点可以根据PCB外框选择)。“布局”菜单如图 3-31 所示。

根据设计难度与电子产品的精密度，若 PCB 设计层数为 2 层，则 PCB 打样也使用 2 层板的工艺。以 2 层板的工艺绘图，元器件布局难度相对较低，若元器件不需要关联产品外壳的某些结构，则元器件布局比较自由（建议根据电路图的功能区域分布放置元器件）；若为商品级别的电子产品在进行电路设计时，则元器件的排布需要工整有序。

使用自动布局得到的设计板面，其美观度、布局合理性都不及手动布局。手动布局包括相连元器件相邻摆放法、相似元器件相邻摆放法、电路图元器件布局摆放法等几种方法。

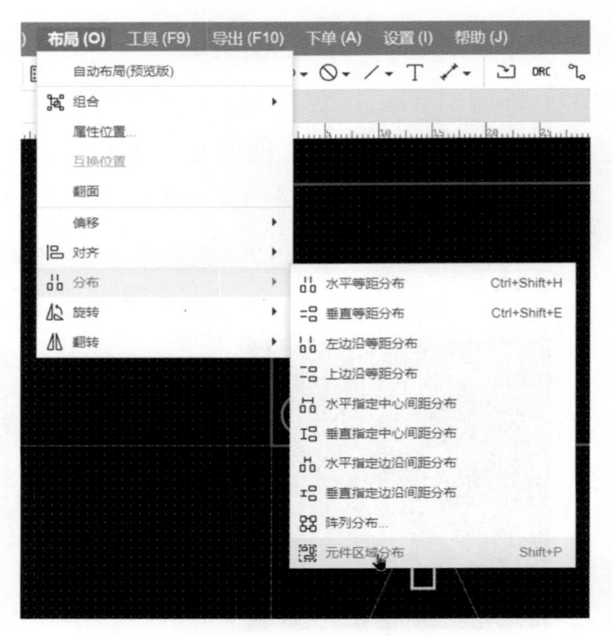

图 3-31 “布局”菜单

如图 3-32 所示为自动布局（PCB 导入结果）、相连元器件相邻摆放法（元器件布局结果①）、相似元器件相邻摆放法（元器件布局结果②）、电路图元器件布局摆放法（元器件布局结果③）四种元器件布局方法的对比效果。

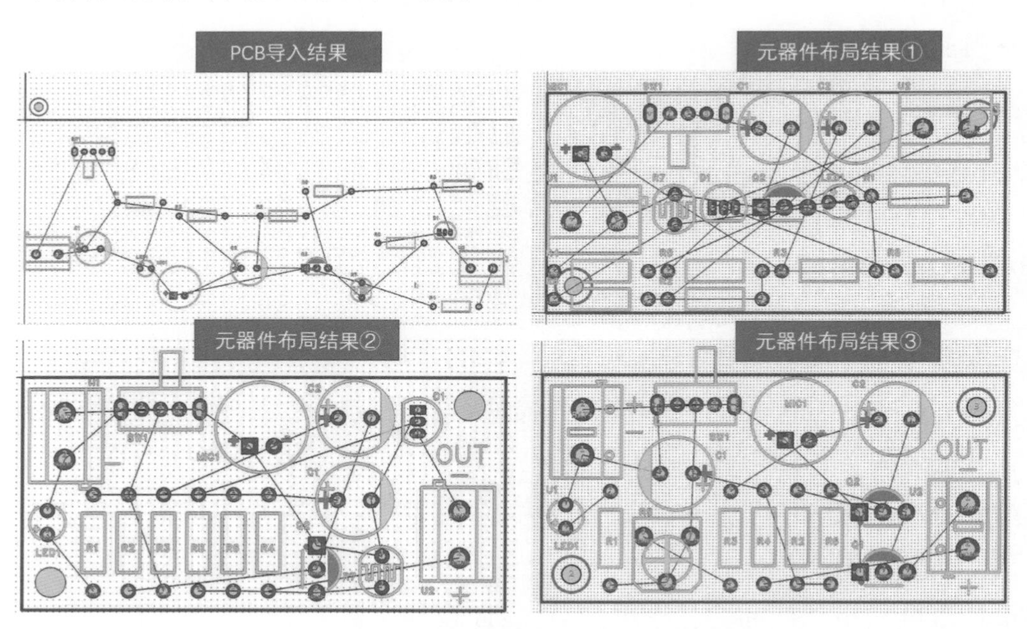

图 3-32 元器件布局方法的对比效果

PCB 的 3D 渲染图能更直观地反映元器件布局的效果和意义，四种 PCB 的 3D 渲染图对比效果如图 3-33 所示。

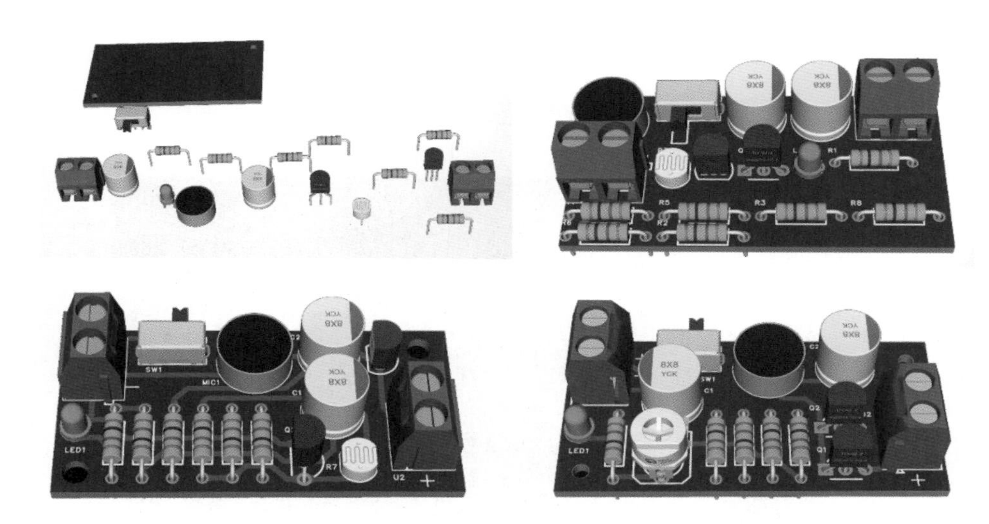

图 3-33　PCB 的 3D 渲染图对比效果

3. 网络线布置

完成元器件的摆放并不代表布局的完成，在摆放元器件的同时，需要考虑元器件引脚的网络连接点。电路图转换为PCB时，元器件排布位置随机，元器件间连接的网络线混乱。根据设计规则和电子技术原理对元器件进行布局，调整各个元器件的位置并梳理它们之间的网络线，更有利于 PCB 布线。网络线的调整对比如图 3-34 所示。

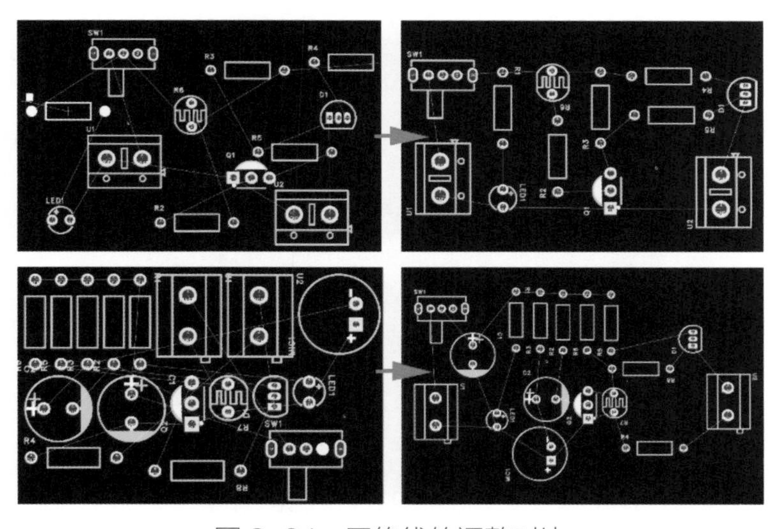

图 3-34　网络线的调整对比

通过调整元器件的布局和方向，可以有效减少网络线的交叉数量，使 PCB 的布局更紧密。通过上面的对比图也能发现，元器件的布局位置越接近电路图元器件的摆放位置，网络线交叉情况越少，越容易布线。

完成元器件布局，调整元器件的位置和方向，减少网络线交叉后，单击“布线”→“单路布线”菜单命令，右击选择某一元器件的焊盘，跟着网络线的引导方向，选择合适的路径画出线路，如图 3-35 所示。

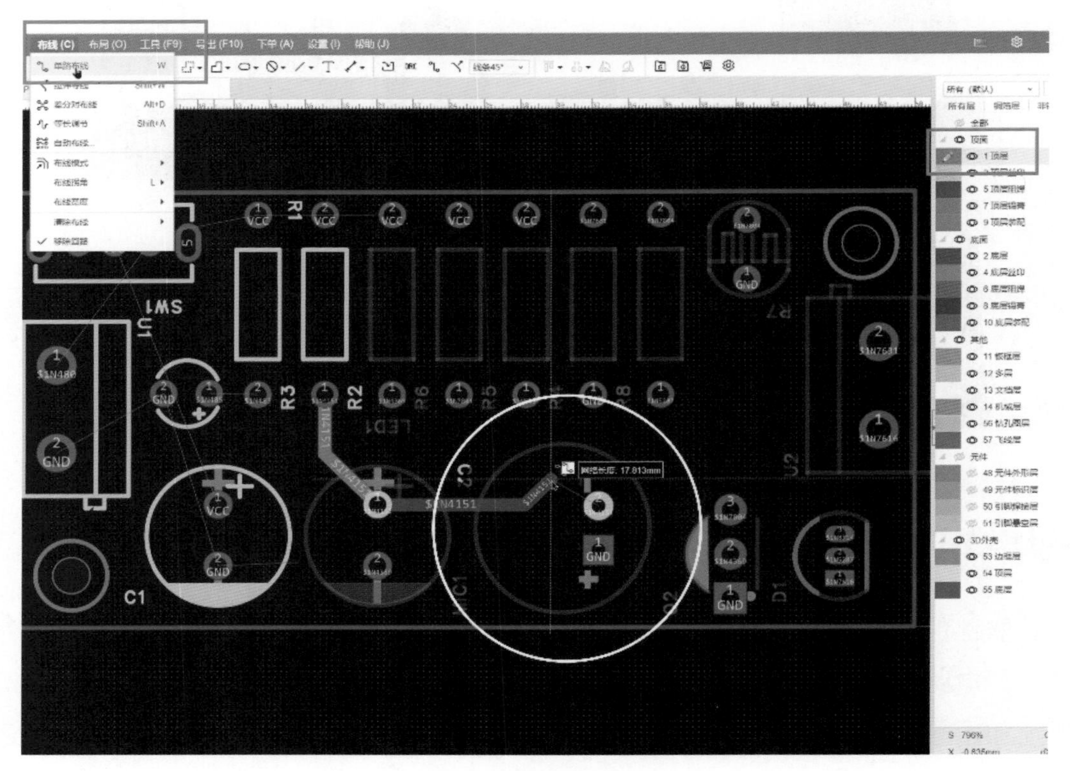

图 3-35　布线方法

任务 5　产品化设计预览

要完任务 4 中的 PCB 的元器件布局和网络线布置，对初学者来说是一个十分耗费时间精力的工程。优化布局的过程中，若调整一个元器件的方向，则可能需要推倒全部网络线布置方案，重新调整布局、重新布线。绘制 PCB 需反复练习，才能找到放置元器件的最佳位置，才会熟悉电路的设计规则。

分析图 3-36 所示电路，按照其功能划分可知这款电路是由指示灯电路、电阻分压电路和三极管放大电路构成的。设计电路时，可按照电路功能划分模块，以后，若要设计其他功能相近的电子产品时，可以直接使用该模块的电路即可。

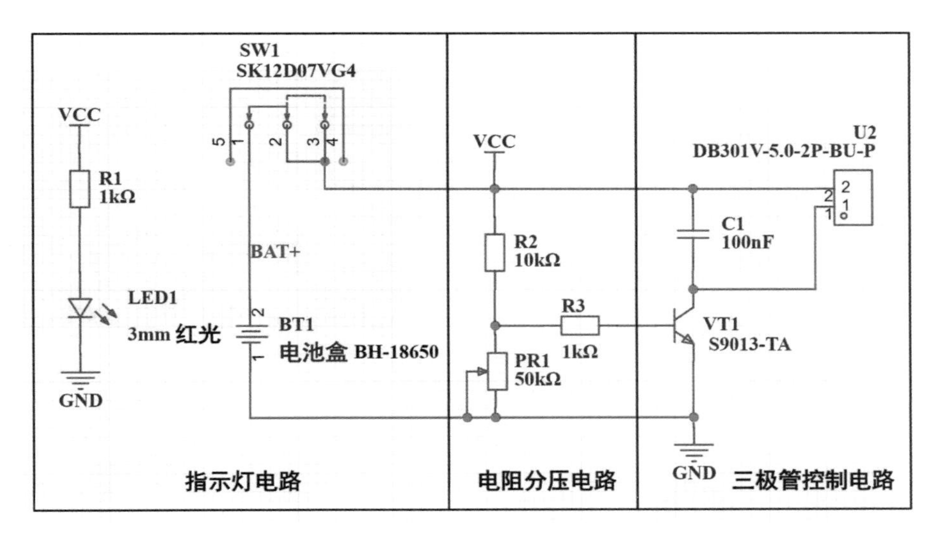

图 3-36 电路的功能划分

任务分析

本任务将对声控灯电路产品化设计的基本流程进行回顾。前面的任务已经完成了:（1）分析设计，对产品进行探究，初步拟定能够实现功能的电路方案;（2）查找与选择电子元器件，通过嘉立创 EDA（专业版）软件的元件库查找，导出数据手册对电子元器件进行分析;（3）设计电路，放置电子元器件，修改方位和参数。任务 5 将完成声控灯产品化设计剩下的步骤。

任务实施

1. 预览 PCB 设计：预览 PCB 设计结果。
2. 预览产品外壳设计：预览产品外壳设计结果。
3. 预览产品设计：预览产品设计的结果。

1. 预览 PCB 设计

为了满足产品的安全性和续航能力，本项目使用外接直流电源给电路提供电能，降低设计、调试的难度。按照设计步骤，依次完成电路图的绘制→导入 PCB→元器件布局→PCB 布线→导入产品外壳，进行渲染。设计流程如图 3-37 所示。

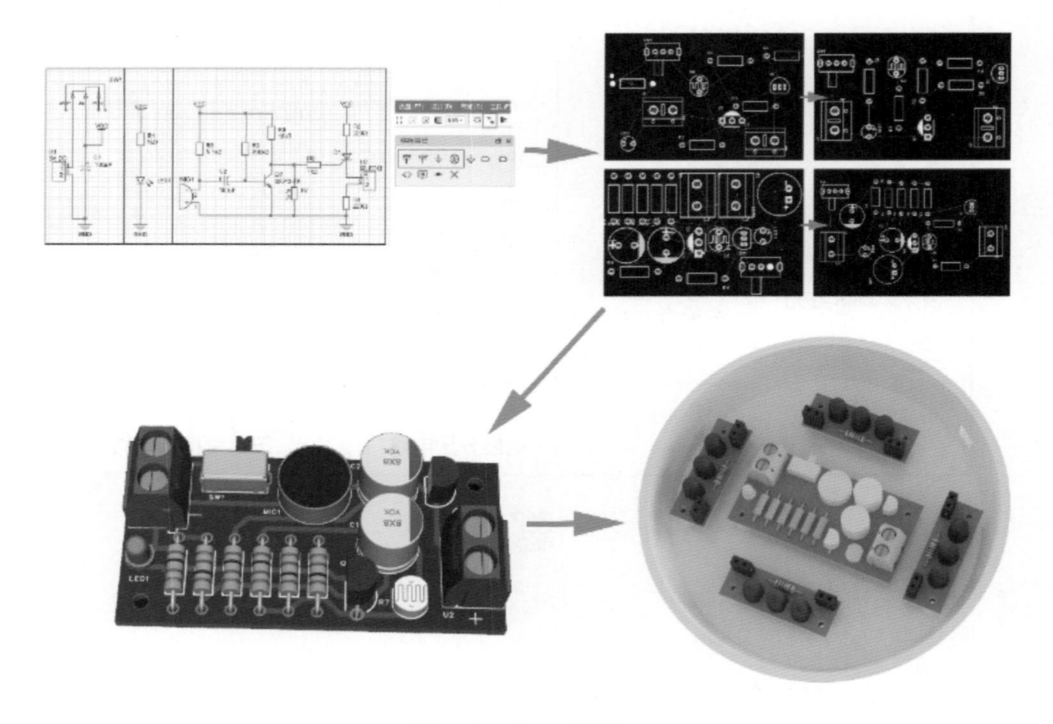

图 3-37　设计流程

按照前面任务介绍的操作步骤，在 PCB 绘制界面中，调整元器件的布局，使其合理有序，然后将所有元器件放置在尺寸为 50mm × 25mm 的外框中（若元器件在这个尺寸外框中放置不下，说明布局不够紧密，需要多加练习）。放置完元器件，使用布线工具完成网络线布置后，PCB 设计效果如图 3-38 所示。

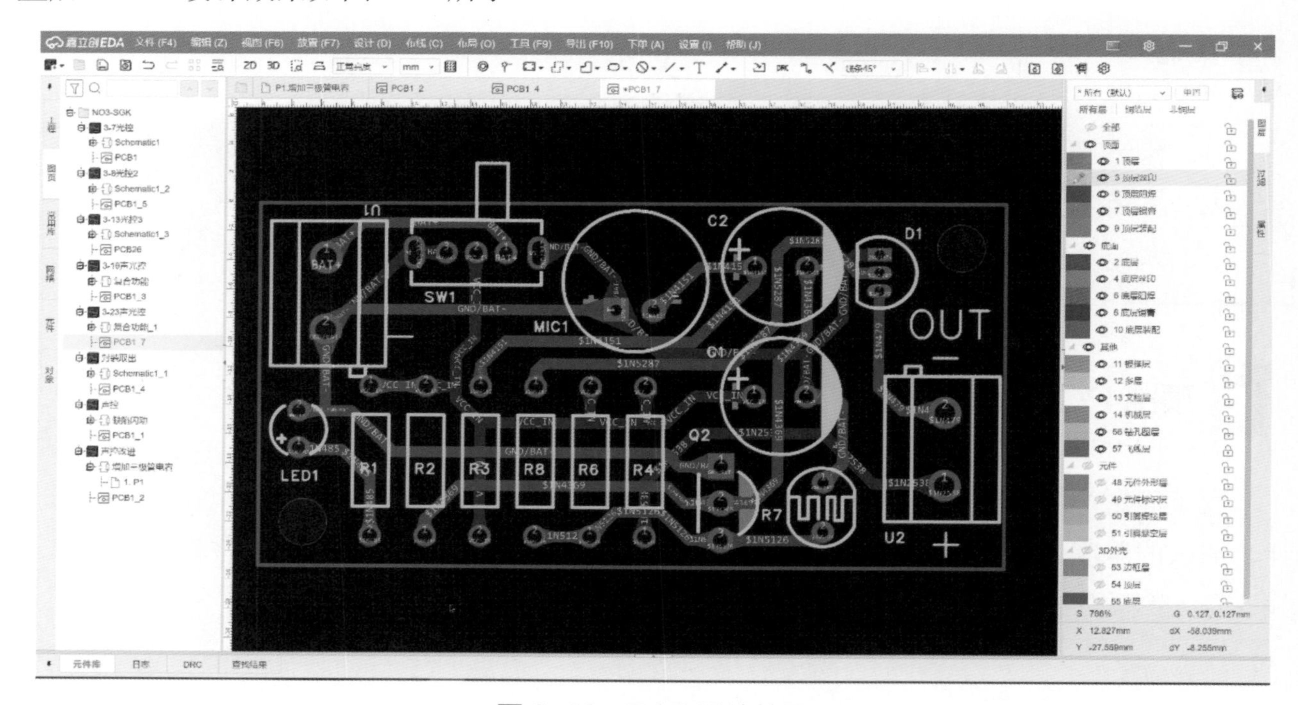

图 3-38　PCB 设计效果

2. 预览产品外壳设计

采用的元器件尺寸大小会影响PCB的大小与外观，元器件摆放位置需要与产品外壳相适应，外壳上的开孔位置和固定位置也应映射在PCB上。嘉立创EDA（专业版）软件拥有3D外壳设计功能，设计简单的外壳时，可在该软件的PCB绘制界面同步完成。

一个电子产品工程项目，要明确外观和PCB的权重，当PCB权重较高时，应先绘制PCB再设计外观样式。否则，通常情况下在设计电子产品时，需要先定外观再定内部电路硬件的位置。本项目产品没有设定明确的外观要求，可根据PCB设计产品外壳。本项目产品采用圆形外壳设计，如图3-39所示。

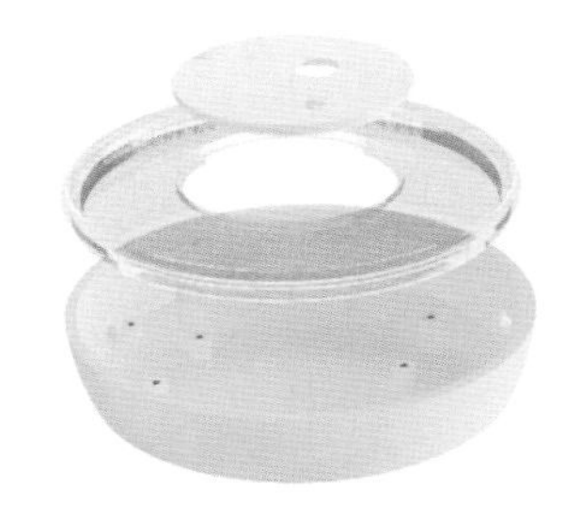

图3-39 外壳设计结果

外壳设计过程

3. 预览产品设计

在产品量产前必须进行PCB 3D打样，并焊接制作电路、组装调试产品，产品设计结果如图3-40所示。

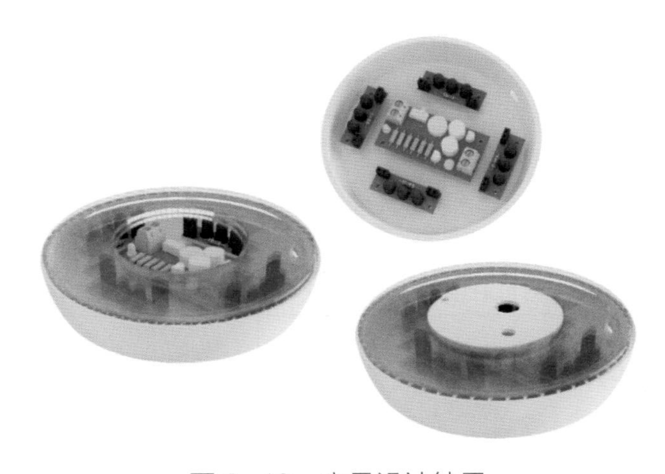

图3-40 产品设计结果

四、项目评价与总结

本项目共由5个任务构成，从电路设计、绘制的角度探究了设计电子产品的基本要素。回顾项目流程图（见图3-41）进行总结，记录任务完成过程中的体会，见表3-3。

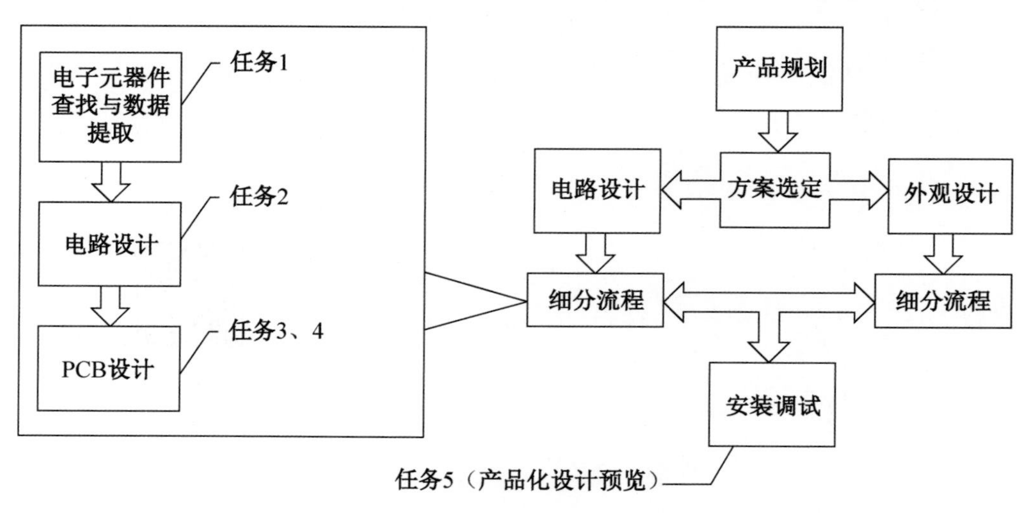

图3-41　项目流程图

表3-3　体会

序号	任务名	任务说明	体会
任务1	电子元器件查找与数据提取	了解光敏电阻、驻极体话筒（驻极体传声器）的基本信息、特性和外观特点，通过电子辅助设计软件查找电子元器件并提取有用的参数	
任务2	电路设计	对电子元器件进行分析，设计符合要求的电路，并且绘制电路图	
任务3	PCB导入与布局	电路设计规则检查（DRC），认识电路图网络节点与接线网络，电路图转为PCB	
任务4	PCB绘制	绘制PCB外框，PCB电子元器件布局、布线	
任务5	产品化设计预览	预览PCB渲染图，产品化声控灯	

任务1、任务2针对本项目设计的电子产品完成了资料查找、电路设计；任务3、任务4继续使用嘉立创EDA（专业版）软件完成PCB的导入、布局与布线，介绍了使用嘉立创EDA（专业版）软件绘制电路图、PCB的具体方法，实践探究了电子产品与电子元器件的关系；任务5预览了声控灯的PCB设计、产品外壳设计、产品设计的结果。

完成项目的学习，对完成情况进行评价，项目评价表见表3-4。

表 3-4 项目评价表

班级： 组别： 姓名： 日期：					
评价指标		评定等级	自评	组评	教师评价
道德品质	尊敬师长，团结同学，待人诚恳，严于律己，遵纪守法	A			
		B			
		C			
	热爱祖国，热爱集体，社会责任感强，自觉维护集体利益	A			
		B			
		C			
	热爱劳动，珍惜劳动成果，有安全意识和环保常识，珍视生命，保护环境	A			
		B			
		C			
学习能力	学习目标明确，学习积极主动，学习方法合适，学习效率高	A			
		B			
		C			
	学习有计划、有总结、有反思，善于听取他人意见	A			
		B			
		C			
	能够独立思考、提出问题、分析问题、解决问题	A			
		B			
		C			
交流与合作	具有团队精神，与他人团结协作共同完成任务	A			
		B			
		C			
	能约束自己的行为，能与他人交流与分享，尊重和理解他人	A			
		B			
		C			

五、项目拓展习题

1. 填空题

晶闸管的图形符号为____________________。

2. 简答题

（1）嘉立创 EDA（专业版）软件绘制电路图的步骤有哪些？

（2）如何导出 BOM 表？

3. 产品设计拓展

使用本项目中的电路设计方案，设计一款声光控鱼缸喷泉。要求：使用 5V 防水型潜行水泵，注意调试时的用电安全。

项 目 四

人体红外感应灯的设计与制作

一、项目描述与目标

1. 项目介绍

项目三通过 5 个任务展示了电子产品从电路设计到 PCB 绘制的流程，介绍了在嘉立创 EDA（专业版）软件中 PCB 绘制的方法。如何将电路图转变成 PCB，PCB 如何绘制外框、元器件如何布局等是上一个项目的重点内容。项目四将通过“人体红外感应灯的设计与制作”，继续深入学习电子产品的 PCB 设计流程，通过软件渲染和实物拍摄进一步了解电子产品电路硬件设计的重要内容——PCB 打样与制作。

2. 项目来源

声控灯使用三极管的基本电路构建出产品的基础功能，在产品的安装调试阶段要发现和总结产品的优点与不足。在产品的生命周期里，也需要对产品进行迭代升级，这些升级不仅是在产品外观上，还应对产品的内部结构做出重要的调整。

场景设想：某一个家具生产厂商对产品进行迭代升级，需要融入自动化的灯光效果，要求设计一款电子产品，主要用于橱柜中，实现自动开

大国重器

党的二十大报告提出，“坚持把发展经济的着力点放在实体经济上，推进新型工业化，加快建设制造强国、质量强国、航天强国、交通强国、网络强国、数字中国。”学习电子产品综合设计与制作，是从细分层面上为大国重器的诞生贡献自己的力量，敬业、精益、专注、创新，唯有将工匠精神投入到学习工作之中，才能创作出不凡的设计作品。

灯的效果。

要求：该产品安全耐用，方便移植到衣柜、衣帽间、橱柜等场所。

3. 项目的实现价值

为满足设计需求，开发一款新的电子产品，该产品可以安装在衣柜、橱柜中，如果有人打开柜门，那么产品会感应并自动点亮灯光，过一段时间自动熄灭。本项目将以人体红外感应灯为设计目标，以 PCB 打样、制作为重点，讲解电路设计的打样、制作流程。人体红外感应灯实物图如图 4-1 所示。

产品动画：人体红外感应灯

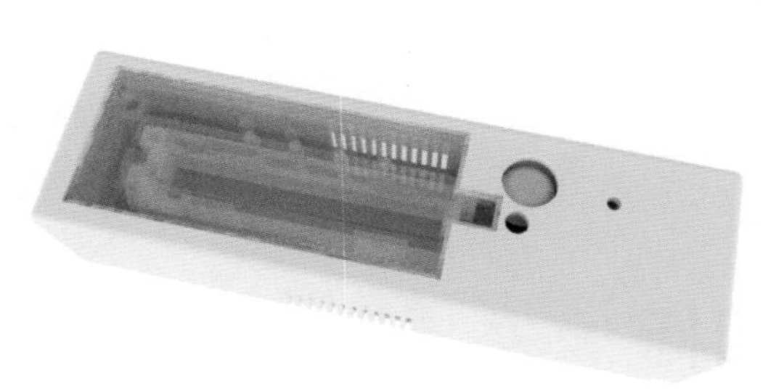

图 4-1　人体红外感应灯实物图

电路设计图纸

4. 项目实施目标

（1）知识目标：熟悉从电路设计到 PCB 绘制的流程，了解 PCB 打样的参数要求和方法。

（2）技能目标：掌握 PCB 打样流程，能够独立完成从 PCB 设计到打样的步骤。

（3）职业素养：了解规则，遵守规则，规范操作。

二、项目分析与路径

1. 项目分析

人体红外感应灯是一种常见的照明设备，是声控灯的升级产品。人体红外感应灯在灯具开关条件上做了改变，这种灯具以检测到生物的热红外特征为点亮条件，因此电路硬件设计的核心应是具有生物热红外特征检测功能的电子元器件。

产品采用外接电源或锂电池给控制器、灯头、传感器三者供电，当检测到人体热红外信号时，满足触发条件，控制器控制发光二极管点亮，产品电路结构图如图 4-2 所示。

通过构想的产品电路结构分析，供电和控制器可以分开制作，这种形式与项目三设计的声控灯相同，可以视作上一个项目产品的迭代升级。

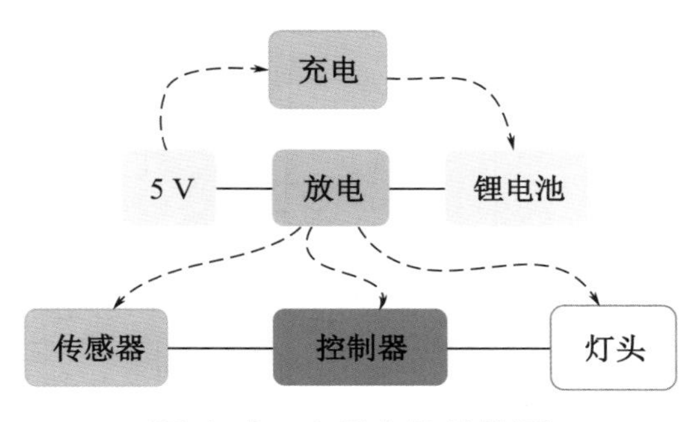

图 4-2 产品电路结构图

设计分析

产品作用：为狭小空间提供短时间照明。

设计思路：电源给传感器、控制器、灯头供电，当控制器接收到传感器信号时开启照明。

电路设计：三极管控制（开关）电路。

外观设计：体积小，能适配多种使用场景。

从设计分析的结果来看，上一个项目设计的声控灯通过外置电源供电，这种电源特性不能满足本项目的需求场景，但是从控制角度来看，电路结构和主要控制部分可以直接沿用。参考项目二的产品设计，电路中可以放置 18650 型锂电池作为产品的内置电源。优化后的产品电路结构图如图 4-3 所示。

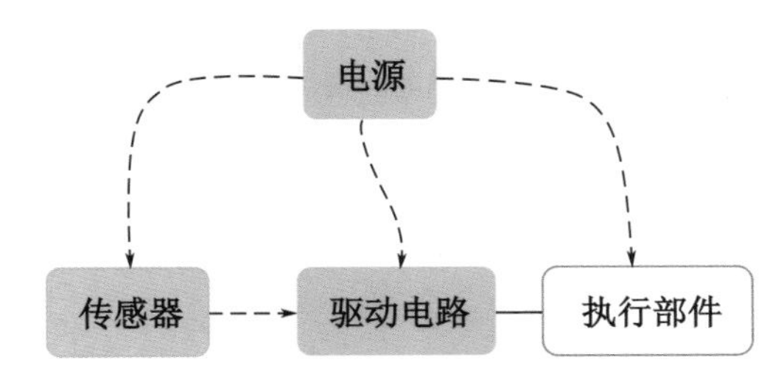

图 4-3 优化后的产品电路结构图

2. 项目路径

本项目共由 5 个任务构成，将从电路设计、PCB 绘制和 PCB 打样的角度探究设计电子产品的基本要素。

任务 1 查找与选择常见的电子模块，并进行参数对比；任务 2 学习电路优化设计，任务 3、任务 4 加强学习 PCB 设计，并对绘制出的 PCB 进行打样、制作、预览等；任务 5 对产品化设计进行预览。项目任务分布如图 4-4 所示。

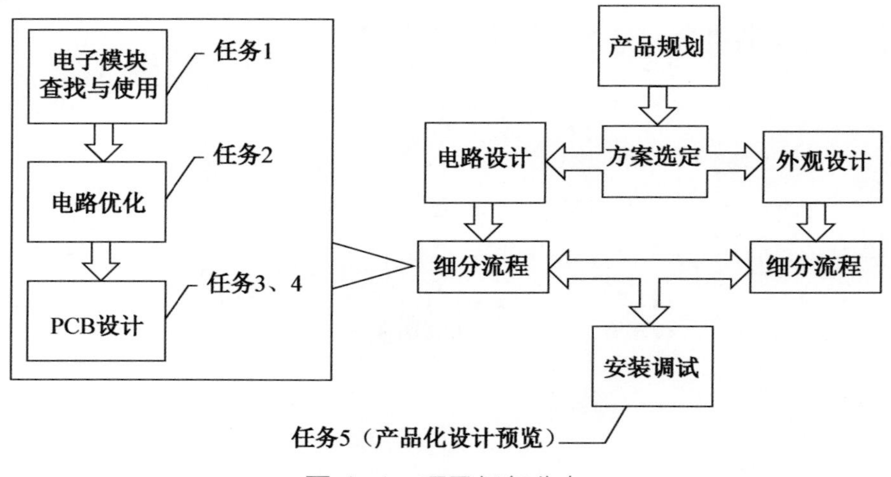

图 4-4 项目任务分布

三、项目准备与实施

1. 项目准备

通过实践了解 PCB 绘制、导出的流程，任务分布见表 4-1。

表 4-1 任务分布

序号	任务名称	任务说明
任务 1	电子模块查找与使用	掌握电子模块的查找与使用，了解电子模块的性能，以及电路的模块化设计
任务 2	电路优化	在电路设计中加入电源模块，使电路硬件更贴合产品要求，设计含有电源模块、人体红外感应模块的电路
任务 3	PCB 设计规则与绘制	了解封装的绘制，PCB 各层含义，电子元器件布置层修改，双面布线和多层布线，DRC（设计规则检查），PCB 打样的基本要求
任务 4	PCB 打样	了解 PCB 打样的步骤，PCB 生产流程
任务 5	产品化设计预览	预览 PCB 渲染，产品化人体红外感应灯

2. 项目实施

任务 1～任务 4 通过人体红外感应灯的设计与制作，了解 PCB 绘制对电子产品设计的影响，掌握 PCB 的打样方法。任务 5 了解完成人体红外感应灯设计与制作所需的其他步骤，以及相应步骤操作会得到什么结果。

任务1 电子模块查找与使用

在电子产品设计过程中，不仅需要使用电子元器件，有时还需要使用电子模块。本项目产品作为上一个项目产品的迭代，将会使用上一个项目中使用的基本电路进行进一步的设计。为了满足更高的要求，本项目将使用成品的电子模块进行设计。

任务分析

本任务将通过查找人体红外感应模块，掌握电子模块的查找与使用，了解电子模块的性能，以及电路的模块化设计。

任务实施

1. 认识电子模块：了解常见的电子模块。
2. 信号分析：分析电子模块的输入/输出。
3. 电路设计：使用电子模块设计电路。

1. 认识电子模块

电子模块是指将某些特定功能的电路制作成小块的 PCB，它是一类特殊的电子元器件。电子模块通常会预留电源接口、信号输入/输出接口、定义接口等，使用方法和有源电子元器件相似。常见的电子模块如图 4-5 所示。

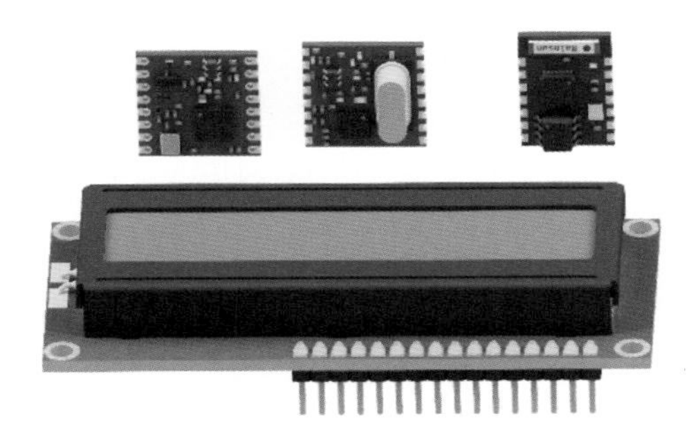

图 4-5 常见的电子模块

电子模块的使用，提高了人们设计电子产品的效率。将成熟的电路打包制作成拥有标准接口的电子模块，可以有效提高电路方案的应用和电子模块的二次开发。

注意：使用电子模块配合普通的电子元器件，可以加快电子产品的开发设计进程，通过电子模块也能获得比较稳定、理想的数据。电子模块通常在验证、调试阶段使用。

2. 信号分析

能够准确探测人员流动的手段有：声音检测、超声波物障检测、人体热红外信号检测、多普勒雷达等。其中人体热红外信号检测是使用较多的方案，其核心部件为人体热红外感应探头（或人体红外感应模块），该探头（模块）常见的输出信号类型有开关信号、模拟信号和数字信号。使用仿真软件搭建一个简单的测试环境，仿真测试电路如图 4-6 所示。

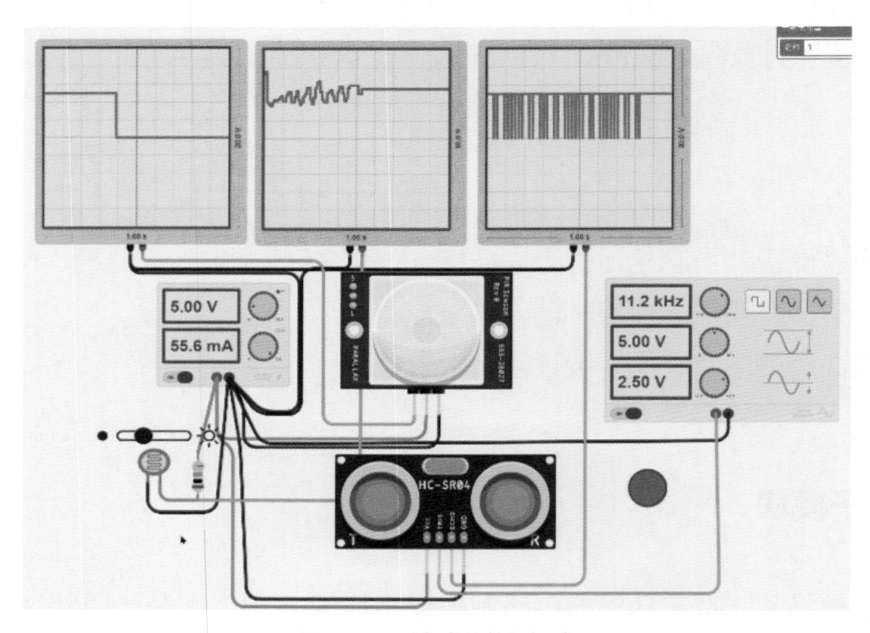

图 4-6　仿真测试电路

仿真搭建平台有手机端软件 EveryCircuit，客户端软件 Multisim、Proteus、嘉立创 EDA，网页仿真平台有 Tinkercad。使用其中的示波器、数字控制电源和电子模块直接连线可搭建如图 4-6 所示的仿真测试电路。

分别通过开关状态、电压值的大小、脉冲宽度模拟三种不同的输出信号，从而对比三种输出信号（开关信号、模拟信号、数字信号）。信号对比如图 4-7 所示。

在电源环境相同的情况下，电子模块输出的开关信号可以直接用来控制三极管开关电路。开关信号是数字信号的一种，数字信号是时间上不连续的信号，模拟信号是时间连续信号。

要解读数字信号里的信息，通常需要使用单片机电路，对信号里的频率、占空比、搭载的数字信息等进行分析、解读，再由单片机判断信息、推导结论、输出结果。

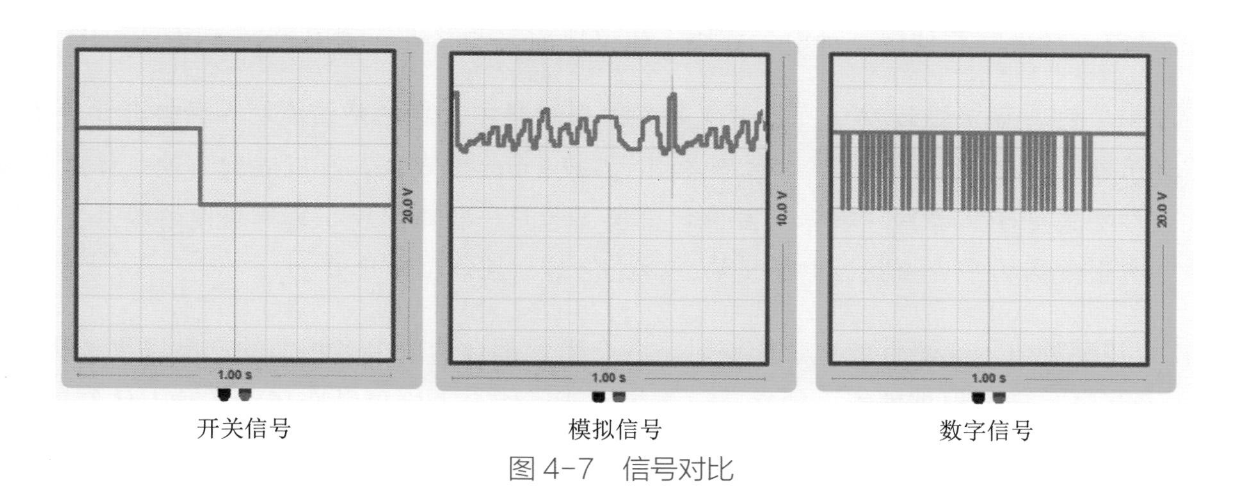

图 4-7 信号对比

3. 电路设计

使用前面项目介绍的电子元器件的查找方法了解电子模块，寻找符合设计需求的电子元器件和电子模块。电子元器件、电子模块的选择可以依据电路结构进行。同理，在选择电子元器件、电子模块的过程中，需要根据查找到的内容优化电路图。根据图 4-3 所示的产品电路结构，初步设计人体红外感应灯电路，如图 4-8 所示。

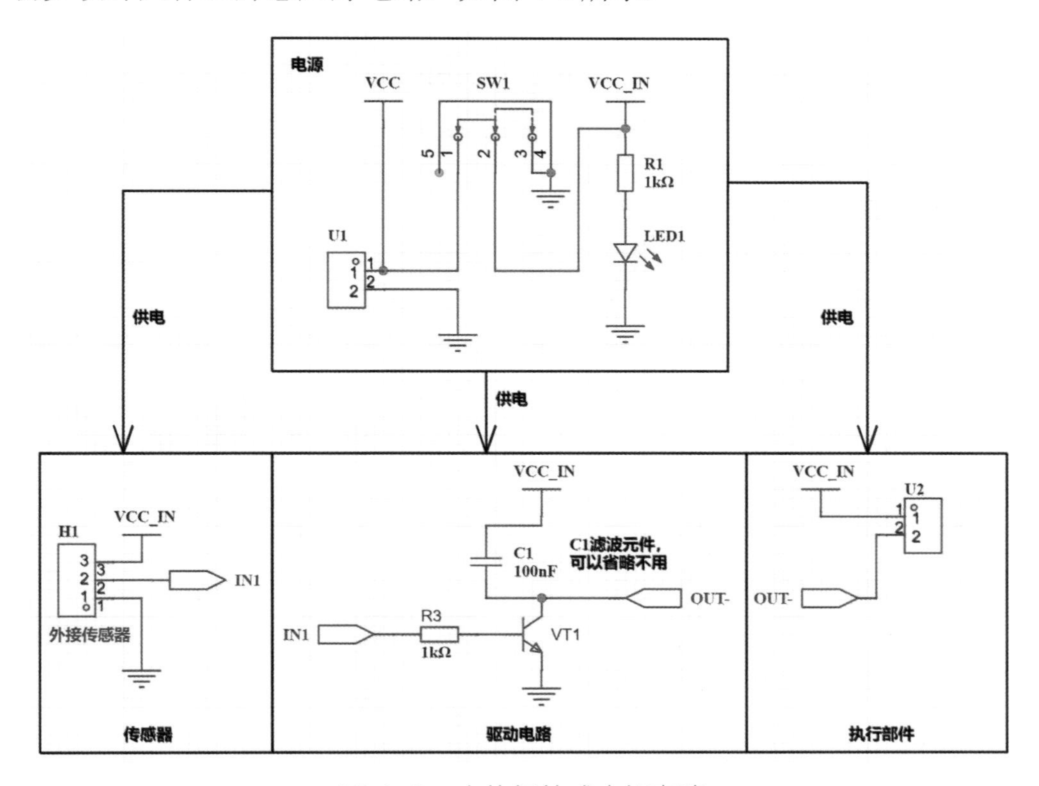

图 4-8 人体红外感应灯电路

图中 H1 表示插座元件，用于外接传感器（即人体红外感应模块）。使用普通电子元器件（如插座元件）替代电子模块时，需要注意引脚顺序应和实际电子模块的引脚顺序对应。

设计产品前，如果需要使用某种电子模块，建议提前采购并进行测试。

> 注意：使用嘉立创 EDA（专业版）软件绘图过程中，在电路图绘制界面打开元件库，按“Shift+F”组合键，输入“人体红外感应”，按 Enter 键查找，可以看到多款人体红外感应模块和相关电子元器件。根据项目设计需求，选择一款体积较小的模块使用即可，也可以通过常用的购物平台查找该电子模块，对比价格和性能再做选择。

在查找某种电子元器件或电子模块时，各个平台都会给出很多相似的产品以供选择。设计电子产品时，需要根据性能、价格、质量等因素，综合考虑再做选择。各种人体红外感应模块如图 4-9 所示。

图 4-9　各种人体红外感应模块

在选择电子模块的过程中，易用性和耐用性也是重要的考虑指标。其中易用性主要考查电子模块给出的典型应用案例，耐用性是指电子模块的基本参数指标（工作电压范围、工作条件、输出能力）。某种人体红外感应模块的数据手册如图 4-10 所示。

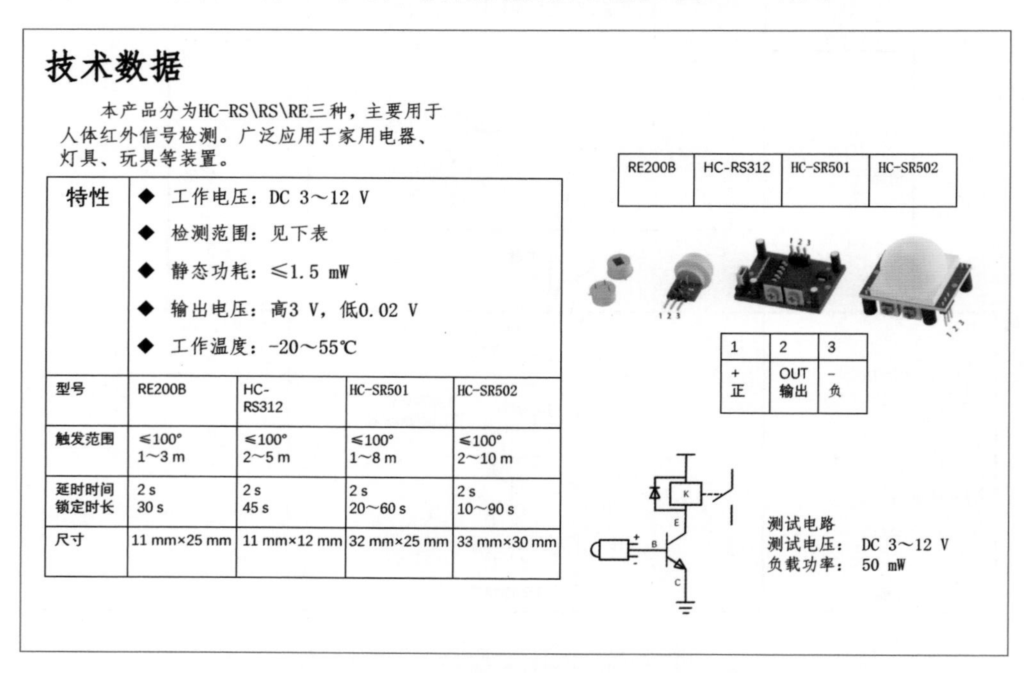

技术数据

本产品分为HC-RS\RS\RE三种，主要用于人体红外信号检测。广泛应用于家用电器、灯具、玩具等装置。

特性	
	◆ 工作电压：DC 3～12 V
	◆ 检测范围：见下表
	◆ 静态功耗：≤1.5 mW
	◆ 输出电压：高3 V，低0.02 V
	◆ 工作温度：-20～55℃

型号	RE200B	HC-RS312	HC-SR501	HC-SR502
触发范围	≤100° 1～3 m	≤100° 2～5 m	≤100° 1～8 m	≤100° 2～10 m
延时时间 锁定时长	2 s 30 s	2 s 45 s	2 s 20～60 s	2 s 10～90 s
尺寸	11 mm×25 mm	11 mm×12 mm	32 mm×25 mm	33 mm×30 mm

RE200B	HC-RS312	HC-SR501	HC-SR502

1	2	3
+ 正	OUT 输出	- 负

测试电路
测试电压：DC 3～12 V
负载功率：50 mW

图 4-10　人体红外感应模块的数据手册

通过数据手册或采购网站介绍，可以获取电子模块应用的典型电路。作为本任务设计电路的参考，需要对比已完成的设计和典型应用电路的细节差异。差异对比如图 4-11 所示，其中图 4-11（a）为数据手册中的电路图，图 4-11（c）为已设计的人体红外感应灯电路，其可等效为图 4-11（b）。对比图 4-11（a）和图 4-11（b）（或图 4-11（c）），由此可见传感器（即人体红外感应模块）和三极管间的限流电阻可以省略（可依此对本项目设计的电路进行改进）。

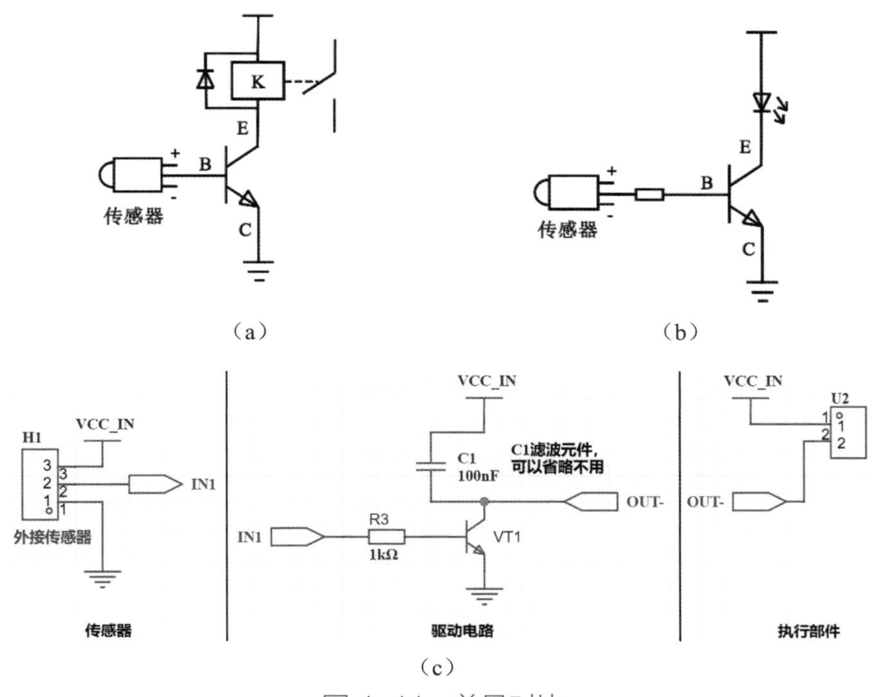

图 4-11 差异对比

这款电子模块有三个引脚，明确三个引脚的位置，才能设计出正确的 PCB。前面设计的电路图中使用 H1（插座元件）代替人体红外感应模块，需要根据电子模块调整电路图。从数据手册中读取关键信息。引脚位置如图 4-12 所示。

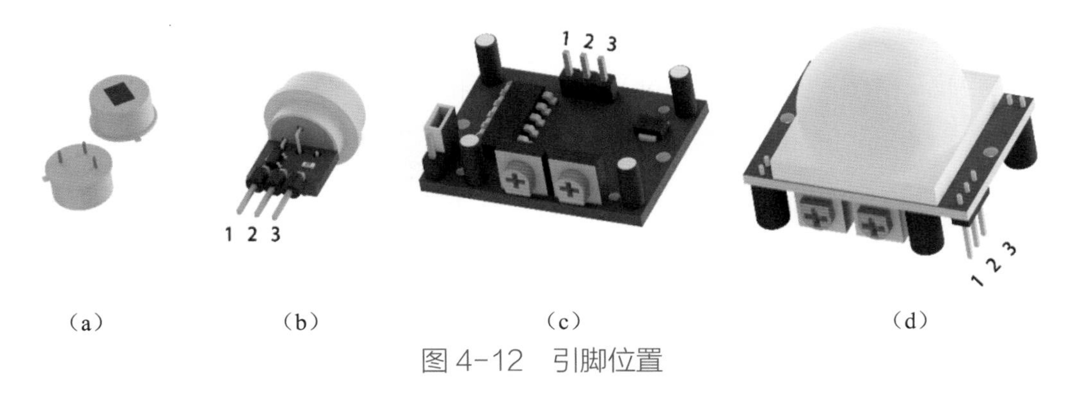

图 4-12 引脚位置

同时，数据手册中有引脚含义表，具体见表 4-2。

使用轴对称的电子元器件或电子模块时，很难区分引脚顺序，尤其是只有三个引脚的电子元器件（电子模块），如图 4-12（b）所示的电子模块，若采用插装在 PCB 上的形式，会出现插反的情况。根据引脚含义，反插模块会导致电子模块电源接反烧坏，在电路测试环节会出现插电烧板的情况。

表 4-2 引脚含义表

引脚序号	引脚含义
1	电源正
2	输出
3	电源负

任务 2 电路优化

按照电子模块的使用要求给电子模块供电，即可使用电子模块进行二次开发。任务 1 完成了人体红外感应模块的选择和电路的改进。在产品设计分析中，要求电路硬件由电池或外接电源供电。当前设计只有外接电源供电的结构，还需要完善电源供电设计。

任务分析

本任务将在电路设计中加入电源模块，使电路硬件更贴合产品要求，设计含有电源模块、人体红外感应模块的电路。

任务实施

1. 选择电源模块：介绍、查找、比较电源模块。
2. 改进电路结构：调整电路，改进发光二极管电路。

1. 选择电源模块

（1）认识电源模块。

按照本项目的设计思路，供电电路采用电源模块解决。分析电源指标：外接 5V 直流电源供电；内置 18650 型锂电池储能。通过嘉立创 EDA（专业版）软件或其他采购平台搜索“电源模块”或“DC-DC 模块”，查找如图 4-13 所示的电源模块。

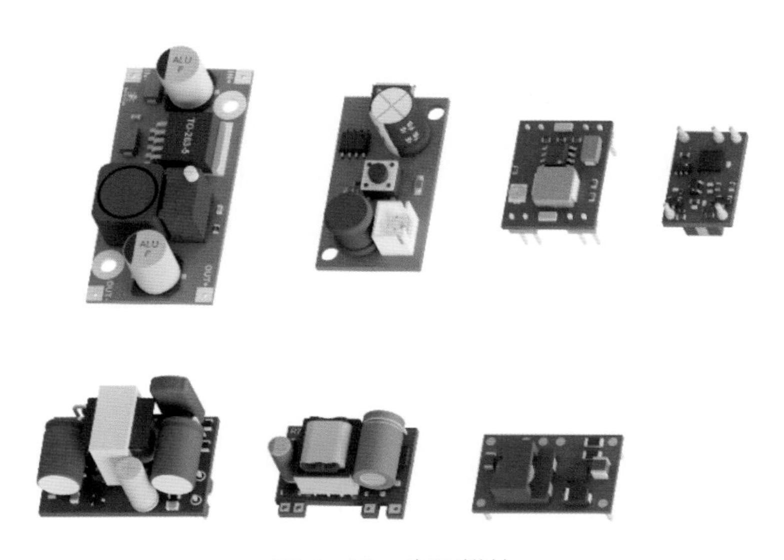

图 4-13 电源模块

注意：交流电用 AC 表示，直流电用 DC 表示。电源分类可以按电源转换形式分类，通常分为 AC-DC 电源、DC-DC 电源、DC-AC 电源。例如，手机充电器属于 AC-DC 电源；工作状态下的电磁炉可以看作 AC-DC-AC 电源。

（2）查找电源模块。

家用低压电器设备都会配置一个电源适配器，使用电源适配器时应注意输出电压和电源接口，如果输出电压不对应，即使接口相同也不能混用，这是因为电源的输入/输出参数不同。在我国家庭用电标准为：AC 220V 50Hz。电源适配器的数据手册如图 4-14 所示。

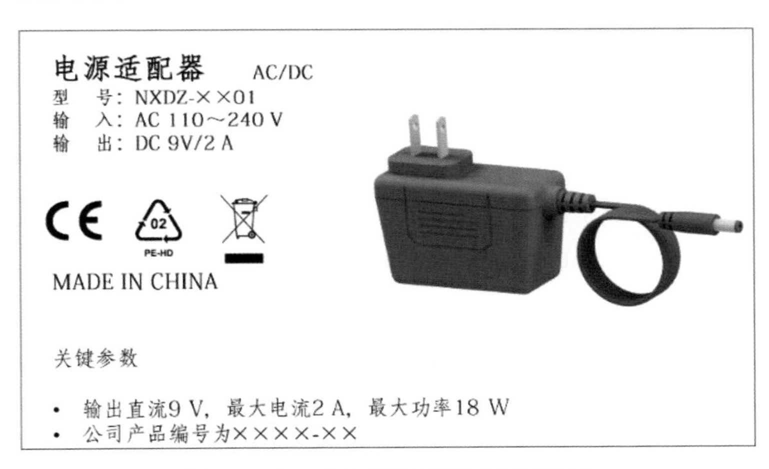

图 4-14 电源适配器的数据手册

上一个项目产品使用 5V 直流电源适配器供电，电源接口设计为接线型的结构，适合固定在墙上、楼道、走廊等应用场所。本项目设计的产品需要具备便携特性，所以电源接口需要改成 DC-005 电源接口（该电源接口方便拔插，规格为 5.5mm × 2.1mm，接口类型与图 4-14 所示的电源适配器接口匹配）。

选择电源适配器时需要注意输出电压和输出电流，有些电源适配器不具备锂电池过充保护功能，注意甄别。本项目电路方案需要加入 18650 型锂电池（满电压为 4.2V，欠电压为 3.5V，过放电电压为 2.6V）进行储能，为了防止插接外部电源供电导致电池过充、仅使用电池供电时的过放问题，需要加入电池充放电模块（即电源模块的一种）进行保护。

注意：18650 型锂电池有防火特性，金属圆柱体外壳有防穿刺特性。部分锂电池内置过充、过放保护功能，但价格较高。锂电池遇到过充、穿刺的情况比较危险，极易出现爆燃。选购这类锂电池时，需要注意工作电压、工作电流容量和工作温度等参数。

（3）比较电源模块。

根据当前产品性能要求和成本因素，整理出电池充放电模块的参数需求：充电 DC 5V、电流 2A；接入锂电池的电压为 3.6～4.2V，具有过充、过放保护功能；放电 DC 5V 1A。通过采购平台选出三款电源模块进行对比，如图 4-15 所示。

（a）TP4056-2A

（b）TP4056-1A

（c）MP1584

图 4-15　电源模块对比

图 4-15（a）所示为 TP4056-2A 型锂电池充放电模块，图 4-15（b）所示为 TP4056-1A 型锂电池充放电模块，图 4-15（c）所示为 MP1584 型 DC-DC 电源模块。基于学习目的，根据电源模块特征进行分析，分析如下。

TP4056-2A 模块上有 3 款电源管理芯片（以下简称 IC），根据芯片上的型号分别能查到 2 款 IC 的数据手册——TP4056 电源管理 IC 和 8205A 场效应管，结合这两款 IC 的数据手册，可以判断 TP4056-2A 模块具备电池充放电管理功能。详细的模块电路分析见下一个项目的内容。

TP4056-1A 模块上有 1 款 IC，型号为 TP4056，由 IC 的数据手册可以判断 TP4056-1A 模块具备电池充电管理功能。与 TP4056-2A 模块相比，功能较为单一。

MP1584 模块上有 1 款 IC，型号为 MP1584，由 IC 的数据手册判断 MP1584 模块仅有直流电压升压降压调节功能。

由此可见 TP4056-2A、TP4056-1A 模块的功能相近，价格相差不多，从性能匹配的角度（具备锂电池过充、过放保护功能，直接供电电流达到 1A）应该选择 TP4056-2A 模块。调用 TP4056-2A 模块的数据手册或卖家给出的数据，如图 4-16 所示。

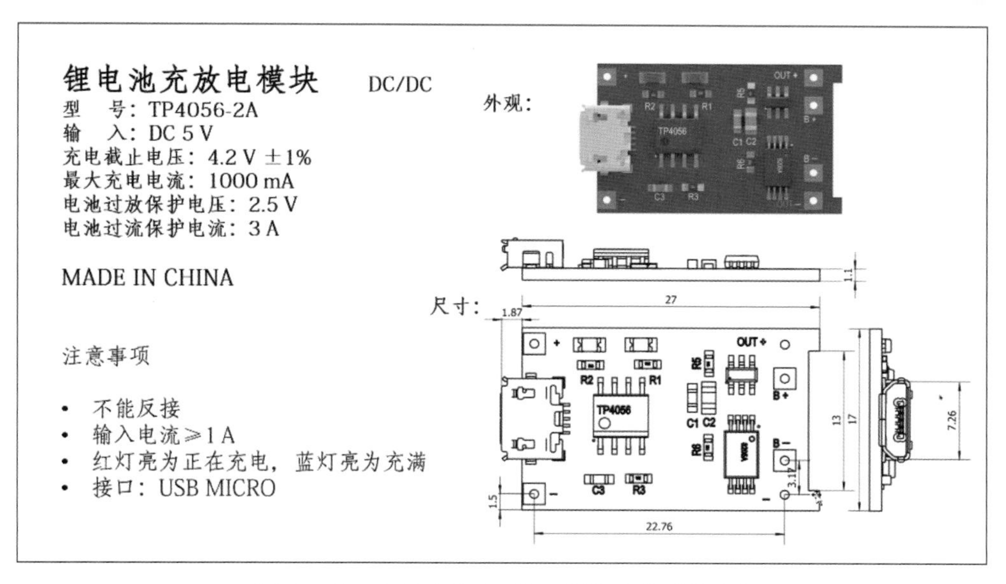

图 4-16 TP4056-2A 模块的数据手册

2. 改进电路设计

根据数据手册进行数据分析，使用这款电源模块需要在充电输入引脚“+”“-”之间接入 5V 直流电源，输入引脚“B+”“B-”接入锂电池，由输出引脚“OUT+”“OUT-”对外输出。为了对比封装的形式、制作成板中板的 PCB 形式，将电源模块这三组输入/输出引脚连接在排线插座上，即通过排线插座将该电源模块连接在 PCB 上。得出的电路修改结果如图 4-17 所示（H2～H5 为连接电源模块的排线插座）。

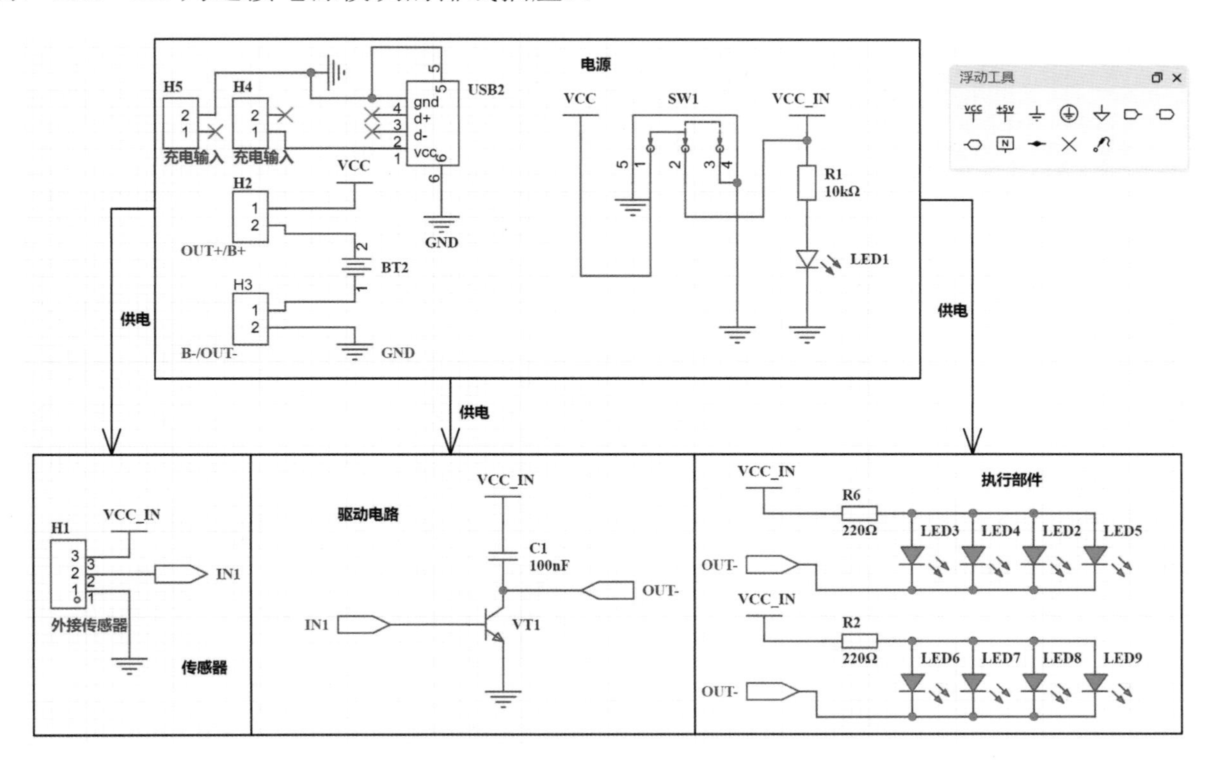

图 4-17 电路修改结果

思政 制程发展

电子工业的发展和半导体的制程工艺息息相关，半导体工业发展至2022年已经实现了7nm制程工艺的芯片商业化，其中消费级电子产品，如手机、计算机、汽车辅助驾驶系统等，最能体现先进的制程工艺对产品性能升级的影响。先进手机的芯片处理能力堪比20年前的台式计算机，质量却不到台式计算机的2%。

根据物料清单（BOM）表完成电路图并进行DRC检查后转换为PCB。本任务设计的电子产品将会用到以下电子元器件，物料清单（BOM）表见表4-3。

表4-3 物料清单（BOM）表

序号	数量	型号	位号	封装	值	编号
1	1	BH-18650-B1BA002	BT2	BATTERY-SMD_18650-1S-L77.1-W20.7-1		C2988620
2	1	CC1H104MC1FD3F6C10MF	C1	CAP-TH_L5.0-W2.5-P5.00-D1.0	100nF	C254085
3	1		H1			C2937625
4	4		H2，H3，H4，H5	HDR-TH_2P-P2.54-V-F		C49661
5	1	204-10SDRD/S530-A3-L	LED1	发光二极管-TH_BD3.8-P2.54-FD		C84774
6	8		LED2～LED9	发光二极管-TH_BD3.0-P2.54-FD		
7	1	S9013-TA	VT1	TO-92-3_L4.8-W3.7-P2.54-L		C15085
8	1	RN 1/4W 1K F T/BA1	R1	RES-TH_BD1.8-L3.2-P7.20-D0.4	10kΩ	C713919
9	2		R2，R6	RES-TH_BD1.8-L3.2-P7.20-D0.4	220Ω	C713919
10	1	SK12D07VG4	SW1	SW-TH_SK12D07VG4		C393937
11	1	U-G-04WD-W-02	USB2	USB-A-TH_U-G-04WD-W-02		C2911503

在嘉立创EDA（专业版）软件的元件库中，输入商品编号能够快速找到需要放置的元器件。其中H1对应的人体红外感应模块使用商品编号为C2937625的元器件作为代替。在元器件搜索栏中输入“人体红外感应模块”可以找到这个模块，此模块需要自行绘制封装。H2、H3、H4、H5是连接电源模块的排线插座，在本项目中不绘制该电源模块的封装，而是在PCB中直接布置出该电路模块的形状。

任务3 PCB设计规则与绘制

任务2通过对电路的优化调整，完成了人体红外感应灯电路的设计，初步了解了对电子模块的查找与选择。本任务将介绍元器件封装的绘制，元器件封装即元器件外形，也就是元器件在PCB上所呈现出来的形状，具备电气特性。电路原理图符号和PCB上的元器件封装之间通过网表产生联系。网表一般由原理图设计工具自动生成，表达元器件的电气连接。封装绘制解决的就是电路原理图符号和实际电子元器件/电子模块的关联问题，本任务将把电路图导入PCB，并完成PCB的布局、布线。

非元器件供货商绘制的或非正规的元器件的封装或符号都可存放在新建的元器件库中。电路中的元器件若需要更换新的封装，需要手动调整，操作步骤如图4-18所示。

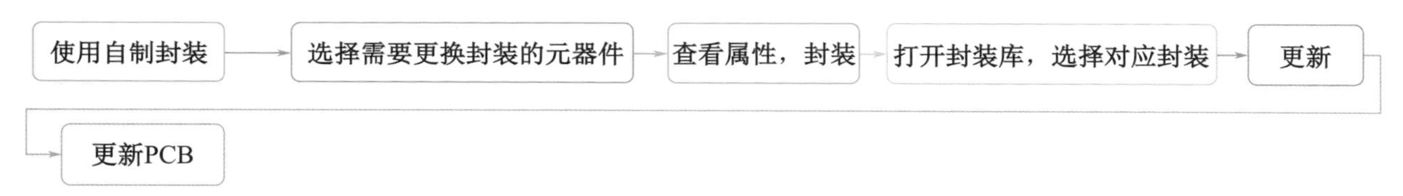

图4-18　封装替换操作步骤

通过查看库文件，可以查看封装绘制的结果，也可对封装进行编辑。

在设计完电路后，按照上一个项目介绍的步骤，对电路图进行科学严谨的检查，包括电子元器件的位号、封装、连接完成度，以及DRC检查，检查无误后导入PCB。也可以在PCB绘制界面的顶部菜单栏选择“设计”→“从电路图导入变更”命令，导入PCB。

注意：绘制完成的电路，进行DRC检查，检查无误时，在软件底部的状态栏里不会显示信息，只有有错误时，才会出现提示信息。确认电路没有问题后，可进入PCB绘制工作。

任务分析

本任务将从元器件的封装绘制开始，完成PCB的导入与更新，了解PCB设计规则的修改与添加。在了解单面板、双面板、多层板的前提下，进行PCB布线和覆铜。

任务实施

1. 绘制与对比封装：绘制封装，了解其优势。

2. 设置与绘制 PCB：修改 PCB 设计规则，按步骤绘制 PCB。
3. 了解单面板与双面板：了解 PCB 图层，对比单面板与双面板的差异。
4. PCB 布线与覆铜：预览 PCB 布线与覆铜的效果。

1. 绘制与对比封装

电路设计绘制过程中，封装主要是指电子元器件或电子模块在 PCB 上的呈现出来的形状。前面的项目中每种电子元器件都涉及封装的问题，部分电子元器件已展示其封装的平面效果图。

注意：可以把封装理解为实际的电子元器件或电子模块的外形在水平面上的垂直投影，相当于电子元器件的俯视图。需要区分引脚和外形轮廓的投影，绘制封装的过程中需要明确电子元器件的外形轮廓和引脚对应的焊盘。

封装的绘制步骤如图 4-19 所示。

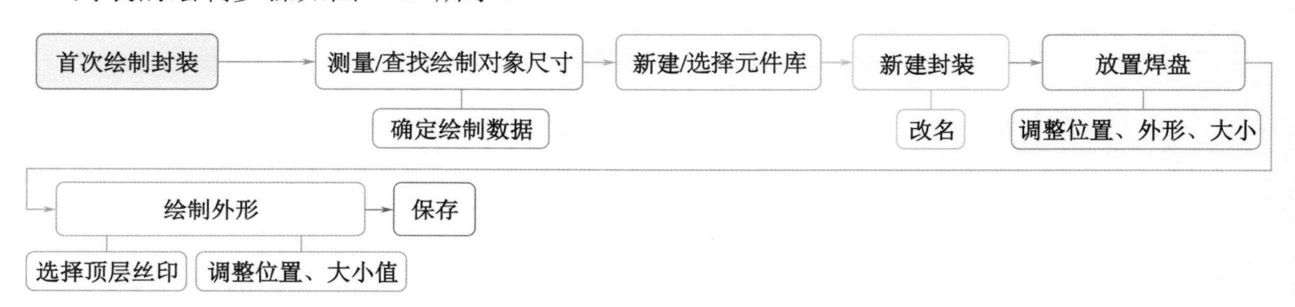

图 4-19　封装的绘制步骤

根据图 4-19 所示封装的绘制步骤，先从电子元器件的数据手册获取其外形数据和引脚间距，然后按步骤新建封装——先绘制焊盘，再绘制外形轮廓。中心位置的焊盘应放置在坐标原点上，从中心向四周绘制封装，在顶层丝印层绘制外形轮廓。人体红外感应模块的封装绘制方法如图 4-20 所示。

使用嘉立创 EDA（专业版）软件元件库里的元器件，其信息完整，封装明确，导入 PCB 后可以直接使用。

将任务 2 完成的电路图（见图 4-17）导入 PCB 后，检查电子元器件，可以发现外接电源孔使用了 USB 插孔接口，和预想中使用的电源适配器的接口不匹配，需要更换。更换方法：在电路图绘制界面中，选择“USB2”元器件后，按 Delete 键删除；单击“放置”→“器件”菜单命令（或依次按下快捷键 F7、P、P，这是用快捷键打开菜单命令的操作方式），在弹出的“器件”对话框的搜索栏中搜索 C16214（即直流电源插座），在搜索结果中选择合适的直流电源插座并单击“放置”按钮，将其放置在电路图绘制界面中适当的位置处，并进行连线；单击“放置”→“非连接标识”菜单命令，在该元器件的悬空引脚上放置非连接标识；进行 DRC 检查并修改无误；单击“设计”→“更新/转换电路图到 PCB”菜单命令，更新 PCB。按此步骤，依次放置 C125631 光敏电阻 1 个、C171802 可调电阻 1 个、C713919 电阻 2 个，更新后的电路图如图 4-21 所示。

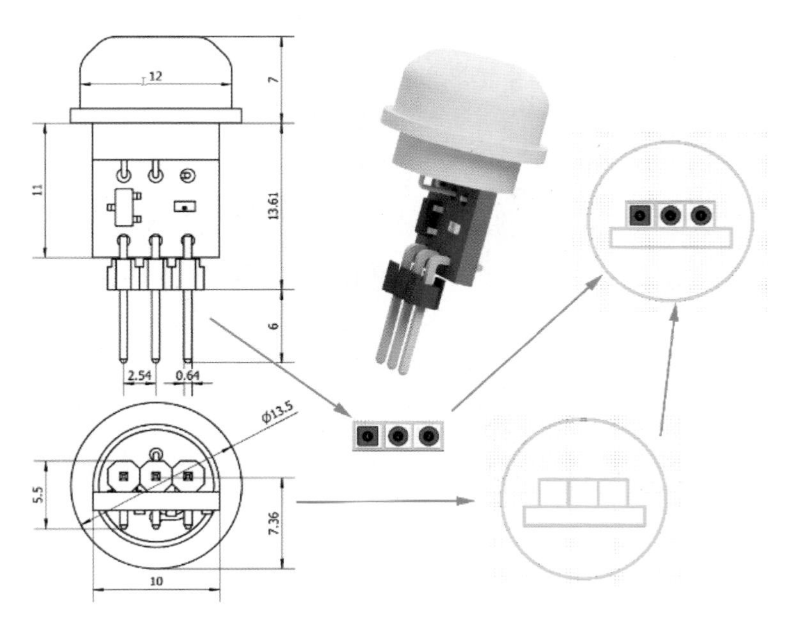

图 4-20 人体红外感应模块的封装绘制方法

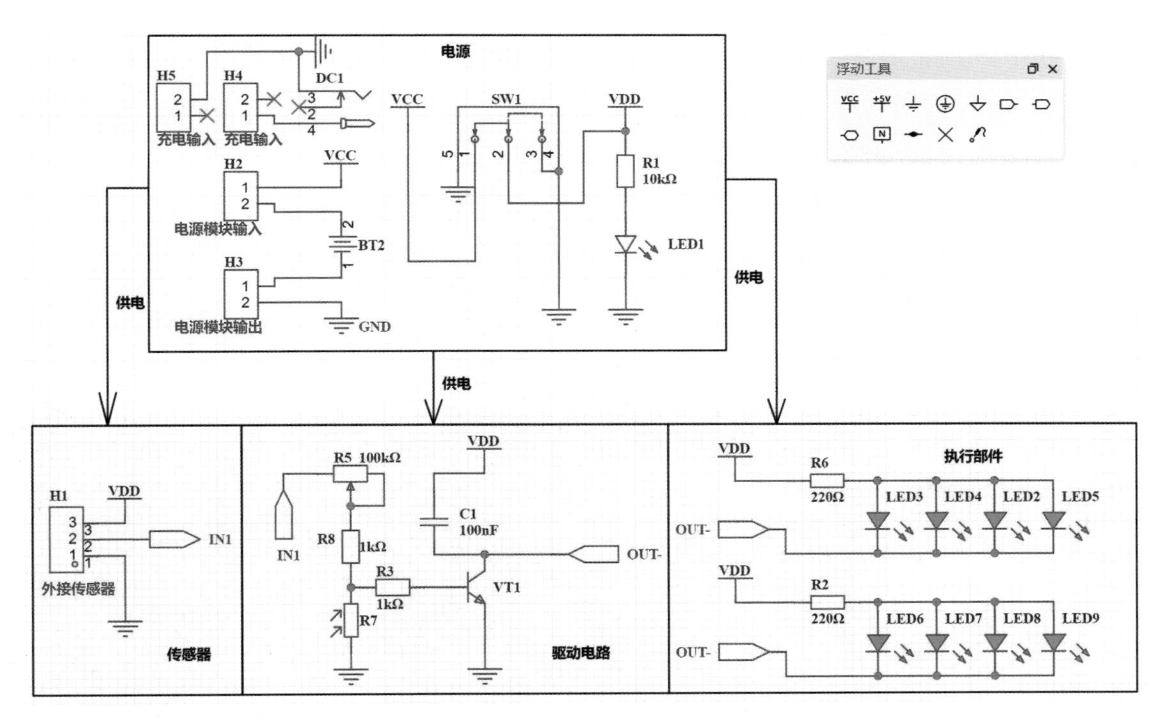

图 4-21 更新后的电路图

导入 PCB 后对比观察，发现没有制作符号和封装的电源模块需要手动摆放封装，封装对比结果如图 4-22 所示（摆放后的结果如图中左上角的图所示）。

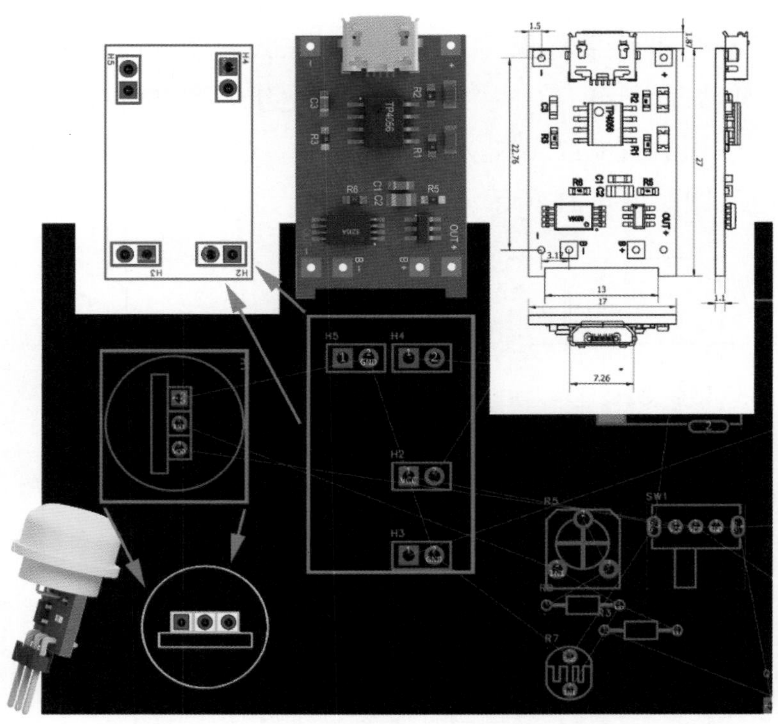

图 4-22　封装对比结果

在顶层丝印层绘制长方形外框，按外形参数摆放 H2、H3、H4、H5 元器件后，选中它们，使用右侧“属性”窗口中的“组合”功能，将它们组合在一起。

摆放过程中，调整右侧“属性”窗口中的坐标和大小，可精确设置数据。H2、H3、H4、H5 元器件摆放进框内时，使用“Alt + M”组合键或“测量距离”工具，测出焊盘与最近的元器件外边框的距离，根据距离调整元器件的中心坐标，完成位置修正。若 H2、H3、H4、H5 的焊盘间距不对，会造成电源模块装配不上，则需要重新调整 PCB、重新打样制作。

调整完成后，单击“放置”→“板框”菜单命令，放置一个外框，设置其属性：长×宽为 130mm × 35mm、起点（*X*，*Y*）为（0，35）、圆角半径为 10%。在此外框中摆放元器件，其布局如图 4-23 所示。

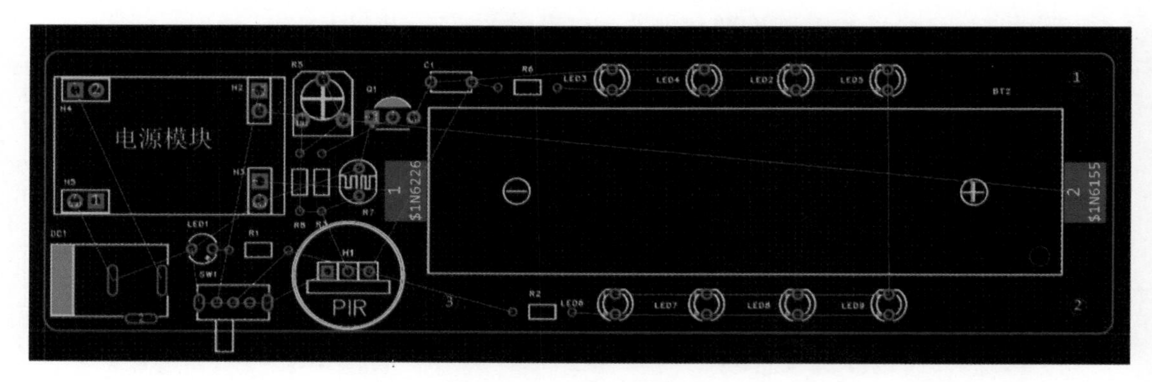

图 4-23　元器件布局

仔细对比 H2、H3、H4、H5 元器件的位置和其方形焊盘的朝向，应与电路图中 H2、

H3、H4、H5 元器件的 1、2 号引脚位置一一对应。摆放错误将导致制作出来的测试板在上电后直接烧毁电源模块或锂电池严重发热。本书提供电路工程案例，请参考后制作。

2. PCB 设计规则

PCB 设计过程和电路设计过程相似，不过 PCB 更侧重打样出来的效果。电路有设计规则设置、DRC 检查，PCB 也有。其中 PCB 的设计规则针对 PCB 打样和 PCB 量产的设定更多、更具体。在设计高频电路、高精密电路、高压驱动电路、无线通信电路和特殊传感器电路时，需要有针对性地调整 PCB 的设计规则。PCB 的设计规则见表 4-4。

表 4-4 PCB 的设计规则

<table>
<tr><th>项目</th><th>规则管理</th><th>网络规则</th><th>网络-网络规则</th></tr>
<tr><td rowspan="2">间距</td><td>安全间距</td><td>安全间距</td><td>安全间距</td></tr>
<tr><td>其他间距</td><td>其他间距</td><td rowspan="6">无</td></tr>
<tr><td rowspan="5">物理</td><td>导线</td><td>导线</td></tr>
<tr><td>网络长度</td><td>网络长度</td></tr>
<tr><td>差分对</td><td>差分对</td></tr>
<tr><td>盲埋孔</td><td>盲埋孔</td></tr>
<tr><td>过孔尺寸</td><td>过孔尺寸</td></tr>
<tr><td rowspan="2">平面</td><td>内电层</td><td>内电层</td><td>内电层</td></tr>
<tr><td>覆铜</td><td>覆铜</td><td>覆铜</td></tr>
<tr><td rowspan="2">扩展</td><td>助焊扩展</td><td>助焊扩展</td><td rowspan="2">无</td></tr>
<tr><td>阻焊扩展</td><td>阻焊扩展</td></tr>
</table>

根据设计需要可添加或调整设计规则，建议初学者保持 PCB 设计规则为默认状态即可。

对于本项目可以尝试在顶部菜单栏选择“设计”→“设计规则”菜单命令，在弹出的“设计规则”对话框的“规则管理”选项卡的“物理”选项中选择“导线”，单击右侧加号，再选择“trackWidth1”，设置“线宽”的“默认”值为 20，“单位”选择 mil（千分之一英寸）。

在设计项目二的产品电路时，绘制的 PCB 外观、功能和本项目产品的相似。对比两款电路的 PCB 和 3D 渲染效果，如图 4-24 所示。

3. 单面板与双面板

经过比较，两个项目产品 PCB 的电子元器件并不算多，绝大部分面积都被 18650 型锂电池座占据。从产品设计角度来看，应该把电池座这类占用 PCB 面积较多的电子元器件移出板子，从而减小 PCB 的面积。

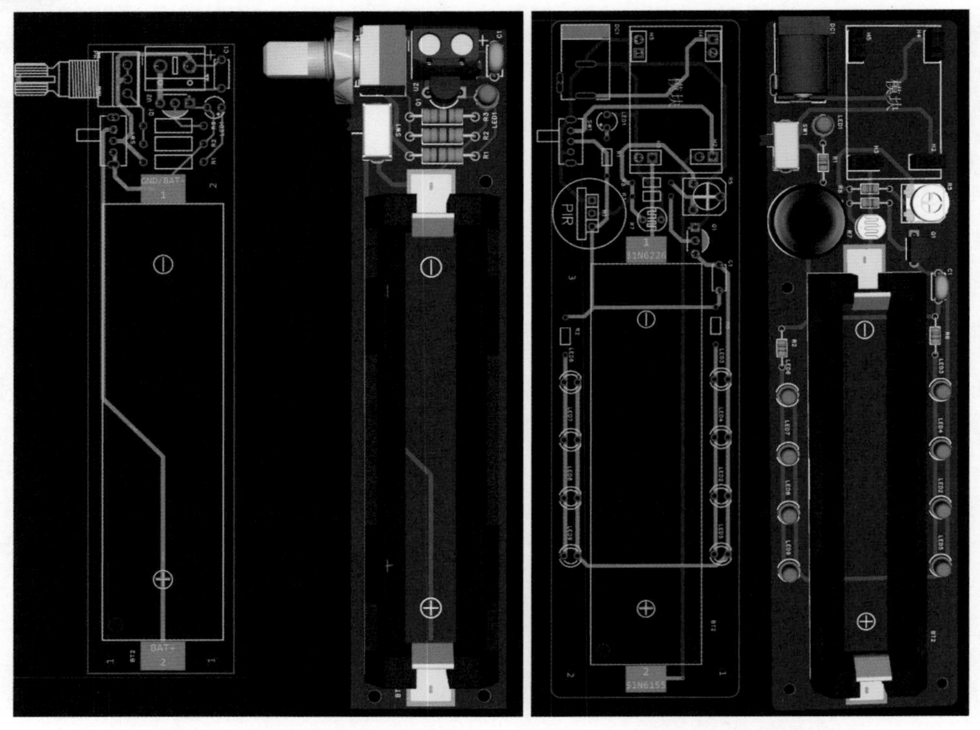

（a）项目二产品 PCB　　（b）本项目产品 PCB

图 4-24　PCB 对比

观察两个项目产品的 PCB 布线，不难发现：项目二产品的 PCB 布线只有红色，本项目产品的 PCB 布线有红色和深蓝色（不同的颜色代表不同的图层）。两种 PCB 的电子元器件外框都是黄色，板子外框都是紫色。如果本项目产品的PCB布线也只使用红色线，布置完所有的网络线相对困难。

通过自己动手绘制PCB会发现，当电子元器件数量越多、布局越密集时，PCB绘制难度越高。嘉立创 EDA（专业版）软件可以用于绘制电子元器件密集、电路集成度很高的 PCB。当设计要求使PCB电子元器件密集且数量众多时，可以通过增加图层，把一部分网络线通过不同的层面布完。如果把PCB比作城市，那么图层堆叠、多层布线就像城市建造的摩天大厦和立体交通网络（立交桥、地铁）。PCB 图层如图 4-25 所示。

注意： 以当前的设计水平和电子元器件密度，建议在完全熟练使用“顶面”“底面”“3D外壳”这三层之后，再使用其他层。单击“布线”→“单路布线”菜单命令，在右侧“图层”窗口中选层后才能绘制电路布线。“顶面”用于布线的是“顶层”，布红线的时候需要先选中该层再布线。按*键，图层会自动切换为“底面”的“底层”，此时布线的颜色为蓝色。

4. PCB 布线与覆铜

网络节点布置的顺序为：特殊网络→普通网络→电源正极（VCC、VDD）→接地端

（GND）。主要供电线路建议加粗，地（GND）建议使用覆铜。所谓覆铜，就是将 PCB 上闲置的空间作为基准面，然后用固体铜填充。覆铜的意义在于减小地线阻抗，提高抗干扰能力，提高电源效率。覆铜效果比较如图 4-26 所示。

图 4-25 PCB 图层

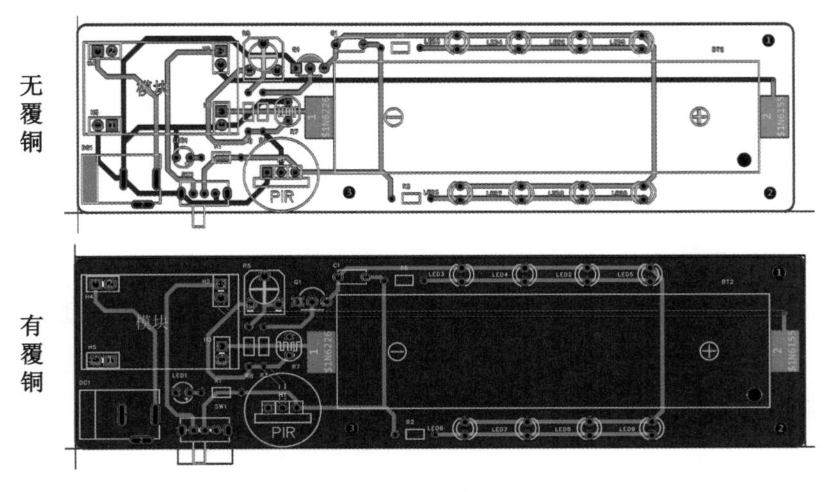

图 4-26 覆铜效果比较

●● 任务4 PCB打样

任务3介绍了布线和覆铜，其方法为：使用“布线”→“单路布线”菜单命令，完成PCB布线；使用“放置”→“覆铜区域”→“矩形”菜单命令，选中整个PCB，在弹出的“轮廓对象”对话框中，选择图层为底层、网络为GND，其他保持默认选项，单击“确认”按钮。

本任务主要为调整丝印、DRC检查，了解PCB打样的基本要求，并完成PCB打样检查与下单生产。

任务分析

解析PCB的基本层，深入了解PCB层的含义。调整丝印，为电路制作提供便利，通过打样工艺要求，了解电路生产流程，掌握从PCB修改到PCB打样的流程。

任务实施

1. 调整PCB：调整PCB视图，查看各图层绘制情况。
2. PCB打样：了解PCB打样流程，调整PCB打样参数。
3. 导出PCB文件：导出PCB制板文件，导出BOM表（物料清单表）。
4. 了解PCB生产流程。

1. 调整PCB

通过3D预览观察PCB，PCB分层效果如图4-27所示。

在PCB界面中使用“Shift+S”组合键切换板层视图，通过隐藏其他层，来观察PCB层上存在的缺陷。如图4-27所示，PCB分层从左至右依次呈现出：元器件外形、顶层丝印、顶层焊盘、顶层阻焊、顶层、介电（基板）、底层、底层阻焊。

在嘉立创EDA（专业版）软件的顶部菜单栏中，单击“视图”→“切换亮度”（按“Shift+S”组合键）→“非激活层变灰”或“非激活层隐藏”命令，在右侧“图层”窗口，分别选择“底层”“顶层”“顶层丝印层”进行观察，并调整布线效果。如图 4-28 所示，从上到下依次为“底层”“顶层”“顶层丝印层”的效果。

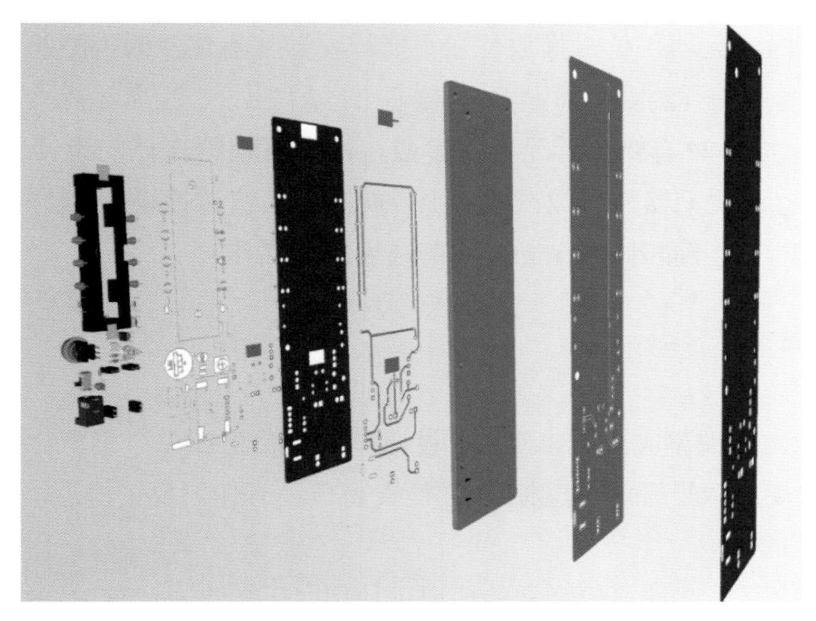

图 4-27　PCB 分层效果

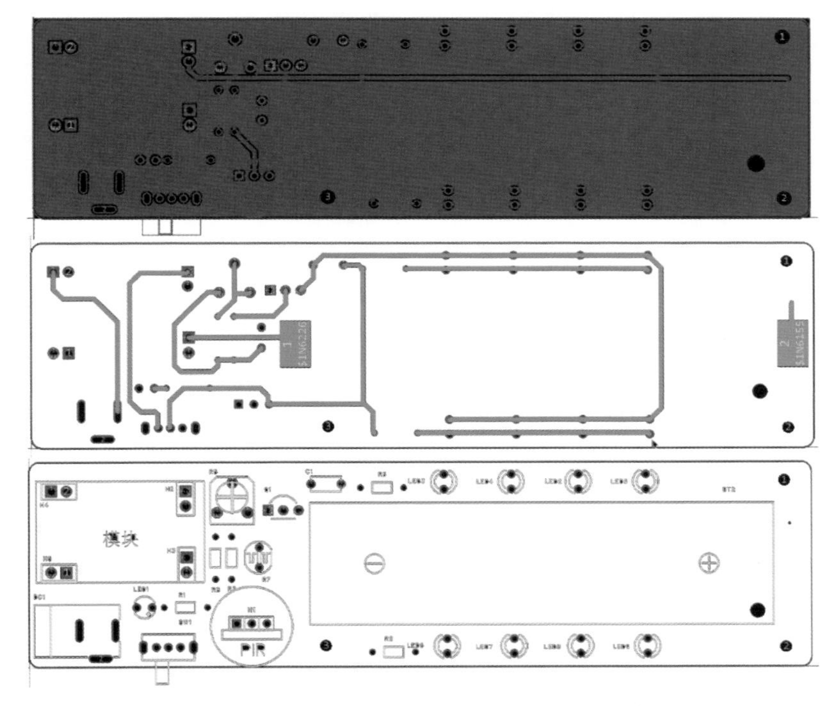

图 4-28　“底层”“顶层”“顶层丝印层”效果

网络节点的布线不能出现 90° 的直角，电子元器件的引脚不能放在焊盘或过孔上。当一个网络既用顶层导线又用底层导线时，需要放置“过孔”（画线时，使用*键切换图层，会自动添加过孔）。

注意： 单个信号网络不易使用多个过孔，建议控制在 2 个以内。功率较大的线路需要放置多个过孔，过孔距离不小于 6 mil。

调整顶层丝印时，元器件位号摆放位置不能被元器件盖住，同类型的元器件位号就近有序摆放。元器件位号不能摆放到贴片元器件的焊盘上，字符与焊盘的距离应不小于 0.15mm。电路制作样件时需要查看元器件参数，用户可根据自己的设计需要放置元器件参数（量产时一般不会放置元器件参数在板子上，防止别人快速抄板）。丝印字符字体线宽不能小于 0.15mm，字符高度不能小于 1mm（字符选用线性字体）。

2. PCB 打样

PCB 的布线、丝印调整完成后，使用“设计”→“检查 DRC”菜单命令，快速检查 PCB 设计是否违反设计规则，若都正确，则 DRC 检查窗口没有任何反馈信息，只有出错时才会给出提示。

通过 DRC 检查后，在计算机联网的情况下使用“下单”→“PCB 下单”菜单命令，即可跳转到网页版的 PCB 在线下单窗口。PCB 在线下单窗口如图 4-29 所示。

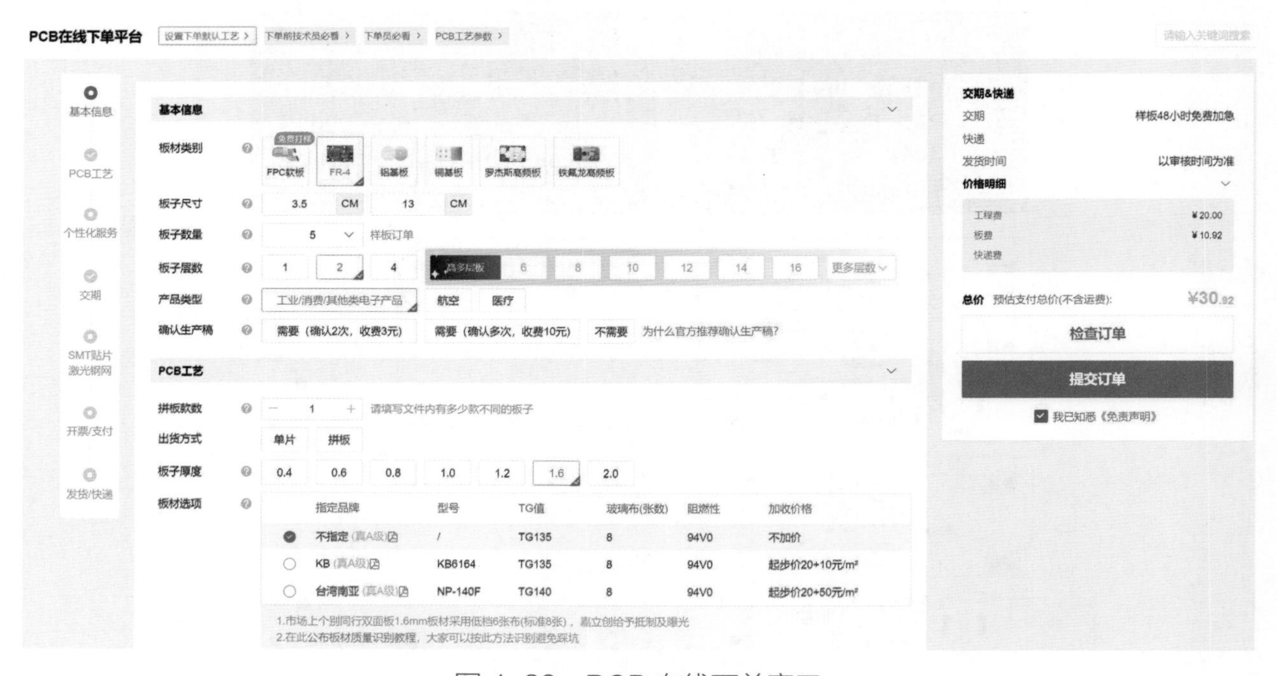

图 4-29　PCB 在线下单窗口

注意： PCB 打样需要明确 PCB 基本信息（板材类别、板子尺寸、板子数量等）、重要选项（确认生产稿）、PCB 工艺信息（拼板款数、板子厚度、阻焊颜色等）、选择交期查看、交期规则（是否需要加急生产）、个性化服务（电气性能、专配公差、外观包装等）、SMT 贴片选项（是否需要机器贴片服务）、激光钢网选项（是否开钢网）、完善开票信息、发货信息、快递方案、其他信息（确认订单方式）等。

PCB 板子尺寸在 10cm × 10cm 内，便于厂家拼板，且价格比较实惠；板材类型有 FR-4（普通）、FPC（柔性）、铝基板等，一般选择“FR-4（普通）”即可；量产时建议确认生产稿；板子厚度选择“1.6mm”；无须选择 SMT 贴片选项、激光钢网选项；填写发票信息、收货地址信息；快递方案选择“包邮”；确认订单方式选择“手动确认订单”。

电路打样通常支持单层板（含铝基板）、双层板、四层板、六层板。PCB 设计长、宽尺寸均在 10cm 以内，打样 5 片，喷锡，单层板、双层板采用绿油时，PCB 打样成本最低。有些平台支持六层板打样，长、宽均在 10cm 以内、打样 5 片、沉金、绿色、盘中孔，常规工艺的六层 PCB 打样成本也不过百元。使用六层板制作工艺，制作手机主板也轻而易举。

3. 导出 PCB 文件

收到 PCB 后需要与设计稿进行校对，才能制作电路。PCB 如图 4-30 所示。

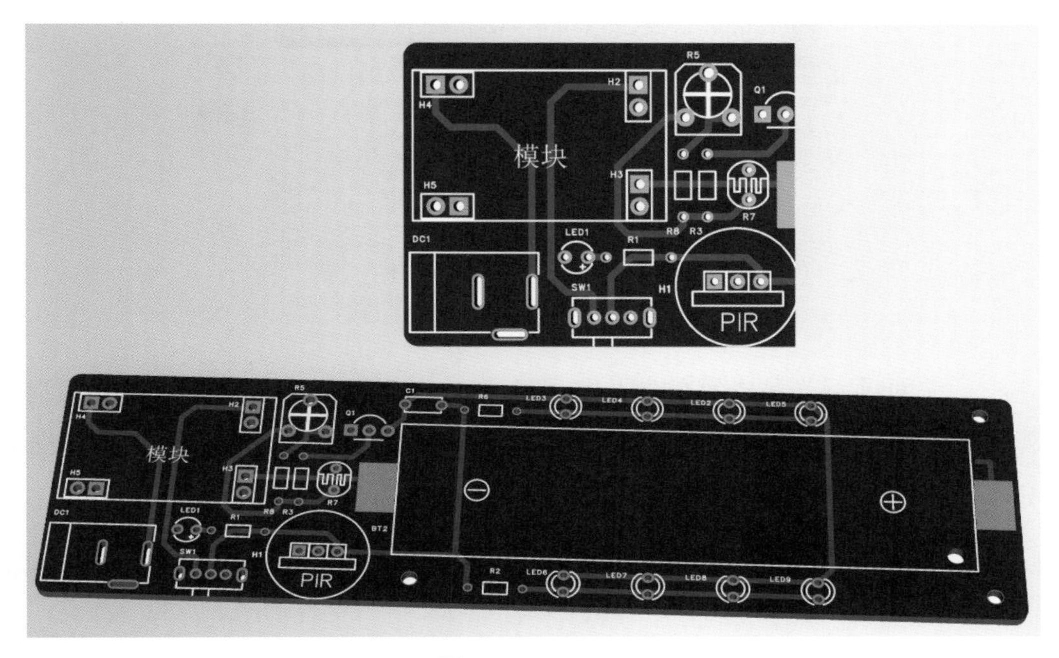

图 4-30 PCB

顶层丝印层只放置了电子元器件的位号，没有放置元器件参数，需要导出物料清单（BOM）表为电路焊接元器件做指导。

当需要用其他软件打开 PCB 文件时，选择“导出”→“PCB 制板文件”菜单命令，导出 PCB 即可。

4. PCB 生产流程

本书前 4 个项目为了方便电路制作，设计电路时基本选择了插件封装的电子元器件。对于紧密度要求不高的电路，选用插件元器件更便于样品的设计和制作。

若要设计一个紧密度高的电子产品，为了达到体积小巧的要求，很多电子元器件会选用贴片式封装。贴片式封装的元器件会使电路更紧凑、更节约PCB材料。产品量产准备工作如图4-31所示。

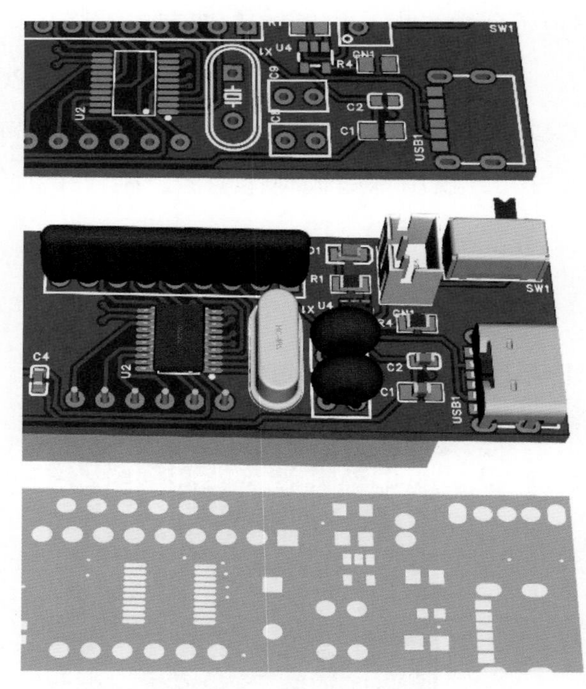

图4-31 产品量产准备工作

如果完成了前面项目产品电路的制作，那么你会发现手工焊接电路十分耗费时间。而使用贴片封装的元器件，便于机器批量SMT贴片，易于量产。常见的电路生产流程如图4-32所示。

图4-32 常见的电路生产流程

本书项目对产品的设计与制作流程均进行了简化，有一定电子技术知识基础，就可按操作步骤设计电子产品。简化流程如图4-33所示。

图4-33 简化流程

任务5　产品化设计预览

任务 4 介绍了 PCB 打样，现代智能的电路生产线为普通人设计制作 PCB 降低了门槛。使用简化后的电路制作流程，在获得 PCB 后，对照物料清单（BOM）表即可制作产品电路。

任务分析

本任务将对人体红外感应灯电路产品化设计进行预览。PCB 打样为制作与调试 PCB 做准备。后续流程还包括：导出 PCB、绘制外壳、导入 PCB 渲染结果、匹配外壳、打样外壳、组装产品、调试产品等。

任务实施

1. 预览 PCB 打样结果。
2. 制作 PCB：预览 PCB 制作结果。
3. 设计产品 3D 外壳：预览产品 3D 外壳制作结果。
4. 制作电路和组装调试产品：预览产品制作结果。

1. 预览 PCB 打样结果

利用网络平台下单 PCB 打样，采购电子元器件。预览 PCB 打样结果，如图 4-34 所示。

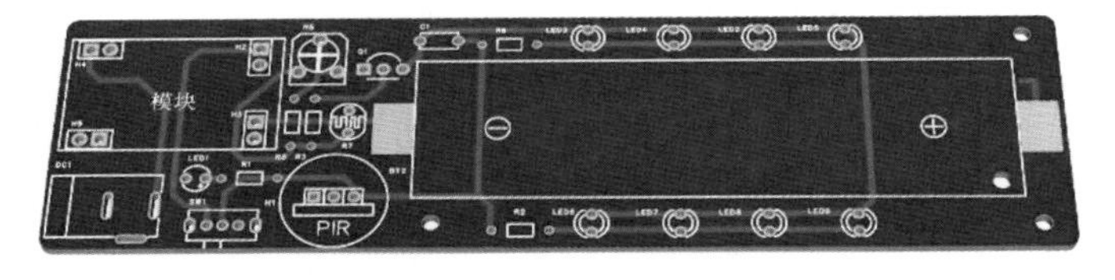

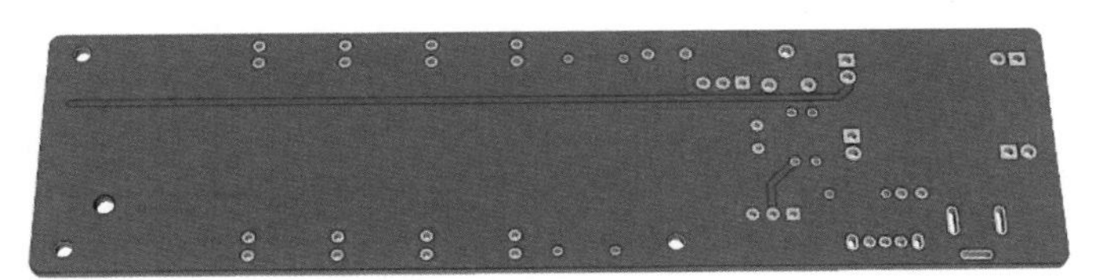

图 4-34　预览 PCB 打样结果

PCB 板子尺寸在 3.5cm × 130cm 内；板材类型为“FR-4（普通）”；无须确认生产稿；板

子厚度选“1.6mm”；无须选择 SMT 贴片选项、激光钢网选项；填好发票信息、收货地址信息；快递方案选择包邮；确认订单方式选择“手动确认订单”。如果 PCB 存在绘制问题，厂家将通过账户通知、电话、短信、微信等联系方式告知，打样期间需要留意信息，及时回复（及时更正 PCB）。

2. 制作 PCB

使用烙铁、焊锡、镊子、剪线钳、万用表等工具，根据 BOM 表对照板子上的位号，准确安装电子元器件和电子模块。电子元器件按照由矮到高、由小到大、先轻后重、先易后难的顺序进行焊接。PCB 制作结果如图 4-35 所示。

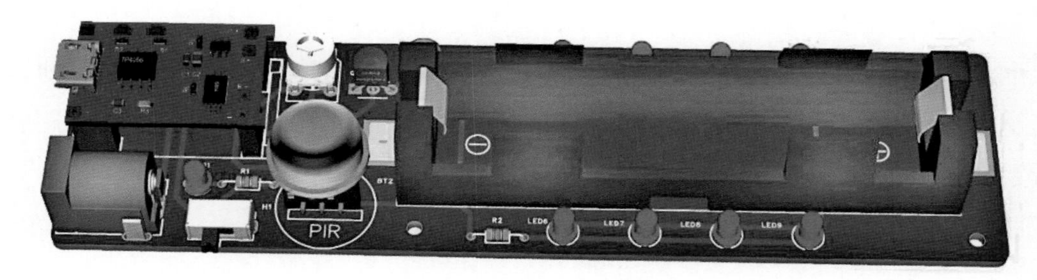

图 4-35 PCB 制作结果

本项目产品可以学习项目三的做法，把灯头做成外接式，控制器做成一个小盒子，可以通过卡扣连接灯头。采用这种分体式方案需要先对产品外壳设计有初步的构想，然后通过三维模型设计软件绘制产品外壳，绘制外壳的同时需要明确 PCB 外框的轮廓和大小，从三维模型设计软件导出预设计的 PCB 外框（DWG 格式），导入嘉立创 EDA（专业版）软件进行绘图。

3. 设计产品 3D 外壳

本项目产品的立项权重是 PCB，需要导出 PCB 的 3D 文件（根据所使用的三维模型设计软件能够识别的格式，导出 STEP 或 OBJ 格式），再将 3D 文件导入三维模型设计软件进行外壳设计。

绘制外壳应当根据 PCB 的外框、高度、定位孔、输入/输出孔和开关按钮的位置等因素进行设计，外框和板子间需要保留 1mm 以上的间距，特殊形状的板子或有凸出接口部件的板子，与外壳的间距需要加大或在特定方向预留插装位置。

本项目产品没有明确的外观要求，可以通过 PCB 的外观设计外壳。外壳设计结果如图 4-36 所示。

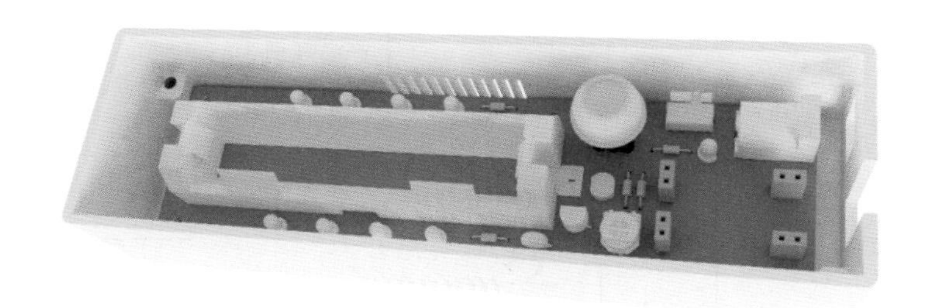

外壳设计过程

图 4-36　外壳设计结果

4. 制作电路和组装调试产品

在产品量产前必须进行 3D 外壳、PCB 打样，并焊接制作电路，组装调试产品。通过实物直观验证，才能发现问题所在。人体红外感应灯如图 4-37 所示。

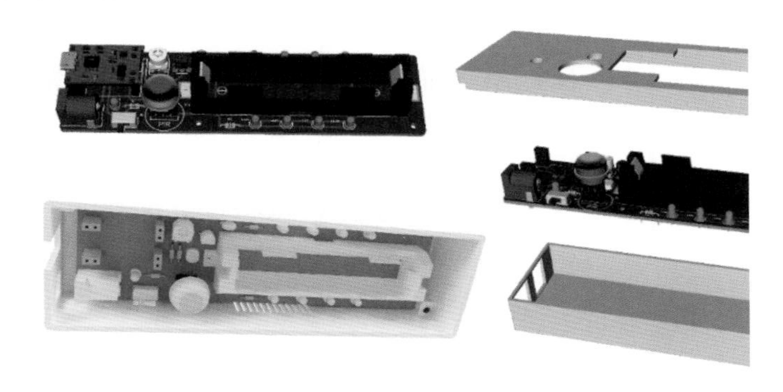

图 4-37　人体红外感应灯

本书提供产品外壳设计过程，下一个项目将重点介绍三维模型软件与外壳的绘制步骤。

四、项目评价与总结

本项目共由 5 个任务构成，从电路设计、PCB 绘制和 PCB 打样的角度探究设计电子产品的基本要素。

回顾项目流程图（见图 4-38）进行总结，记录任务完成过程中的体会，见表 4-5。

任务 1 查找与选择常见的电子模块，并进行参数对比，了解电路的模块化设计；任务 2 通过嘉立创 EDA（专业版）软件模块化设计电子产品的电路，并优化电路；任务 3 通过嘉立创 EDA（专业版）软件绘制封装、绘制 PCB，实践探究电子元器件和 PCB 的关系；任务 4 通过 PCB 打样了解 PCB 生产流程；任务 5 对产品化设计进行预览。

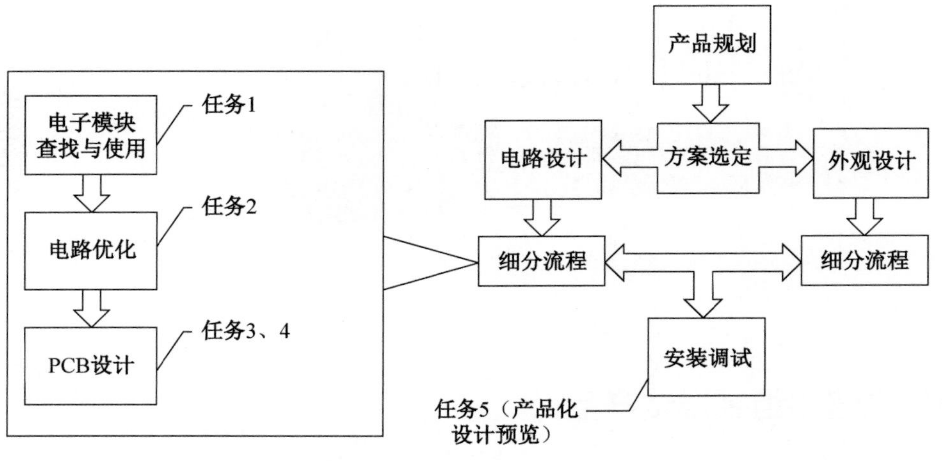

图 4-38　项目流程图

表 4-5　体会

序号	任务名	任务说明	体会
任务 1	电子模块查找与使用	掌握电子模块的查找与使用，了解电子模块的性能，以及电路的模块化设计	
任务 2	电路优化	在电路设计中加入电源模块，使电路硬件更贴合产品要求，设计含有电源模块、人体红外感应模块的电路	
任务 3	PCB 设计规则与绘制	了解封装的绘制，PCB 各层含义，电子元器件布置层修改，双面布线和多层布线，DRC（设计规则检查），PCB 打样的基本要求	
任务 4	PCB 打样	了解 PCB 打样的步骤，PCB 生产流程	
任务 5	产品化设计预览	预览 PCB 渲染，产品化人体红外感应灯	

完成项目的学习，对完成情况进行评价，项目评价表见表 4-6。

表 4-6　项目评价表

班级： 组别： 姓名： 日期：					
评价指标		评定等级	自评	组评	教师评价
道德品质	尊敬师长，团结同学，待人诚恳，严于律己，遵纪守法	A			
		B			
		C			
	热爱祖国，热爱集体，社会责任感强，自觉维护集体利益	A			
		B			
		C			
	热爱劳动，珍惜劳动成果，有安全意识和环保常识，珍视生命，保护环境	A			
		B			
		C			
学习能力	学习目标明确，学习积极主动，学习方法合适，学习效率高	A			
		B			
		C			

续表

评价指标		评定等级	自评	组评	教师评价
学习能力	学习有计划、有总结、有反思，善于听取他人意见	A			
		B			
		C			
	能够独立思考、提出问题、分析问题、解决问题	A			
		B			
		C			
交流与合作	具有团队精神，与他人团结协作共同完成任务	A			
		B			
		C			
	能约束自己的行为，能与他人交流与分享，尊重和理解他人	A			
		B			
		C			

五、项目拓展习题

1. 填空题

封装是________________________。

2. 简答题

（1）PCB 的绘制步骤是什么？

（2）怎么调整 PCB 的封装？

3. 产品设计拓展

使用本项目中的电路设计方案，设计一款迎宾音乐盒。要求：使用 5V 音乐播放模块作为音乐播放源，注意调试时的用电安全。

项目五

蓝牙音箱的设计与制作

一、项目描述与目标

1. 项目介绍

项目四通过 5 个任务展示了电子产品电路硬件设计与制作的流程，并着重介绍了在设计产品电路的过程中如何绘制电子元器件、电子模块的封装，完成了电子产品从构思到打样制作电路的过程。项目五将通过“蓝牙音箱的设计与制作”，讲解电子产品综合设计流程中的产品外壳设计流程，并通过专业的三维模型设计软件绘制产品。

2. 项目来源

在人体红外感应灯项目中使用电子模块设计产品的思路，极大地降低了产品设计门槛，提高了设计效率。本项目将在认识电子模块的基础上，挖掘电子模块的潜力，设计一个简单的电子产品——蓝牙音箱。

场景设想：某公司准备举办一场敬老活动，要专门为老人们定制一批礼物，前期工作了解到有些老人喜欢听戏曲、跳广场舞，所以该公司打算定做一批小音箱。

要求：这批音箱可以使用蓝牙连接手机，操

思政小课堂

社会主义核心价值观

富强、民主、文明、和谐

自由、平等、公正、法治

爱国、敬业、诚信、友善

核心价值观是一个民族赖以维系的精神纽带，是一个国家共同的思想道德基础。

作简单，方便老人使用。

3. 项目的现实价值

为了让老人使用方便，开发的蓝牙音箱应具有蓝牙连接功能和实体按键。本项目以蓝牙音箱为设计目标，以电路设计、外壳设计为重点，介绍三维建模绘图流程，并演示蓝牙音箱的电路设计流程。蓝牙音箱实物图如图 5-1 所示。

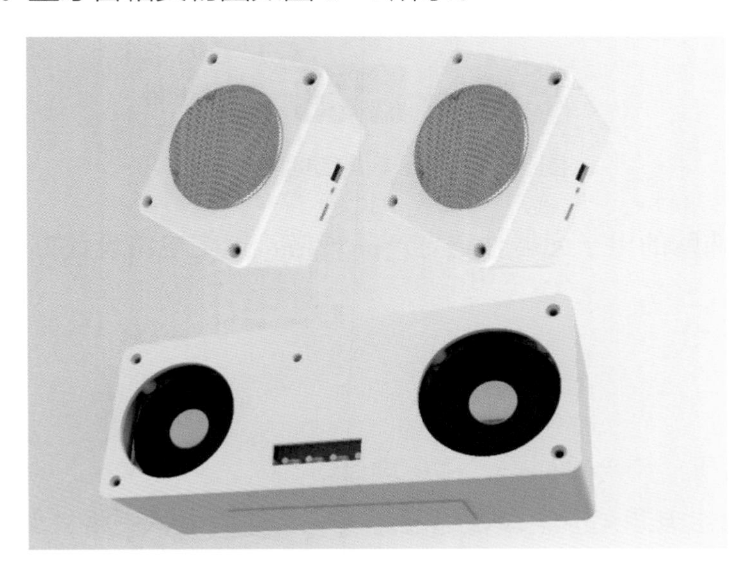

图 5-1　蓝牙音箱实物图

产品动画：蓝牙音箱

电路设计图纸

4. 项目实施目标

（1）知识目标：了解电路原理图的设计流程。

（2）技能目标：使用三维模型设计软件设计产品外壳，学会三维模型打样。

（3）职业素养：团结协作，合作交流，勇于创新。

二、项目分析与路径

1. 项目分析

蓝牙音箱是一种大众化的电子产品，随着人工智能技术的普及，蓝牙音箱也开始向 AI 对话、语音控制等方向发展。本项目对蓝牙音箱的要求不高，主要是具有扩音功能、操作简单。

电池通过电池充放模块给蓝牙模块、功放模块（功率放大模块）供电。通过手机连接蓝牙模块，蓝牙模块将声音信号传输至功放模块，由功放模块控制扬声器发出声音。同时，通过蓝牙模块的按键控制手机，实现歌曲切换或拨打电话的功能。产品电路结构图如图 5-2 所示。

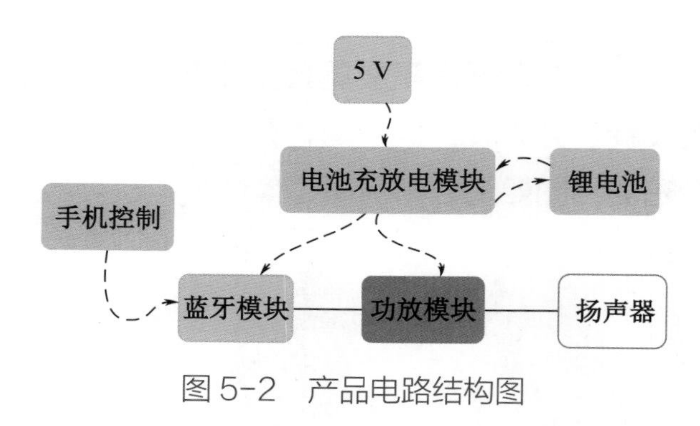

图 5-2　产品电路结构图

根据设计需求和预选购的电子元器件选定产品规格，拟定电路设计方案，为此对电子产品的基本参数进行构思。

设计分析

产品作用：通过蓝牙模块传输信号，播放声音。

设计思路：电池通过电池充放电模块给蓝牙模块、功放模块供电。蓝牙模块控制功放模块输出声音。

电路设计：使用电子模块搭建在 PCB 上。

外观设计：长方体形，有控制按键、电源接口，外观可见扬声器。

设计流程构思如图 5-3 所示。

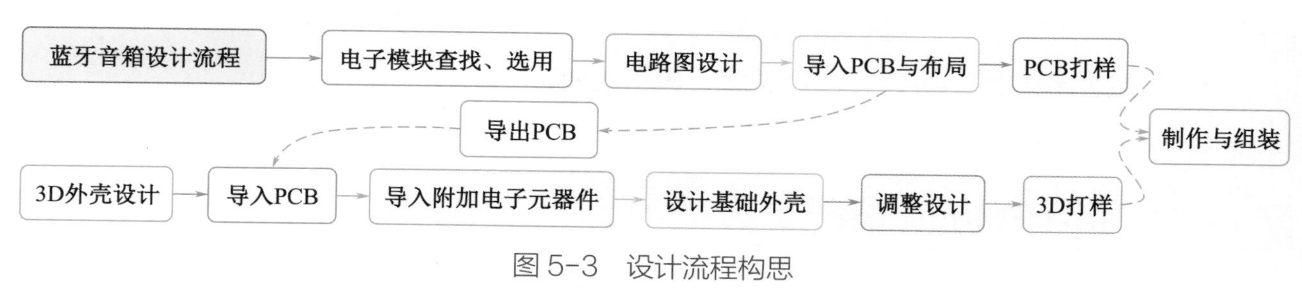

图 5-3　设计流程构思

2. 项目路径

本项目由 5 个任务构成，将从电路设计和了解三维模型设计软件的角度来探究设计电子产品的基本要素。

任务 1 巩固学习对常见的电子元器件的查找和选择；任务 2 进行电路设计与 PCB 绘制；任务 3、任务 4 将使用 Autodesk Inventor Professional 2020 软件绘制 3D 模型；任务 5 对电子产品设计的整体流程进行回顾与预览。项目任务分布如图 5-4 所示。

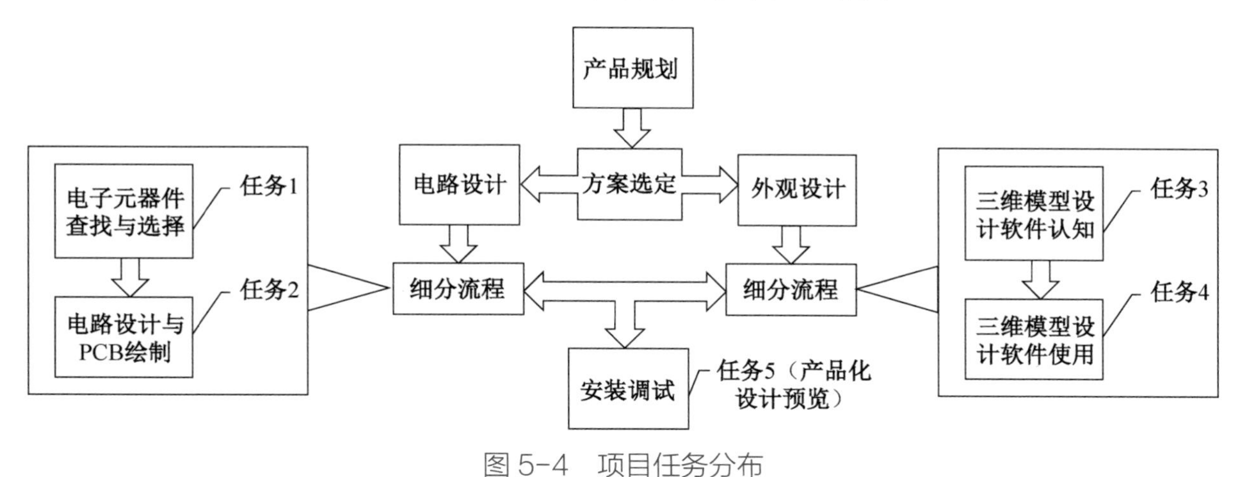

图 5-4　项目任务分布

三、项目准备与实施

1. 项目准备

通过实践手段了解电路设计与电路图绘制的流程，以下是项目五的任务分布，任务分布见表 5-1。

表 5-1　任务分布

序号	任务名称	任务说明
任务 1	电子元器件查找与选择	介绍电子模块的基本信息，了解它们的特性和外观特点，学会查找电子元器件的参数与资料
任务 2	电路设计与 PCB 绘制	绘制电子元器件符号，添加自制封装，完成 PCB 布局与布线
任务 3	三维模型设计软件认知	三维模型设计软件——Inventor 认知
任务 4	三维模型设计软件使用	Inventor 软件的基本使用方法，PCB 导入
任务 5	产品化设计预览	回顾与预览项目设计与制作的整体过程

2. 项目实施

任务 1～任务 4 通过“蓝牙音箱”的设计与制作，了解 PCB 设计对电子产品外观设计的影响。任务 5 了解完成“蓝牙音箱”设计与制作所需的步骤，以及相应步骤操作会得到什么结果。

任务1 电子元器件查找与选择

项目四在电路设计过程中选用了电子模块，加快了电子产品开发设计的进程，项目四中还用到了发光二极管、三极管、电池、电阻、开关等，重点介绍了电子模块的使用、PCB打样的步骤。在前面的项目中，对电子产品设计过程中电路设计的基础知识已介绍完毕，本项目将使用三维模型设计软件绘制产品3D外壳，重点介绍三维设计对电子产品的意义。

任务分析

根据设计分析，本项目需要制作的蓝牙音箱具备蓝牙通信、音乐播放、自带电源等特征。根据产品结构图，选择适配产品功能的电子模块快速完成设计。

任务实施

1. 选择蓝牙模块：对比几款蓝牙模块，选择适合本项目的蓝牙模块。
2. 查找数据：使用蓝牙模块的注意事项。
3. 选择功放模块：选择功放模块，设计功放模块电路。
4. 选择扬声器。

1. 选择蓝牙模块

根据设计需求选择电子模块：产品具有蓝牙功能和可操控的按键，需要配置带开关控制的蓝牙模块；产品扩音性能要好，需要配置功放模块；产品离开电源还能使用，需要内置电池供电。

使用蓝牙通信，需要将蓝牙芯片设计到电路中，并为芯片写入蓝牙传输协议。蓝牙通信频段较高，常见的有2.4GHz、5.0GHz、5.2GHz等，高频电路对电路设计元器件的布局要求很高。普通电子产品若需要使用蓝牙通信，无须设计蓝牙通信电路，直接选用蓝牙模块能提高产品性能和通信质量。

蓝牙模块是一种具备短距离信号传输功能的通信模块，主要负责接收手机信号并输出。常见的蓝牙模块有音频信号传输型、控制信号传输型、串口通信型等，如图5-5所示。选购蓝牙模块，需要充分了解模块的基本参数，如工作电压、通信协议、蓝牙版本、输出特性等。

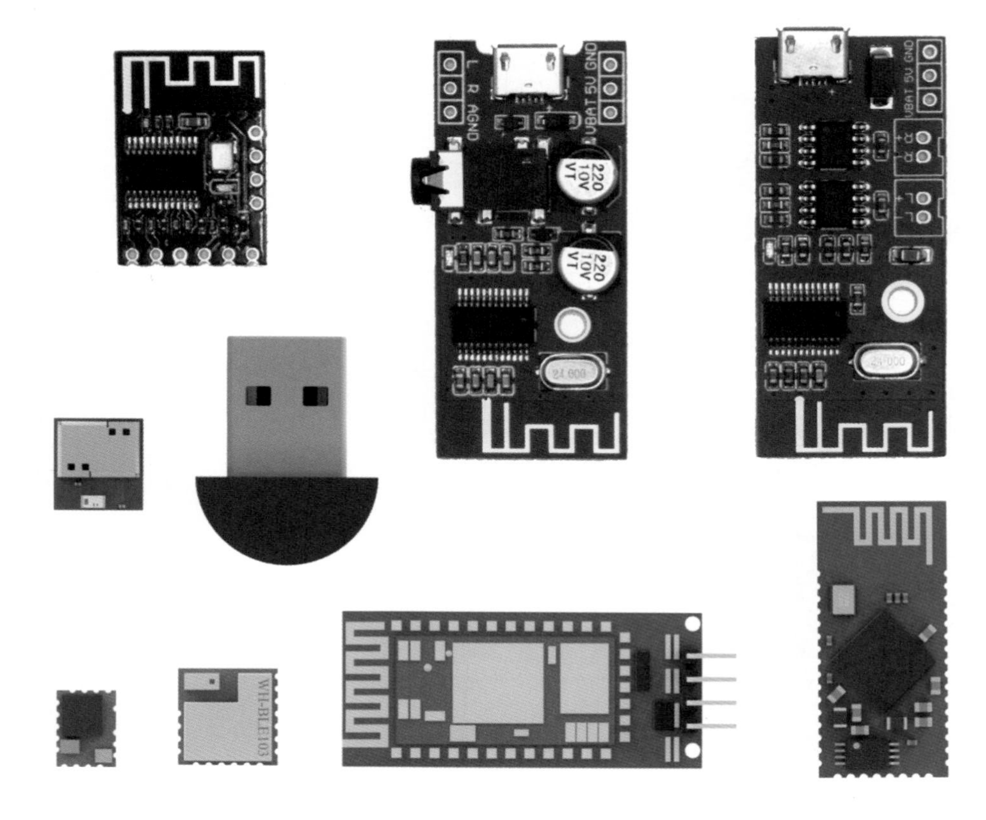

图 5-5 常见的蓝牙模块

图 5-5 所示的几种蓝牙模块的参数对比见表 5-2。

表 5-2 蓝牙模块的参数对比

序号	外观	型号	名称	蓝牙版本	适用性	备注
1		MH-M18	蓝牙音频模块	4.2	音频传输	带控制按键输入引脚
2		MH-M28	蓝牙音频模块	4.2	音频传输	带音频孔

续表

序号	外观	型号	名称	蓝牙版本	适用性	备注
3		MH-M38	蓝牙音频模块	4.2	音频传输	带 2 个 3 W 功放芯片
4		U-BT23R UC-BT23T	蓝牙透传模块	5.0	音频、控制信号传输	适用于带 USB 接口的设备
5		HC-08	蓝牙串口模块	4.0	串口数据传输	使用控制

2. 查找数据

根据设计分析，本项目产品设计应选用音频传输型的蓝牙模块，蓝牙模块需要自带控制信号输入引脚。对比表 5-2 所示的蓝牙参数，型号为 MH-M18 的蓝牙模块符合设计要求。获取该蓝牙模块的详细参数，见表 5-3。

表 5-3　MH-M18 蓝牙模块的参数

序号	引脚标识	说明	备注
1	KEY	按键控制端	可外接 4 个按键，详见典型应用电路
2	MUTE	静音标识端	静音状态为高电平，播放状态为低电平
3	VCC	电源正极	工作电压 5V（使用锂电池供电时，需要去掉模块上的二极管）
4	GND	电源接地端	电源接地端
5	L	左声道输出	只能输出音频信号，不能直接驱动扬声器
6	R	右声道输出	只能输出音频信号，不能直接驱动扬声器

从蓝牙模块厂商获取这款蓝牙模块的数据手册或典型应用电路。典型应用电路如图 5-6 所示。

分析典型应用电路，KEY 引脚检测开关信号的方式——检测这个引脚的电压大小，通过不同阻值的电阻串联开关接地，芯片内置上拉电阻与外接电阻形成电阻分压结构。蓝牙模块采用这种按键检测方式，可以有效减少占用芯片的 I/O 数量。蓝牙模块供电部分使用了电感、电容，形成 LC 滤波电路，可以有效地隔离功放模块带来的电源干扰。

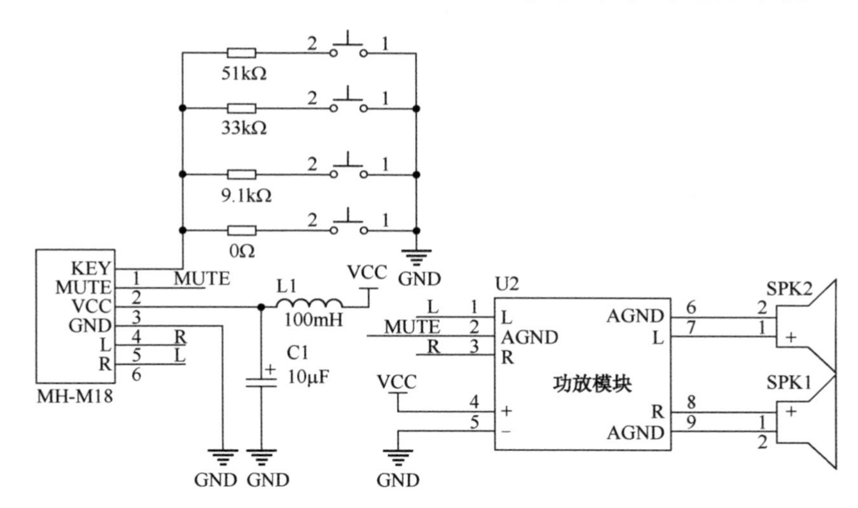

图 5-6 典型应用电路

3. 选择功放模块

分析 MH-M18 蓝牙模块的参数和典型应用电路可知，MH-M18 蓝牙模块接收手机信号后输出的信号为音频信号，这个音频信号功率较小，不能直接连接扬声器。扬声器作为功率器件，要使用功率放大电路才能驱动，或者使用功放模块驱动扬声器。

通过数字电路中的集成运算放大器可以构建功率放大电路，或者采用功放模块作为放大电路。功放模块是能将输入信号的电流放大的电子模块，通常配合音频处理芯片或蓝牙模块使用。常见的功放模块如图 5-7 所示。

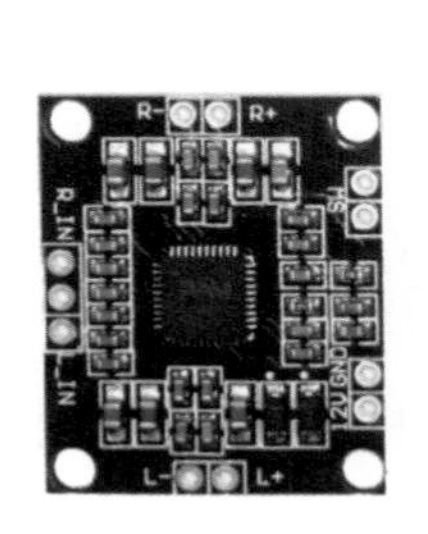

图 5-7 常见的功放模块

功放模块按声道数量可分为单声道型、双声道型、多声道型，耳机分为左、右两个声道，分析蓝牙模块的引脚标识，输出部分同样分为左、右两个声道，因此，选择双声道功放模块即可。此外，还需要根据蓝牙模块的输出信号、电路的电源电压、功率等信息，选择适合当前产品的功放模块。

已知本项目产品使用的电源电压为：外置 5V 供电、内部电池电压为 3.6～4.2V，双声道输出，选出适合本项目产品的功放模块。几种功放模块的比较见表 5-4。

表 5-4　功放模块的比较

序号	实物图片	型号	参数	尺寸
1		XH-M181	工作电压：DC 9.0～12V 功率：10 W × 2 功放类型：D 类	25mm × 31mm × 2.5mm
2		XTW8403	工作电压：DC 3.3～5V 功率：3 W × 2 功放类型：D 类，可调	29.5mm × 20.5mm × 15mm
3		PAM8403	工作电压：DC 3.3～5V 功率：3 W × 2 功放类型：D 类	21mm × 18.5mm × 2.5mm

为了节约 PCB 材料，应选用体积较小的功放模块。根据表 5-4 所示，选择型号为 PAM8403 的功放模块符合产品设计要求。

4. 选择扬声器

扬声器是一种能把电能转换为声音的电子元器件，扬声器通常由磁体、线圈、鼓振膜构成，结构上与驻极体话筒相似。扬声器的主要参数有功率、阻值、体积等。本项目设计的产品需要根据电路功放性能选择功率、阻值符合电路要求的扬声器。

选用阻值过小的扬声器会导致功放工作电流过大，电压值过低，可能导致蓝牙模块重启。选用阻值过大的扬声器，音量不足。PAM8403 功放模块可以驱动 2 个 3W 功率的扬声器。已知功放模块的工作电压为 5V，单声道输出功率为 3W，根据公式

$$P = UI \qquad I = \frac{P}{U} \qquad R = \frac{U}{I}$$

可得

$$R = \frac{U^2}{P}$$

代入参数：U = 5V，P = 3W，扬声器的电阻 R 约为 8.33Ω。阻值取整数，应选用 8Ω、3W 的扬声器。使用这两项指标在电子元器件采购平台中选取符合产品设计要求的扬声器。

扬声器接入电路的方式可分为接触式、连接式两种。

（1）接触式：通过 PCB 固定接触式弹簧片，对准扬声器接口后压紧即可传输音频信号发声，接触式扬声器在手机主板、小型精密电子仪器的产品电路硬件中应用较多。优点是节省空间、连接简单，缺点是对 PCB 设计、外壳设计要求较高。

（2）连接式：通过导线和 2P 排线插座连接，这种连接方式在电子产品的电路设计中比较普遍，优点是便于插装、设计要求简单，缺点是外接导线占用空间、难以使用机器装配。

扬声器的符号、封装如图 5-8 所示。在实际绘制 PCB 时，扬声器可对应采用两种封装形式：圆形封装和方形封装。采用圆形封装即将扬声器直接装配到PCB上，但这种装配方法占用面积过大。方形封装其实就是排线插座的封装（见图 5-9），采用方形封装就是在 PCB 上装配排线插座，扬声器通过排线插座连接在 PCB 上。本项目选用方形封装即可。

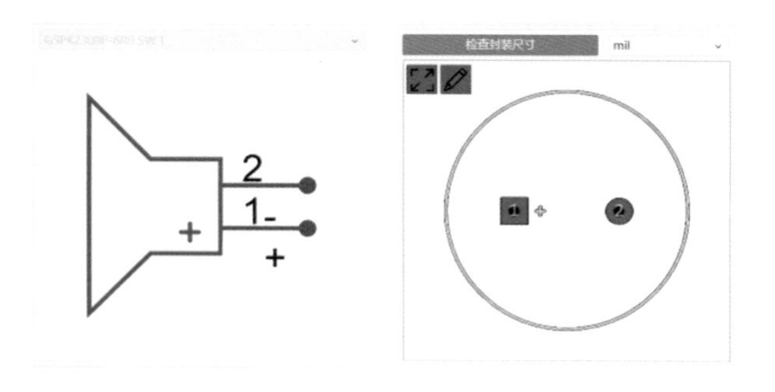

图 5-8 扬声器的符号、封装

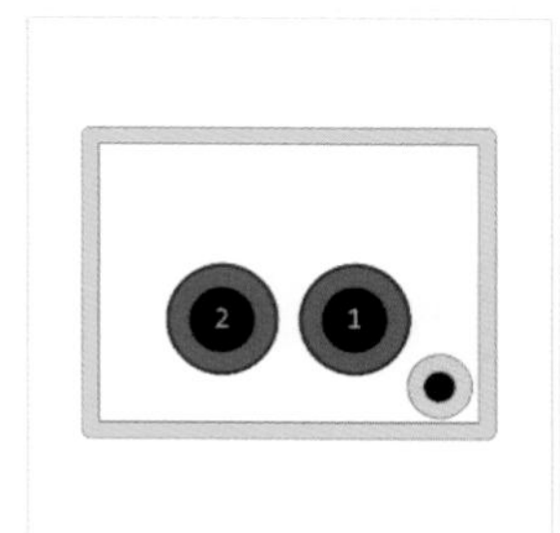

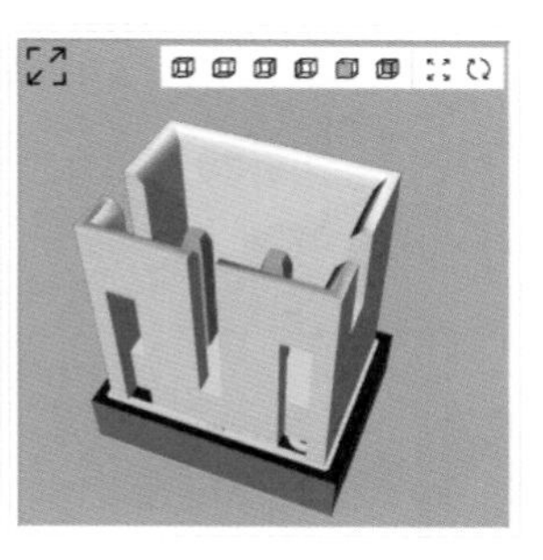

图 5-9 排线插座的封装及实物对照图

任务 2 电路设计与 PCB 绘制

任务 1 介绍了蓝牙模块、功放模块，选择符合要求的电子模块后，可以使用嘉立创 EDA（专业版）软件绘制电路图，自选的蓝牙模块和功放模块在软件中找不到相应的模块符号，需要自行绘制模块符号，绘制结果如图 5-10 所示。

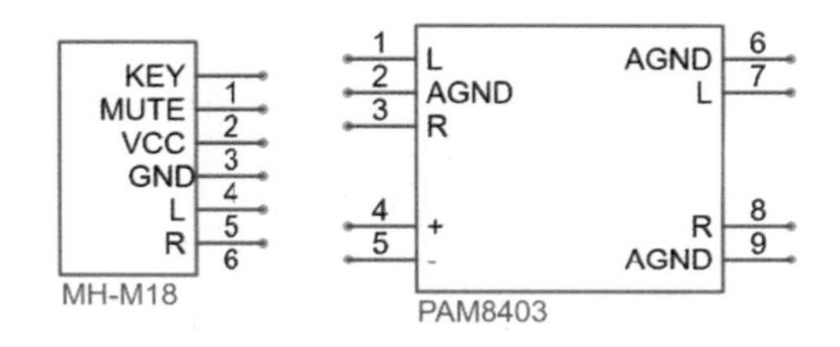

图 5-10 模块符号

任务分析

当电子模块的符号缺失、没有适配的封装时，需要更换电子模块或者手动添加其符号及封装。电子模块的符号绘制与元器件的符号绘制方法相同，与封装的绘制方法相似。上一个项目介绍了封装的绘制方法，参考该方法进行符号的绘制。本任务主要完成电路图的绘制与 PCB 的绘制。

任务实施

1. 绘制元器件的符号、封装：根据选用的元器件，绘制其符号、封装，并放置。
2. 设计电路原理图：完成电路图的绘制与检查。
3. PCB 导入与布局：导入 PCB，调整元器件布局。
4. PCB 绘制与打样：绘制导线并进行 PCB 打样。

1. 绘制元器件的符号、封装

绘制电路图需要预先完成电子模块符号的绘制，再配合电阻、电容、按键等元器件即可以构建蓝牙音箱电路。

（1）按键选择。

开关和按键的选用直接影响电子产品与用户间的交互体验，开关作为电器装置上接通和关断电路的设备，在项目一中已经介绍。按键是一类特殊开关，常见的开关有：轻触开关、按键开关、行程开关、拨码开关、薄膜开关、机械键盘轴开关等。

本项目产品按键功能为触发蓝牙模块的“开始/暂停”“下一首/音量+（长按）”“上一首/音量-（短按）”“开机/关机”操作，执行这些操作时，需要使用按键的短按、长按效果，松手后按键处于断开状态。选用轻触开关即可达到设计要求，轻触开关的符号、封装、实物对照图如图 5-11 所示。

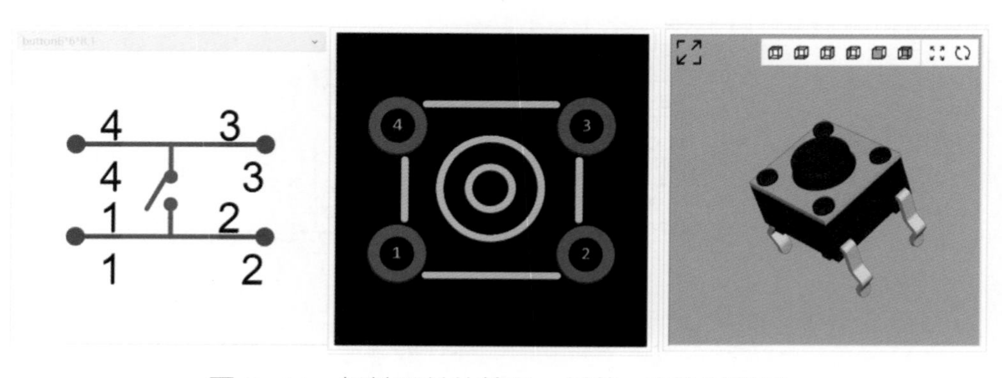

图 5-11　轻触开关的符号、封装、实物对照图

（2）电路工程创建。

打开嘉立创EDA（专业版）软件，新建工程，修改工程名（即为工程命名），选择保存路径。打开电路图，根据物料清单（BOM）表，放置电子元器件。

放置电子元器件的过程也是选择电子元器件的过程，根据产品外壳和PCB外框，用前面介绍的方法选择适合的电子元器件。如果在设计过程中，对电子元器件的高频、强电流、噪声、高温高压运行特性等没有要求，那么一般的电子元器件只要符号、封装、参数指标相同，即可混用。

注意：在电子产品维修过程中，电子元器件选择的差异尤为明显，为了满足原有电路设计的需求，在选择电子元器件时，除了其符号、封装、参数对应，还需要型号对应。例如，若功率器件损坏，则使用同型号的电子元器件更换维修，效果最佳且省时省力。

2. 设计电路原理图

根据物料清单（BOM）表在嘉立创EDA（专业版）软件中绘制电路图，物料清单（BOM）表见表5-5。

表5-5　物料清单（BOM）表

序号	数量	型号	位号	封装	值	编号
1	1	CC1H104MC1FD3F6C10MF	C1	CAP-TH_L5.0-W2.5-P5.00-D1.0	100nF	C254085
2	3	B2B-PH-K-S(LF)(SN)	CN1，CN2，CN3	CONN-TH_B2B-PH-K-S		C131337
3	1	DC-005_2.0	DC2	DC-IN-TH_DC-5520-1		C16214
4	1	204-10SDRD/S530-A3-L	LED1	led-th_bd3.8-p2.54-fd		C84774
5	1	Res_AXIAL-1/8W	R1	RES-TH_BD1.8-L3.2-P7.20-D0.4	10kΩ	C713919
6	1	Res_AXIAL-1/8W	R2	RES-TH_BD1.8-L3.2-P7.20-D0.4	51kΩ	C713919
7	1	Res_AXIAL-1/8W	R3	RES-TH_BD1.8-L3.2-P7.20-D0.4	33kΩ	C713919
8	1	Res_AXIAL-1/8W	R4	RES-TH_BD1.8-L3.2-P7.20-D0.4	9.1kΩ	C713919
9	1	Res_AXIAL-1/8W	R5	RES-TH_BD1.8-L3.2-P7.20-D0.4	0Ω	C713919
10	1	SK12D07VG4	SW1	SW-TH_SK12D07VG4		C393937
11	4	Key_TH_6x6x4.5	SW2，SW3，SW4，SW5	KEY-TH_4P-L6.0-W6.0-P3.90-LS6.5		C2834896
12	1	NO5-GF8090M-3W	U2	NO5-GF8090M		
13	1	NO5-DCDC42	U3	NO5-DCDC-2817		
14	1	NO5-LY-KEY5	U4	NO5-LY-KEY4-2316		

绘制电路图后，根据电路结构进行电路分区。绘制PCB时，根据分区情况对PCB进行

元器件布局。完全按照 BOM 表中的元器件型号在电路图中放置电子元器件时，若未在嘉立创 EDA（专业版）软件中找到相应的蓝牙模块、功放模块、电源模块（或即使找到相应的模块但没有“放置”按钮可放置相应的元器件），则可以选择“申请绘制”或自己绘制元器件。

绘制电子元器件包括绘制其符号、封装，绘制步骤如图 5-12 所示。

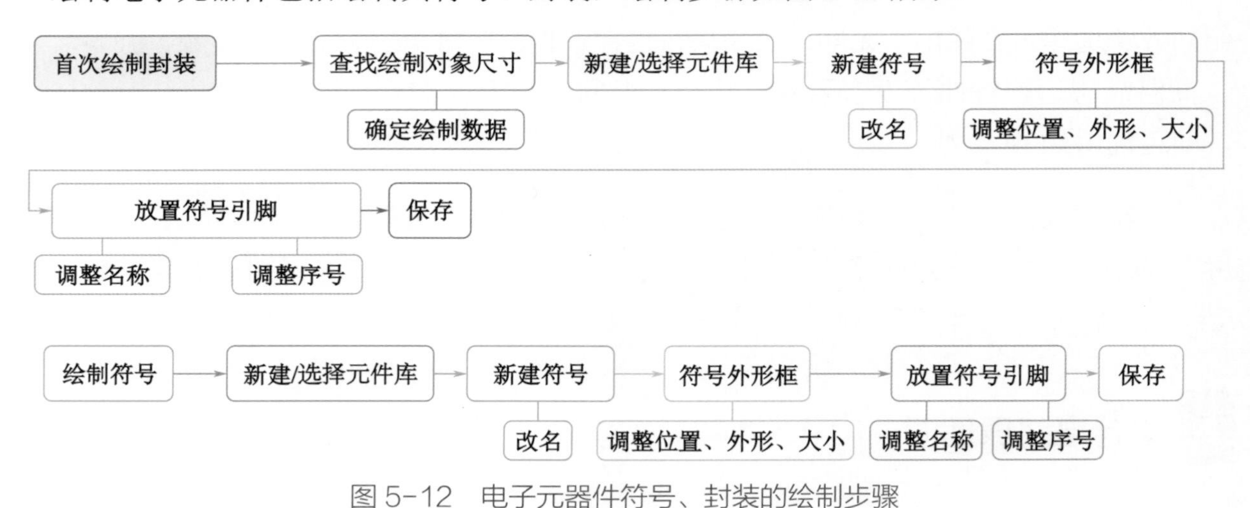

图 5-12 电子元器件符号、封装的绘制步骤

> 注意：首次绘制符号、封装，需要建立库文件。可以建立一个常用（通用）库文件存放常用电子元器件、电子模块的符号、封装。大型工程、重要工程的电子元器件、电子模块的符号、封装需要单独创建库文件存放。

绘制完电子元器件、电子模块的符号及封装后，根据 BOM 表放置所有的电子元器件、电子模块，调整它们的布局，并用导线连接。电源正极（VCC）、接地端（GND）通常使用网络标号。绘制的电路图如图 5-13 所示。

> 注意：电路图绘制完成后，进行 DRC 检查。自制的电子元器件、电子模块符号需要手动填写封装名称，填写时需要注意封装名称字母的大小写。

3. PCB 导入与布局

PCB 绘制的重点在于封装的补充和元器件的布局、布线。PCB 的元器件布局会影响产品的外观特征，尤其是按键、开关、充电接口等元器件的布局。不需要与外界进行信息交互的普通的元器件，不用在产品外壳上体现。

熟悉产品设计之后，可以自由修改产品的外壳特征。本项目将根据给定的产品外壳和 PCB 外观练习如何设计产品，产品外壳如图 5-14 所示，PCB 外观如图 5-15 所示。

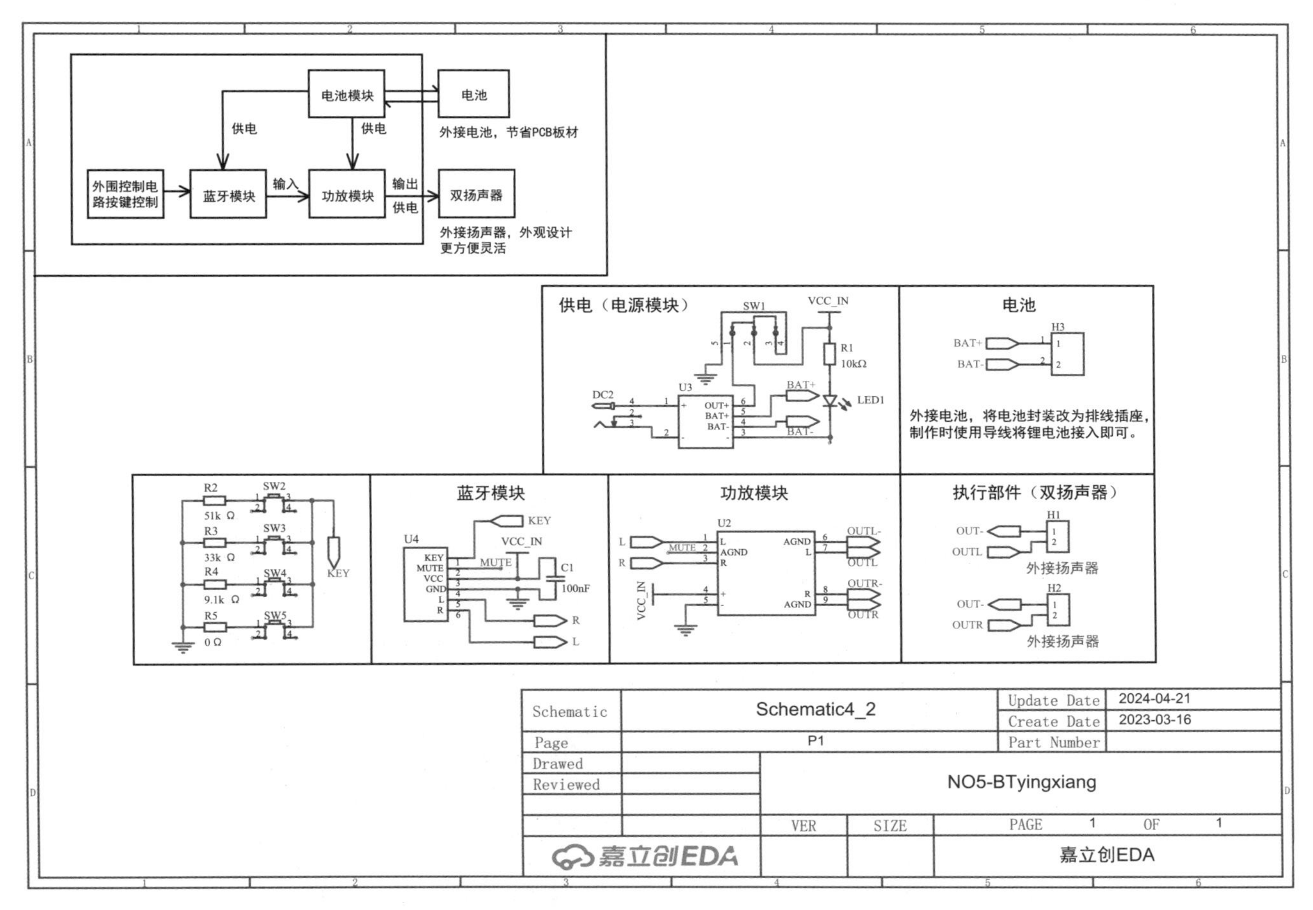

图 5-13 电路图

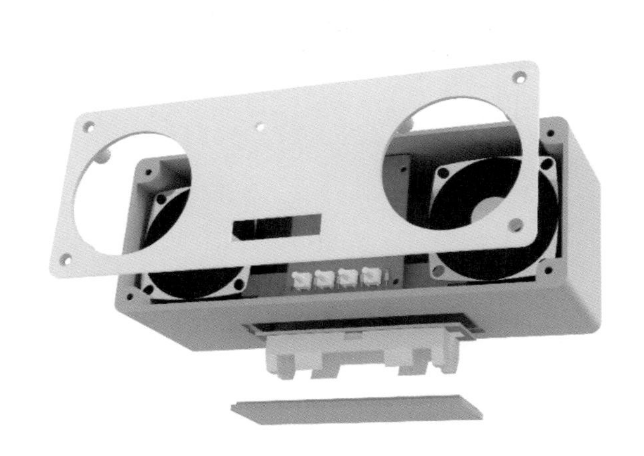

图 5-14 产品外壳

图 5-15 PCB 外观

根据图 5-14 所示的产品外壳和图 5-15 所示的 PCB 外观（这里将 PCB 的外框设计为 50mm × 60mm 的长方形），确定按键、开关、电源充电口的排布位置，将扬声器、电池座固定在产品外壳上，通过排线与电路板连接。

PCB 导入后，需要对电子元器件的引脚连线情况进行校验。按电子元器件的引脚数量进行校对，从引脚数量少的元器件开始检查。

注意： 电阻的每个引脚通常有 1～2 根网络线，若无网络线或有很多根网络线都应查看电路图进行校验。校验多引脚元器件时，需要先保证电源正极、接地端的连接不出错，再检查控制信号引脚的连接情况。

根据给定的产品外壳和 PCB 外观练习产品设计，从产品外壳（见图 5-14）可知，电子元器件布局时，需要把按键、开关、电源充电口安放在特定的位置上，根据 PCB 外观（见图 5-15）可知 PCB 的外框尺寸和螺钉孔放置的位置。

绘制完外框后，先布置有位置要求的元器件，再布置核心元器件，最后布置普通元器件。PCB 布局结果如图 5-16 所示。

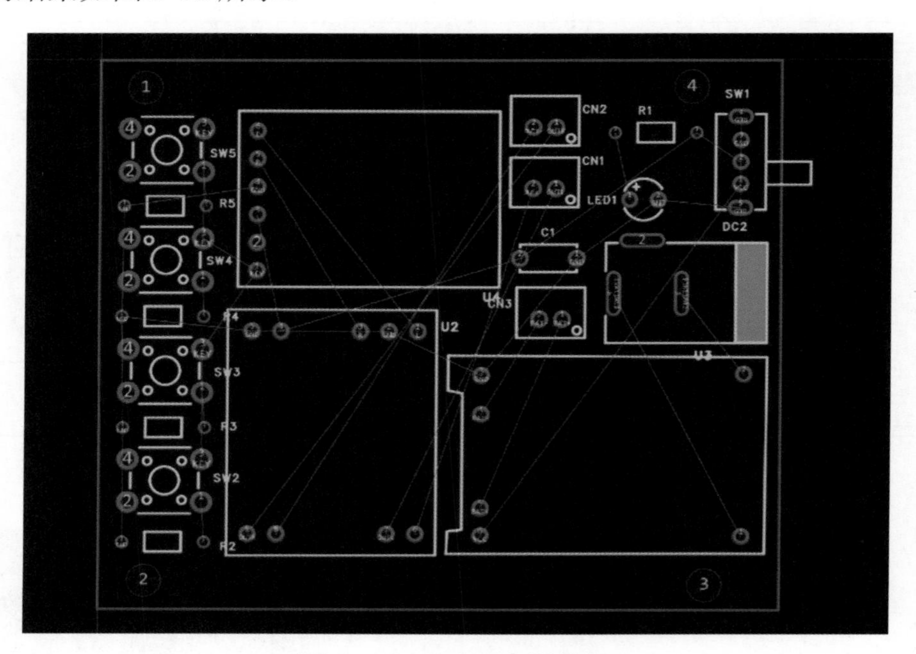

图 5-16　PCB 布局结果

4. PCB 绘制与打样

（1）PCB 设计规则修改。

按要求布置完电子元器件、电子模块后，修改 PCB 设计规则，其中设置线宽最小值为 10 mil，布线为 20 mil，最大值为 100 mil。

（2）设计规则修改步骤。

功率较大的电路需要手动添加布线规则，这款产品的 VCC（电源正极）网络节点对功率的要求比普通网络节点的要大，针对 VCC 网络节点设置线宽，VCC 布线线宽设置为 30 mil，最小值、最大值保持默认值即可，然后给需要设定新线宽的网络线选择新设置好的规则，如图 5-17 所示。

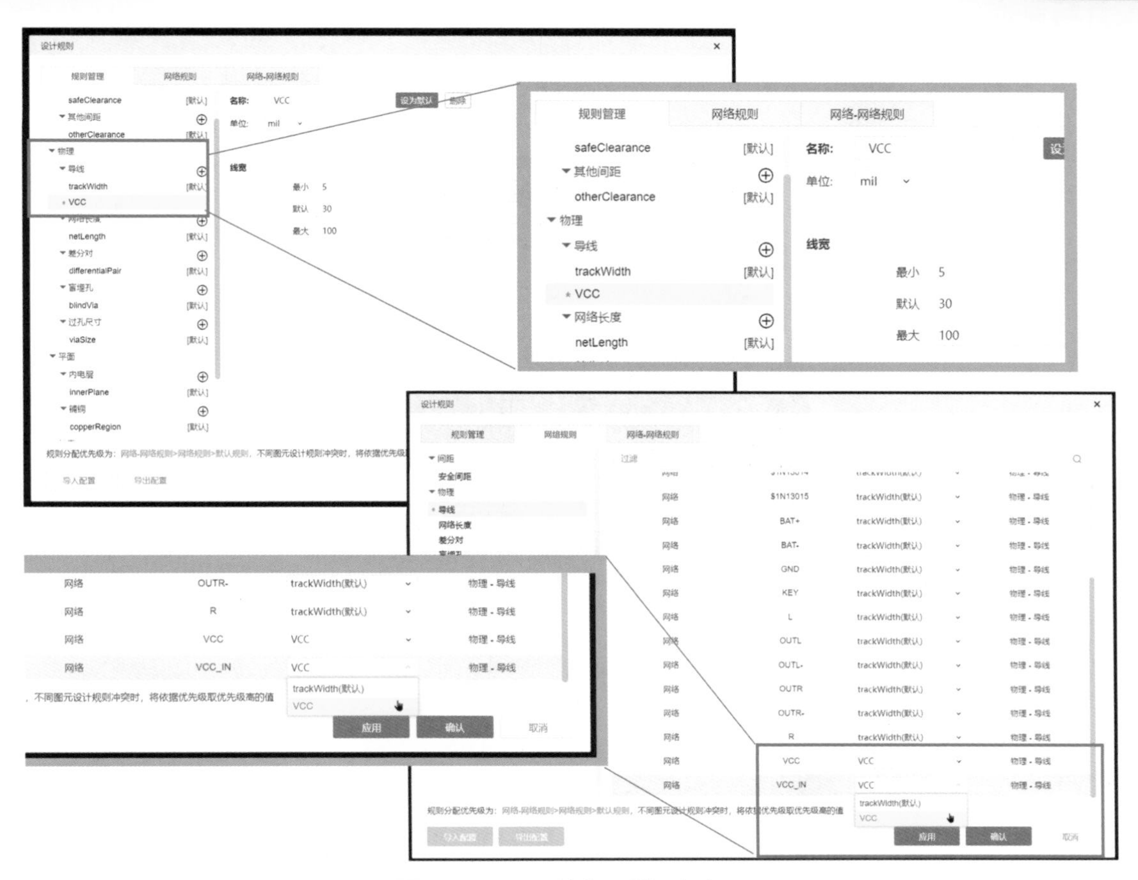

图 5-17　设计规则修改步骤

调整网络线，减少交叉数量，使用画线工具布置网络线。

考虑 GND（电源接地端）网络节点可以使用覆铜布置，不用布线，可以不针对 GND 调整 PCB 设计布线规则，且 GND 网络节点留到最后才使用覆铜工具完成布线。布线要求顶层线路和底层线路不能平行、重叠布线，防止产生电容效应。重要的信号线、功率线、控制线尽量走直线，减少弯曲次数，必要时修改元器件布局，以缩短线长。PCB 布线效果如图 5-18 所示，PCB 覆铜效果如图 5-19 所示。

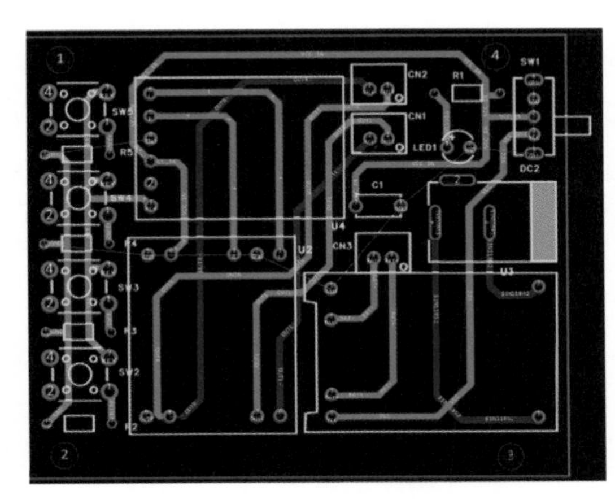

图 5-18　PCB 布线效果

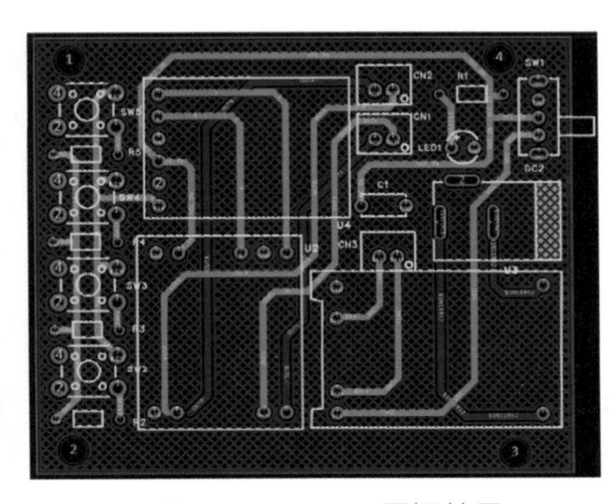

图 5-19　PCB 覆铜效果

完成布线后，进行 DRC 检查，检查无误后，使用 3D 渲染，获取 3D 渲染模型。PCB 渲

染效果如图 5-20 所示（电子模块的 3D 模型没有导入，只显示封装丝印）。

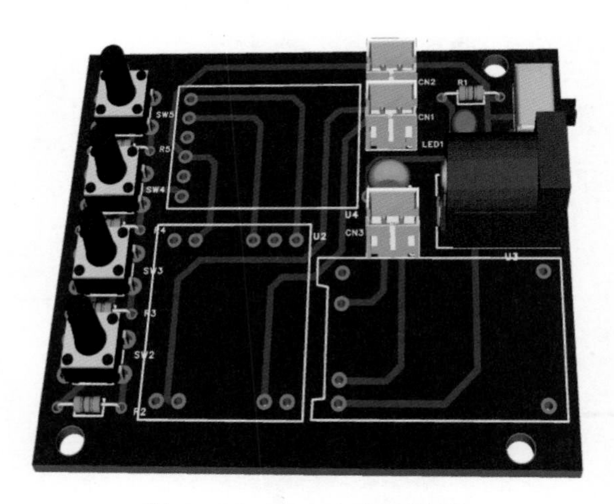

图 5-20　PCB 渲染效果

任务 3　三维模型设计软件认知

任务 2 完成了电路设计和 PCB 打样。在等待 PCB 打样成品的时候，对产品外壳进行设计。产品外壳设计的过程就是三维模型绘制的过程，本项目产品的 3D 外壳设计将在专业的三维模型设计软件中进行，蓝牙音箱的外壳图纸如图 5-21 所示。

任务分析

三维建模是一个科学严谨的过程，绘制三维模型必须借助计算机辅助绘图软件，本任务将学习使用 Autodesk Inventor Professional 2020（以下简称 Inventor）软件来完成产品的设计。

任务实施

1. 了解三维建模：什么是三维模型设计软件，常见的三维模型设计软件有哪些？
2. 安装 Inventor 软件：为什么选择 Inventor 软件，如何安装？
3. 了解 Inventor 软件操作界面：如何使用 Inventor 软件，操作界面有哪些功能？

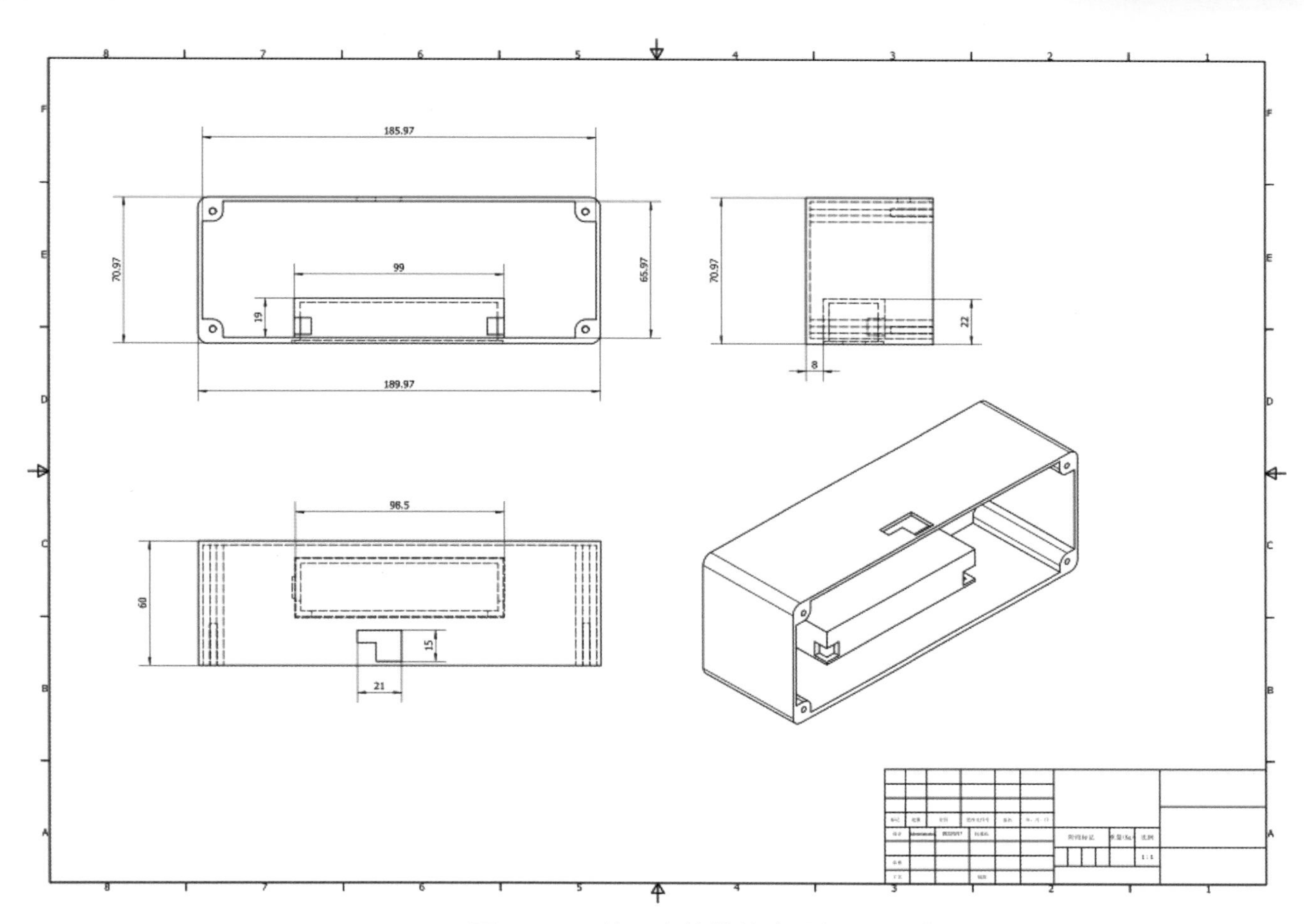

图 5-21　蓝牙音箱的外壳图纸

1. 了解三维建模

为了确保产品电路硬件运行的稳定性、产品的耐用性和安全性，需要为产品设计一个符合其定位的外壳。在嘉立创 EDA（专业版）软件的 PCB 绘制界面也可以绘制三维模型，选择“3D 外壳”层，绘制外框、侧开孔等。使用嘉立创 EDA（专业版）软件绘制三维模型外壳，是在二维平面绘制三维模型，绘制过程简单快捷。嘉立创 EDA（专业版）软件绘制的三维模型效果如图 5-22 所示。

绘制复杂三维模型通常会使用三维模型设计软件，为了高效地完成三维模型的设计、仿真，现在的三维模型设计软件会集成物理引擎，并且能够在虚拟世界中搭建模拟真实物理环境，用于检测产品的机械特性、运动特性。

本书设计的电子产品不含机械机构，无须对产品的机械性能、运行特性做检测。设计产品的过程中，客户通常希望提前预览产品的最终形态。通过三维模型仿真渲染，可以提前看到产品的最终形态，方便设计者评估产品的外观特征，为产品后续推广做准备。某产品外壳渲染效果如图 5-23 所示。

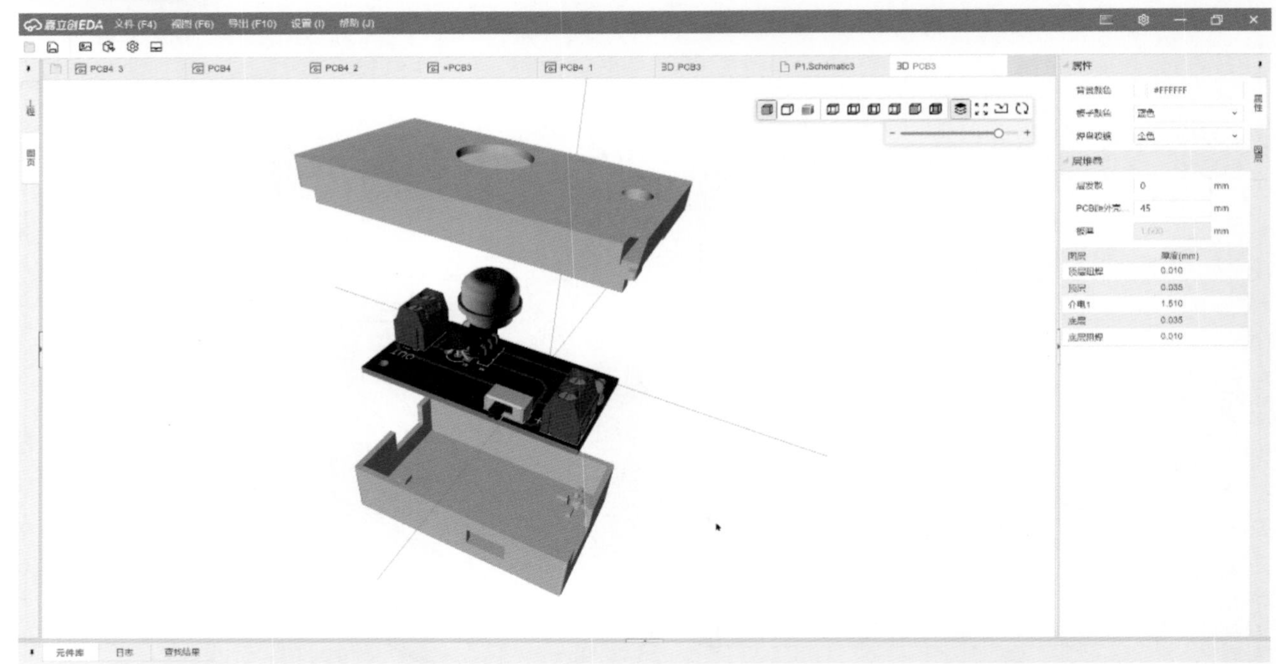

图 5-22　嘉立创 EDA（专业版）软件绘制的三维模型效果

图 5-23　某产品外壳渲染效果

常见的三维模型设计软件有 Inventor、3ds Max、AutoCAD、Maya、Cinema 4D、中望 3D、浩辰 3D、CAXA 3D、CrownCAD 等，三维模型设计软件使用领域广泛，其中机械设计、汽车工业、航空航天、动漫游戏、产品设计等领域使用频繁。

随着科技水平的发展，国产三维模型设计软件发展迅猛，在航空航天、工程设计领域，三维模型设计水平已赶超国外。常见三维模型设计软件的操作界面如图 5-24 所示，三维模型设计软件工程预览如图 5-25 所示。

2. 安装 Inventor 软件

本书选择的三维模型设计软件有嘉立创 EDA（专业版）、Inventor、浩辰 3D。产品外壳设计没有特殊要求，可根据使用习惯和熟悉度选择三维模型设计软件。

Inventor 三维模型设计软件是机械设计、产品设计行业常用的建模软件，它拥有高精度建模、运动仿真和强大的模型渲染能力，操作流程比较典型。本书使用的软件版本为 Autodesk Inventor Professional 2020。

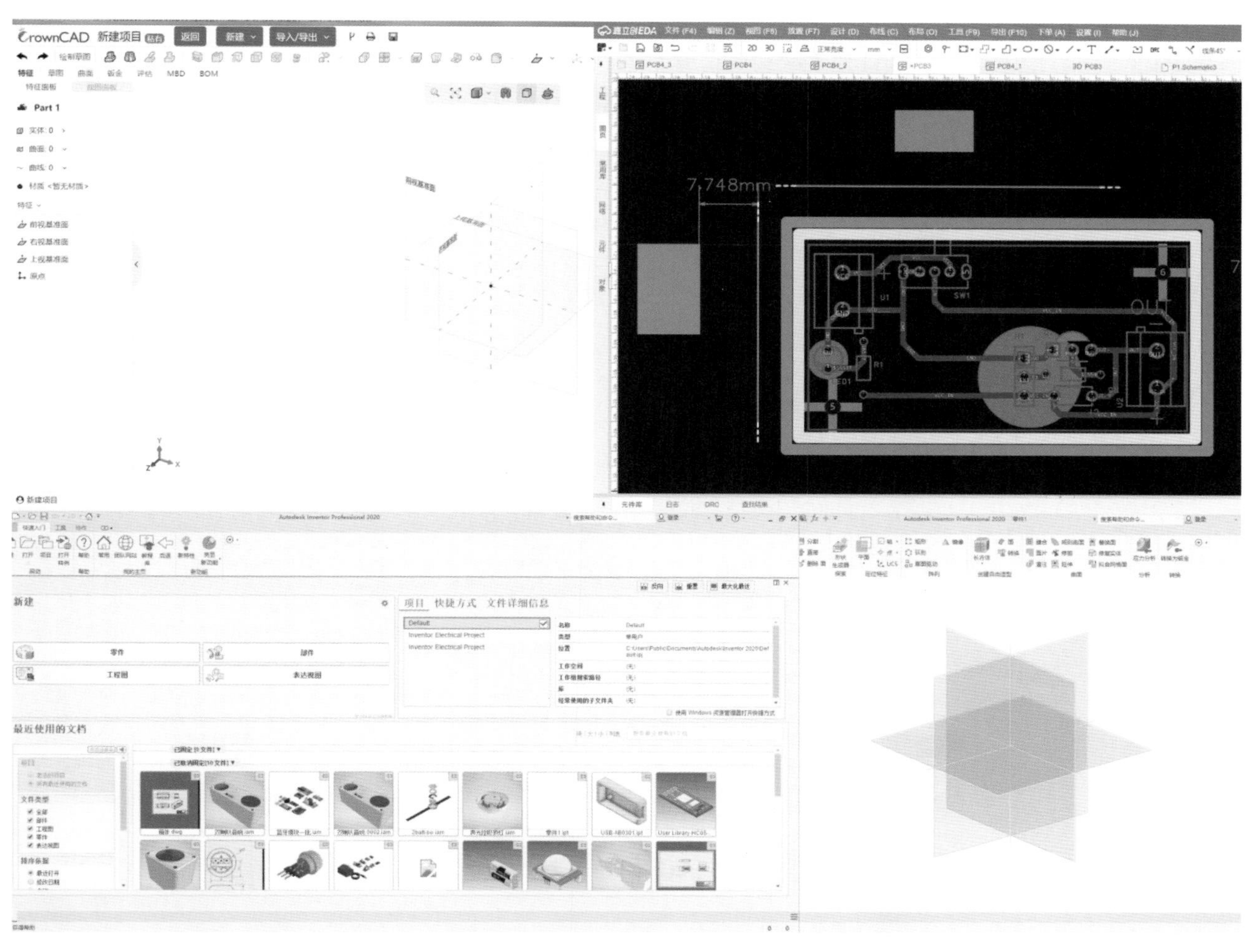

图 5-24　三维模型设计软件的操作界面

图 5-25　三维模型设计软件工程预览

Inventor 是由 Autodesk 公司开发的三维模型设计软件，这款软件拥有较强的仿真、渲染、

运动模拟功能，可以辅助设计师高效地完成产品设计、渲染。Inventor 软件支持多种文件格式，主要输出格式为 STEP、IPT、DWG 等。Inventor 软件图标和界面如图 5-26 所示。

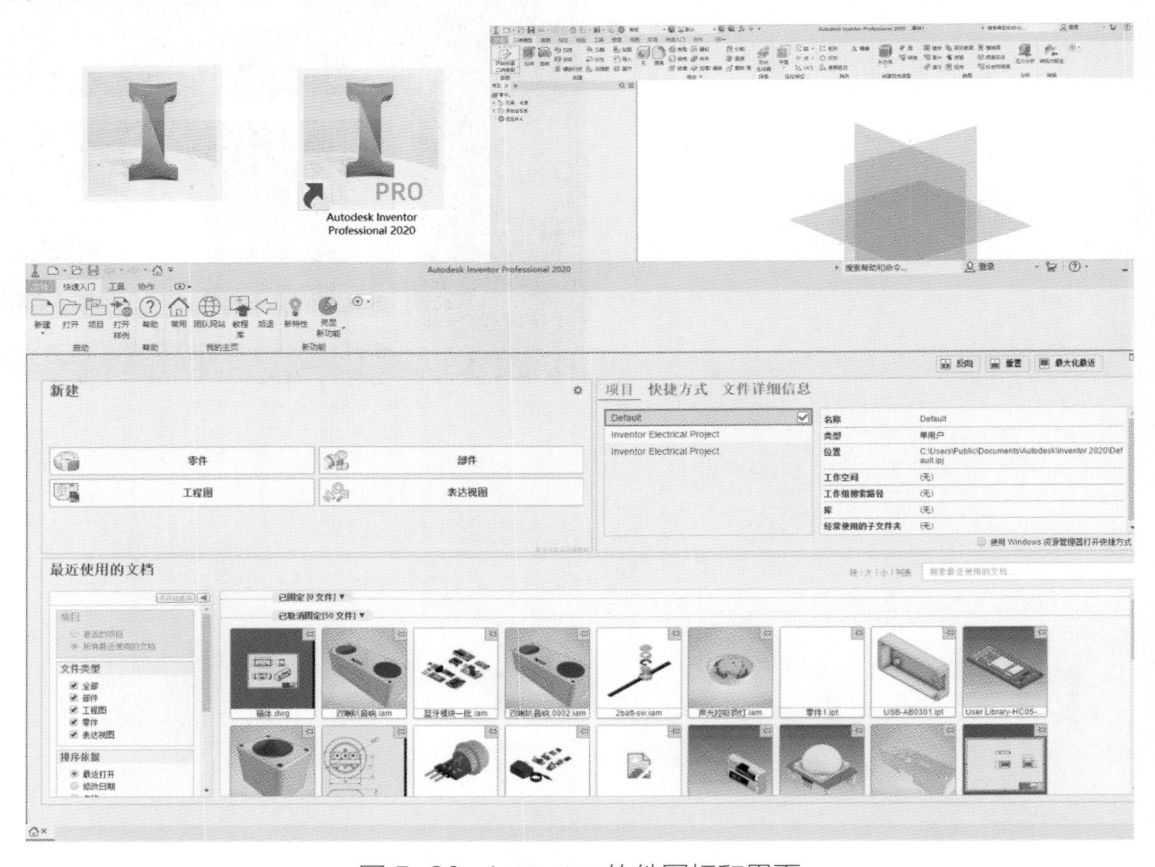

图 5-26　Inventor 软件图标和界面

Autodesk Inventor Professional 2020 版本软件的安装方法：使用浏览器搜索“Inventor 官网”→“Autodesk”网站→单击“下载免费试用版”→根据电脑的配置和系统选择对应的版本。Autodesk Inventor Professional 2020 软件的安装可以根据“Autodesk”网站提供的《安装与使用说明》逐步进行操作。Inventor 软件的下载如图 5-27 所示。

图 5-27　Inventor 软件的下载

3. 了解 Inventor 操作界面

软件安装完需要联网激活才能使用。按照使用说明安装并注册激活软件之后即可正常使用。使用过程中即使计算机网络中断，也不会影响绘制工程项目。双击“Autodesk Inventor Professional 2020”图标打开软件，软件操作界面如图 5-28 所示。

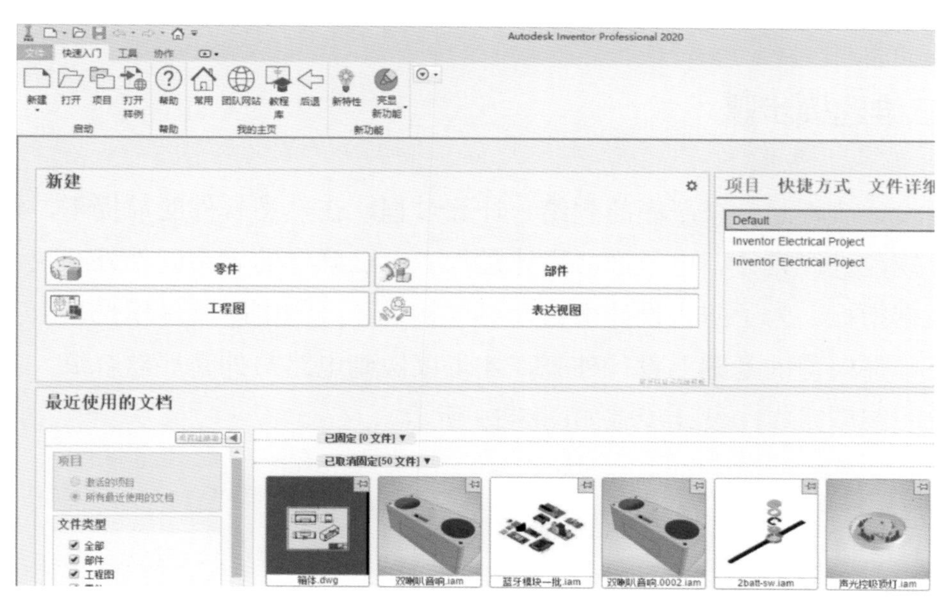

图 5-28　软件操作界面

客户端不仅会显示最近绘制的工程，还有“教程库”引导设计参考。使用软件建模前查看“教程库”中的典型设计案例，能够帮助我们快速了解这款软件。通过 Inventor 软件可以新建零件、部件、工程图、表达视图四种文件，分别用于单一零件建模、多零件组合、工程图纸绘制、装配视图或动画的设计与导出。

任务 4　三维模型设计软件使用

任务 3 介绍了 Inventor 软件的基本信息，本任务将对本项目的产品外壳进行建模。

任务分析

本任务通过绘制蓝牙音箱外壳，了解三维模型设计的基本步骤。

任务实施

1. 了解三维建模步骤：如何快速绘制产品外壳？
2. 了解 Inventor 软件建模流程：建模步骤有哪些，需要注意什么？
3. 导出与渲染模型：使用 Inventor 软件导出模型，在软件中对产品模型进行渲染。

1. 了解三维建模步骤

三维模型设计流程是一个严谨的测绘、计算过程，在熟悉软件的前提下，根据产品的设计流程、设计规范进行设计。电子产品设计过程中，已确定的电路硬件外观尺寸参数是三维设计的重要数据指标。为了防止设计出错，可以将设计好的电路硬件模型导入三维模型设计软件，在电路硬件模型的基础上设计外壳，才可以做到电路与外壳严丝合缝。三维模型设计在软件中心绘图区域完成，设计步骤如图 5-29 所示。

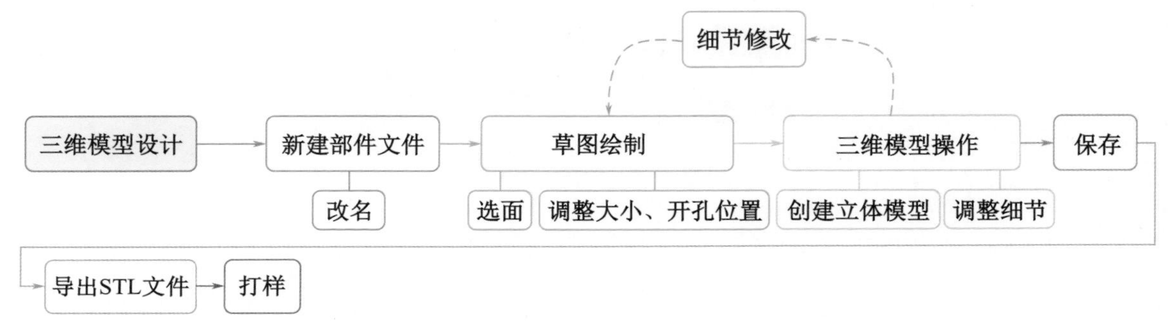

图 5-29　三维模型设计步骤

产品外壳模型设计过程中，需要根据 PCB 的尺寸、外观数据调整外壳内部的支撑、固定结构的尺寸，设计步骤如图 5-30 所示。

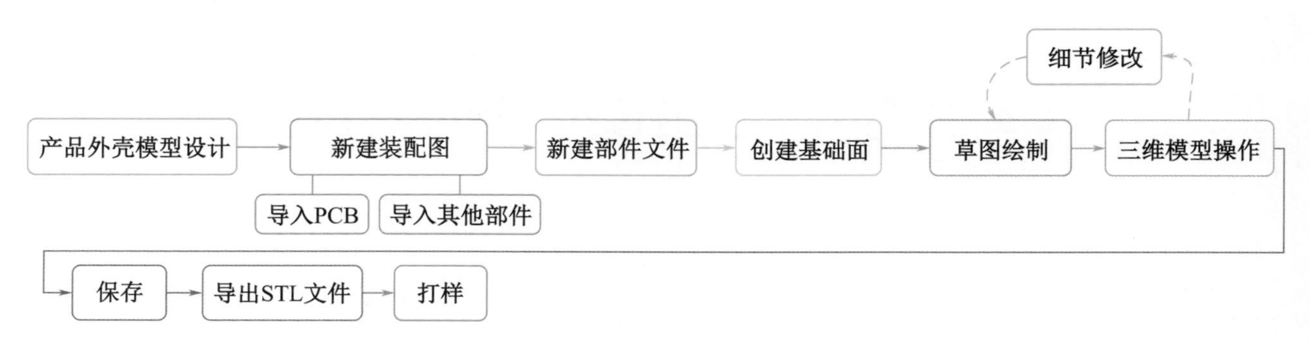

图 5-30　产品外壳模型设计步骤

2. 了解 Inventor 软件建模流程

按照图 5-31 所示的产品外壳模型设计步骤，操作如下。

（1）打开 Inventor 软件，新建部件，修改文件名（即为文件命名），选择保存路径，如图 5-31 所示。

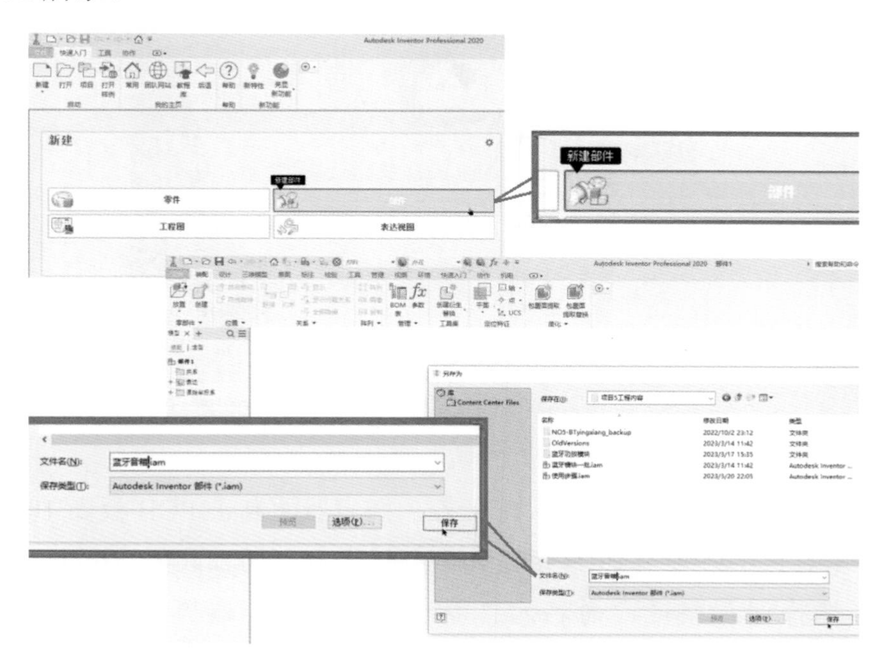

图 5-31 新建部件

外壳设计过程

（2）放置 PCB 模型、扬声器模型，在 Inventor 软件中进行数据测量，并调整它们的位置，设置 PCB 模型和扬声器模型方位对正、间距相同。导入 PCB 模型如图 5-32 所示。

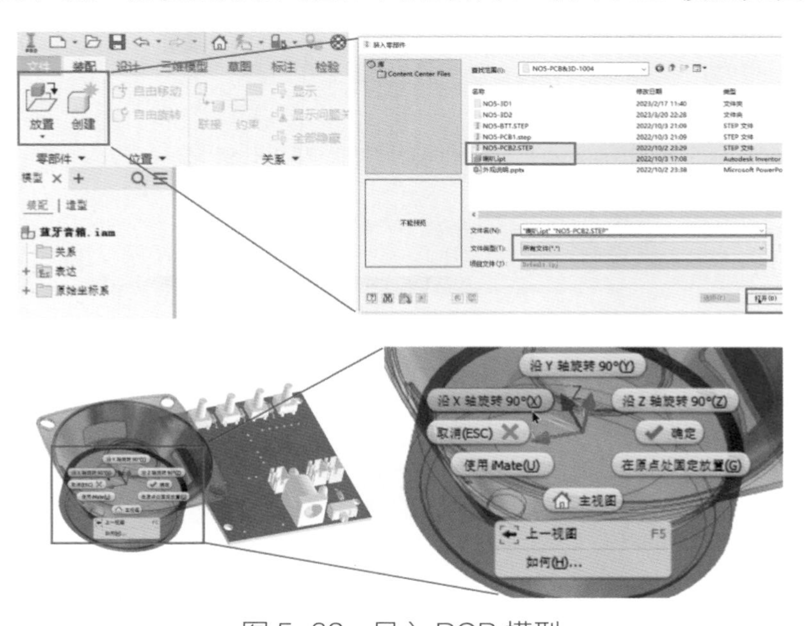

图 5-32 导入 PCB 模型

（3）导入 PCB 模型后，选中 PCB 模型，右击，在弹出的快捷菜单中选择“固定”选项，然后设置扬声器和 PCB 模型间的约束。约束设置如图 5-33 所示。

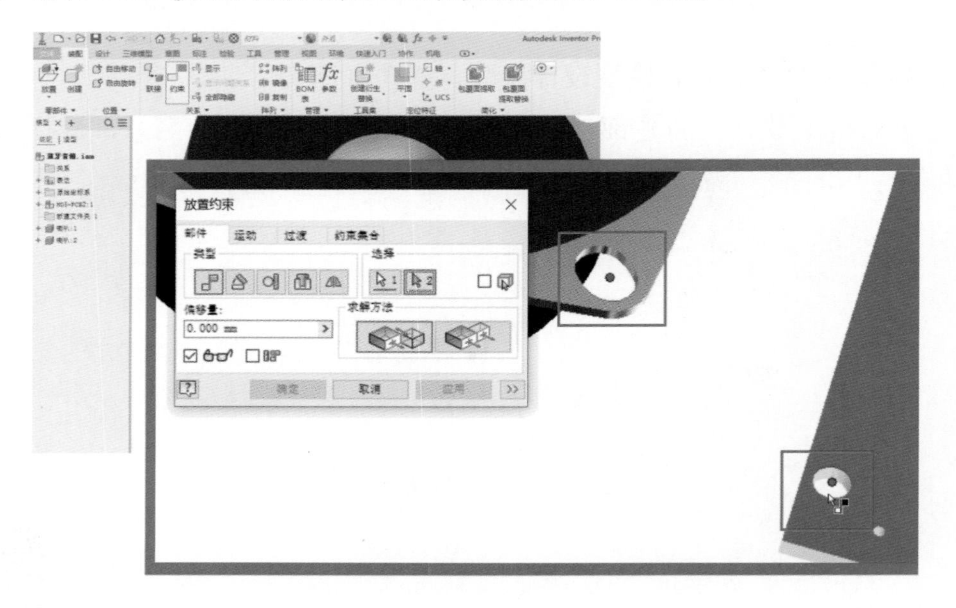

图 5-33　约束设置

① 约束 1：将扬声器模型平面和 PCB 板面保持平齐，扬声器面高于 PCB 板面 10mm。

② 约束 2：将扬声器螺钉孔中心轴与 PCB 螺钉孔中心轴平行，两轴间隔 20mm。

（4）创建新零部件，选择保存路径，命名为“盖子”。在扬声器模型顶面选取基准面，创建草图绘图区域，使用草图工具绘制盖子外框，使用尺寸定义对外框进行设置。创建草图过程如图 5-34 所示，草图绘制过程如图 5-35 所示。

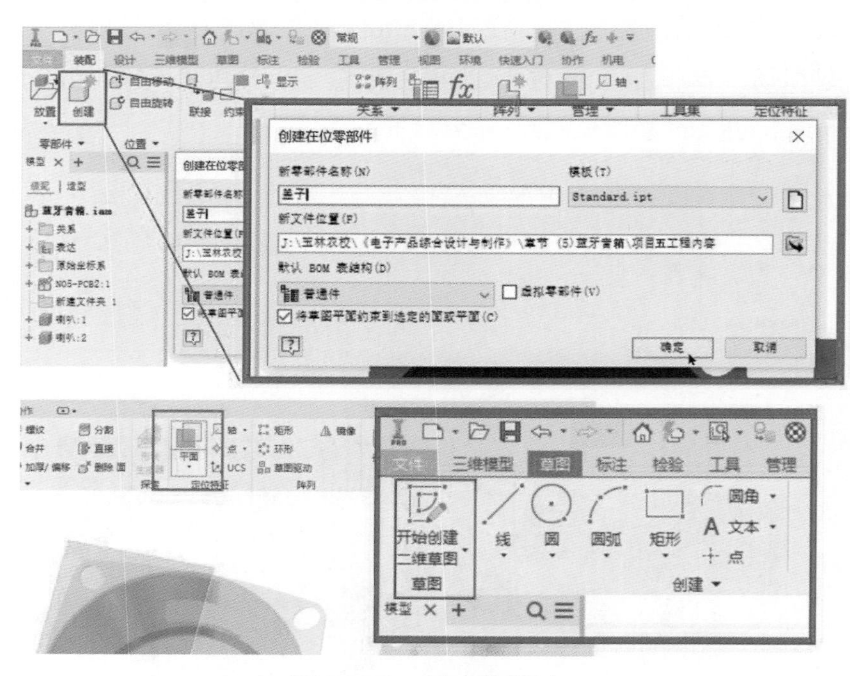

图 5-34　创建草图过程

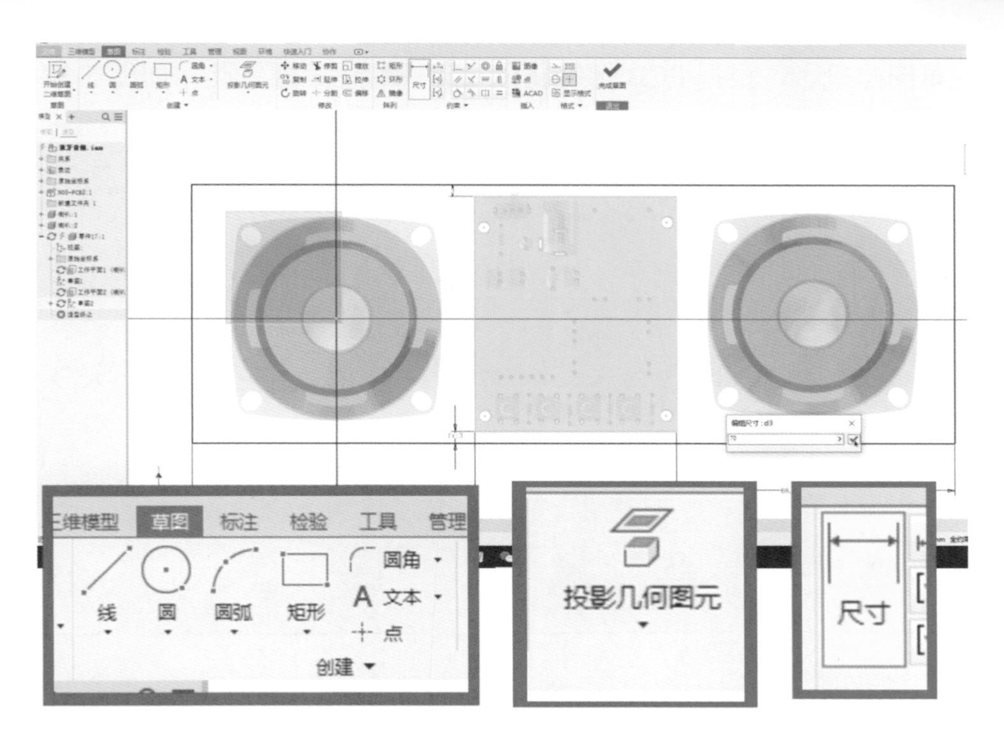

图 5-35　草图绘制过程

（5）单击“完成草图”按钮后使用拉伸、偏移、放样等工具使草图变为实体。实体调整如图 5-36 所示。

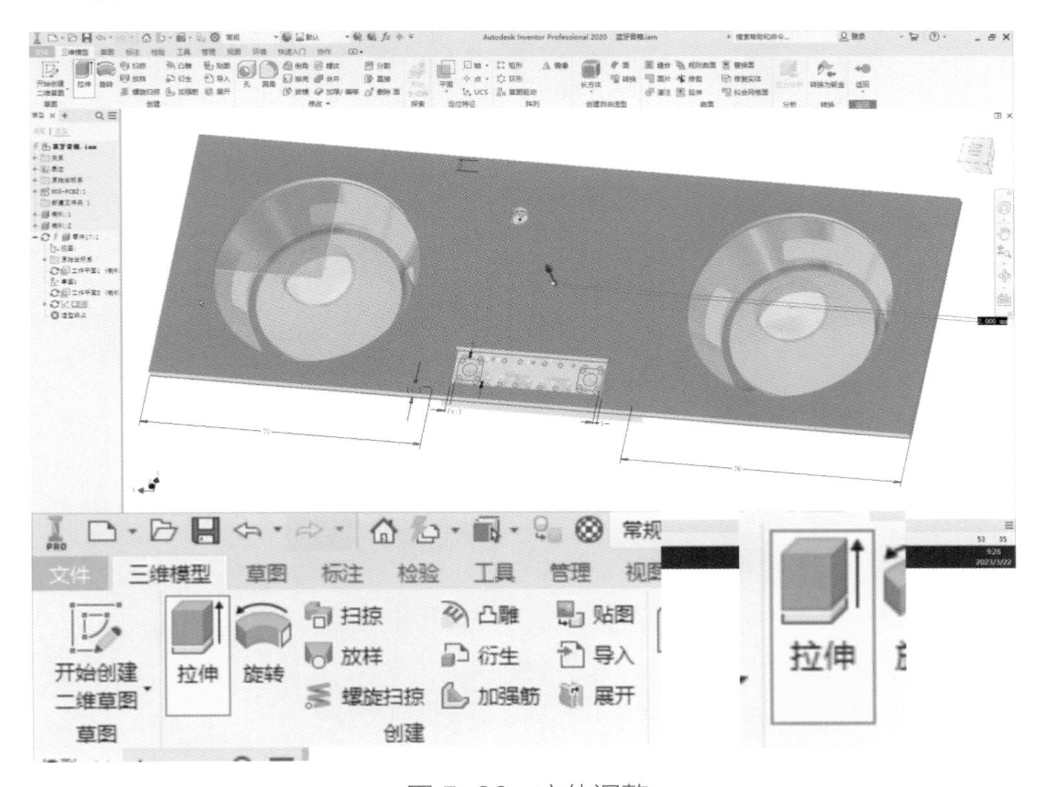

图 5-36　实体调整

（6）新建草图与投影，根据 PCB 螺钉孔位设计螺钉柱、螺钉孔，如图 5-37 所示。

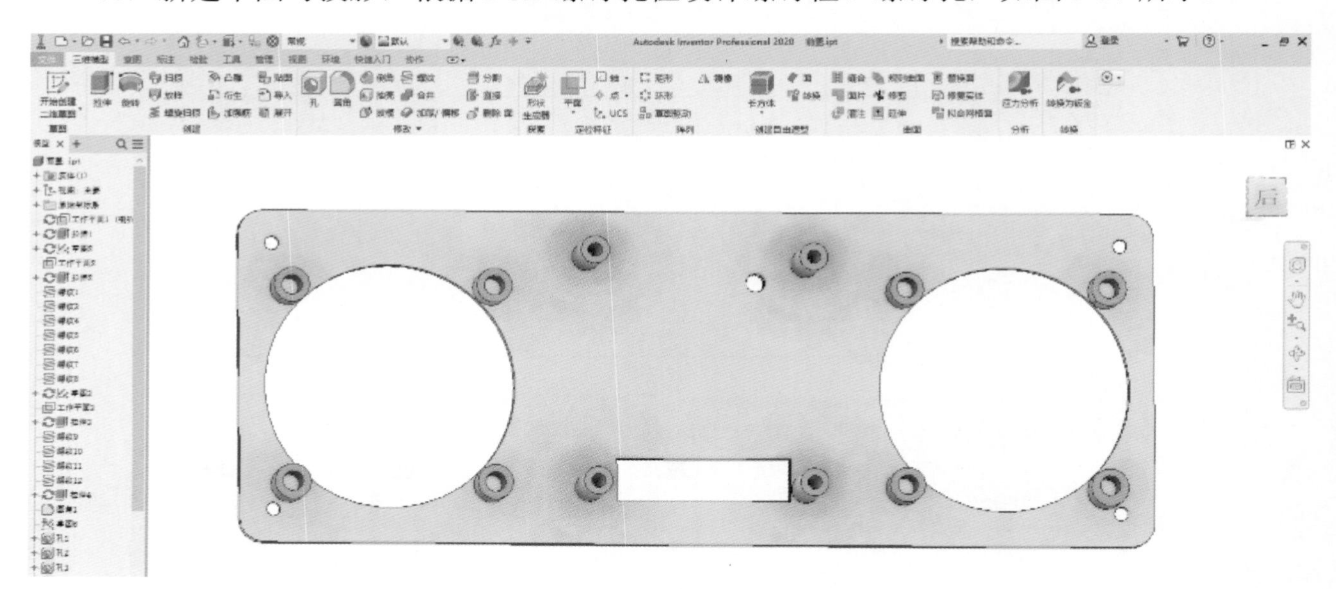

图 5-37　设计螺钉柱、螺钉孔

（7）重复以上步骤，完成箱体、电池盖的制作，箱体如图 5-38 所示，电池盖如图 5-39 所示。

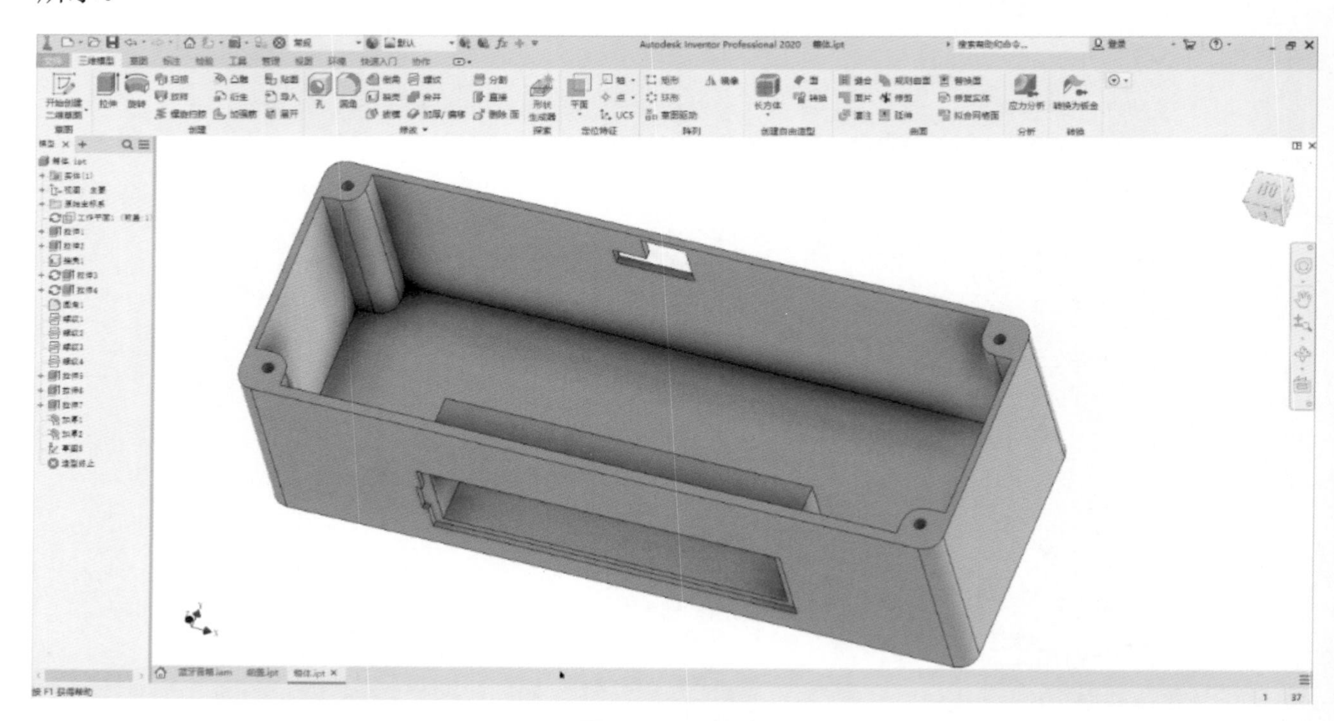

图 5-38　箱体

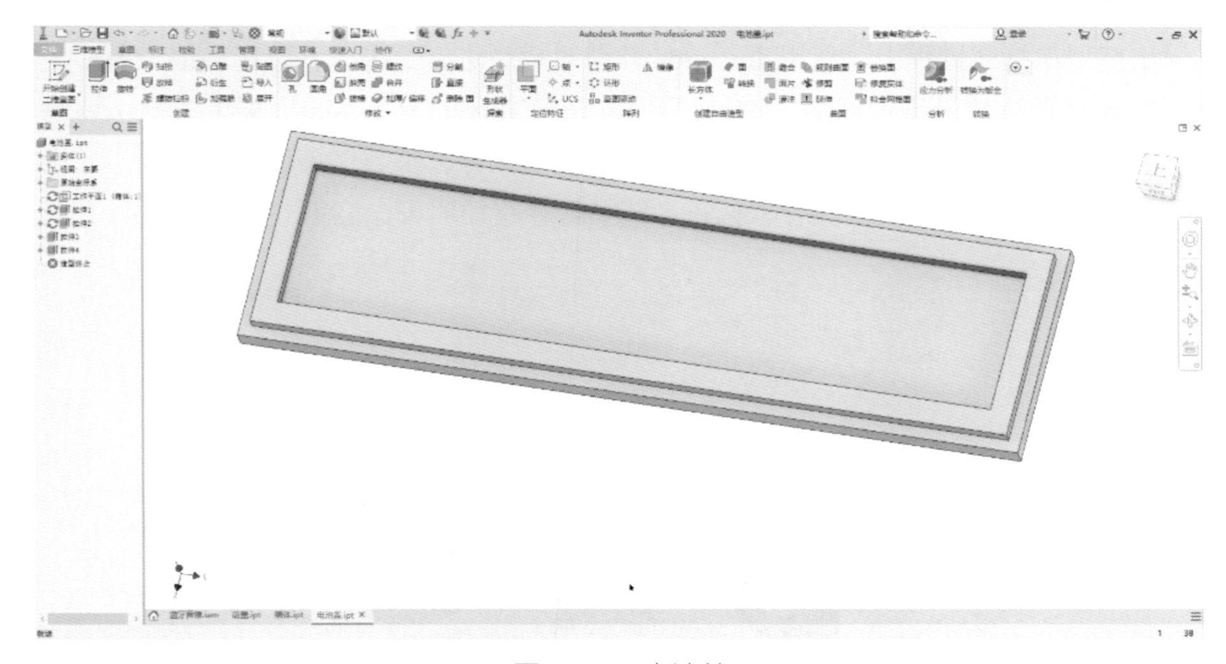

图 5-39　电池盖

3. 导出与渲染模型

使用 Inventor 软件设计模型后，通过“文件”→“导出”→“CAD 格式”菜单命令，把模型导出为 STL 格式，格式转换时，在“STL 文件另存为选项”对话框中，设置转换单位为“毫米”，单击“确认”按钮。导出后使用 Inventor 软件打开导出的 STL 格式文件，并进行测量，确认测量结果的单位与导出单位一致且数值相同，才能使用这个 STL 文件打样、生产外壳样品。导出步骤如图 5-40 所示。

图 5-40　导出步骤

导出模型在打样过程中，使用 Inventor 软件对模型进行渲染，获取产品渲染图后，可以对产品的最终设计效果进行评估。通过“环境”→“Inventor Studio”菜单命令，调整模型角度，通过“渲染”→“渲染图像”命令，调整输出图像大小、渲染迭代的次数，并进行渲染，完成渲染迭代后，单击“保存”按钮，选择保存路径即可。渲染界面如图 5-41 所示。

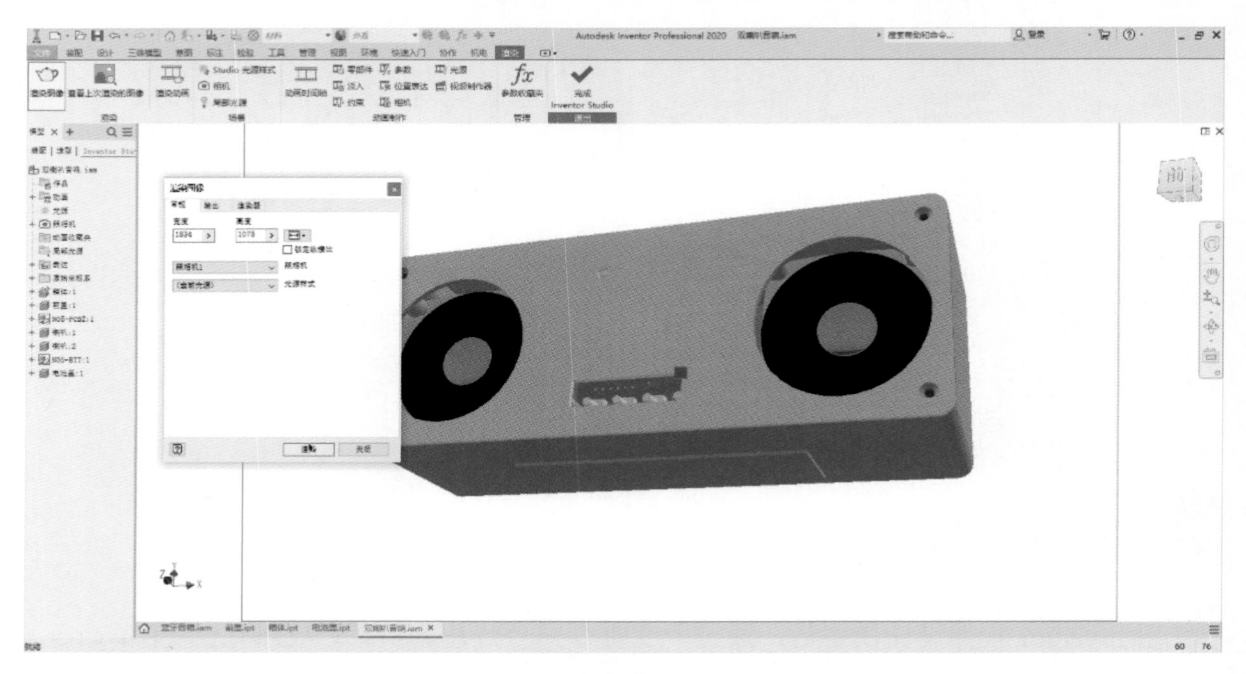

图 5-41 渲染界面

导出后使用 Inventor 软件打开导出的 STL 格式文件，并进行测量，确认测量结果的单位与导出单位一致且数值相同，才能用这个 STL 文件打样、生产外壳样品。STL 文件测量如图 5-42 所示。

图 5-42 STL 文件测量

任务5 产品化设计预览

本项目介绍了电子产品设计流程中的设计构思、方案拟定、电路原理图设计、PCB 设计、3D 外壳设计。设计流程中，主要使用了两种软件。企业设计产品的流程更复杂、更规范，需要通过大量练习，才能熟练使用工程设计软件。

任务分析

目前通过对产品进行探究，完成了设计分析，初步拟定了能够实现功能的电路方案；通过嘉立创 EDA（专业版）软件查找、导出电子元器件的数据手册，对其进行分析，选择合适的电子元器件；设计电路，放置电子元器件，绘制电子元器件、电子模块符号和封装；设计 PCB，导出 PCB 模型，PCB 打样；设计产品 3D 外壳，渲染产品模型，验证产品构想。本任务将对电子产品设计的整体流程进行回顾与预览。

任务实施

1. 设计分析，查找与选择电子元器件。
2. 设计电路、PCB。
3. 设计产品 3D 外壳：预览产品 3D 外壳制作结果。
4. 制作电路和组装调试产品：预览产品制作结果。

产品设计初期的设计构思很难完全解决所有需求，产品设计过程也是发现问题与调整产品性能指标的过程，需要对电路设计、外壳模型设计进行迭代。设计过程中需要为产品后期调整、产品迭代预留空间。产品调整空间称为产品设计余量。

1. 设计分析，查找与选择电子元器件

（1）设计分析。

① 客户需求：设计一款操作简单、能够通过蓝牙连接手机的音箱。

② 设计思路：先用符合要求的蓝牙模块实现主要功能，使用功放模块实现声音播放，

使用电池充放电模块实现电池充放电。产品电路结构图如图 5-43 所示。

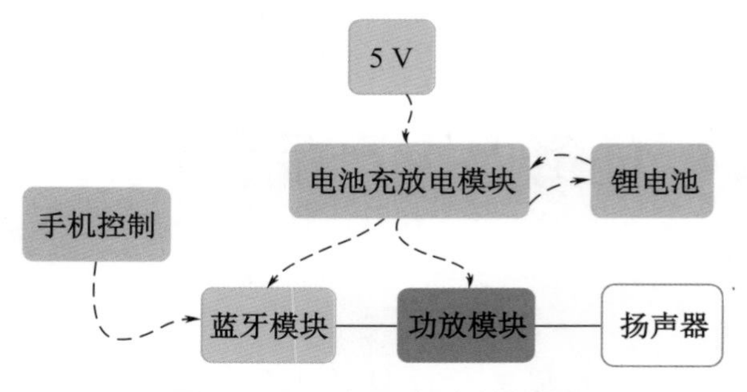

图 5-43　产品电路结构图

（2）查找与选择电子元器件。

电子模块选择结果如图 5-44 所示。

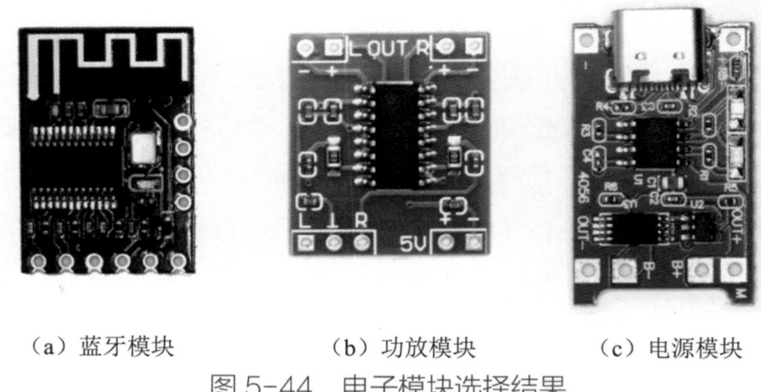

（a）蓝牙模块　　（b）功放模块　　（c）电源模块

图 5-44　电子模块选择结果

2. 设计电路、PCB

根据选择的电子元器件设计电路，完成后，将绘制的电路图分区，方便检查、修改，如图 5-45 所示。

为了节省成本、降低装配难度，将本项目产品的电路硬件中的电源模块（即电池充放电模块）设计到 PCB 中。电路图修改方法：将电源模块电路设计出来，除了元器件位号，复制到原有设计图纸中，电源模块电路设计方法与产品电路设计流程相同，围绕电源电路指标进行设计即可。改进后的电路图如图 5-46 所示。

根据图 5-45 所示的电路图绘制 PCB，电子元器件布局须根据电路图的分区情况排布，同时兼顾产品外壳设计的特殊要求。绘制的 PCB 如图 5-47 所示。

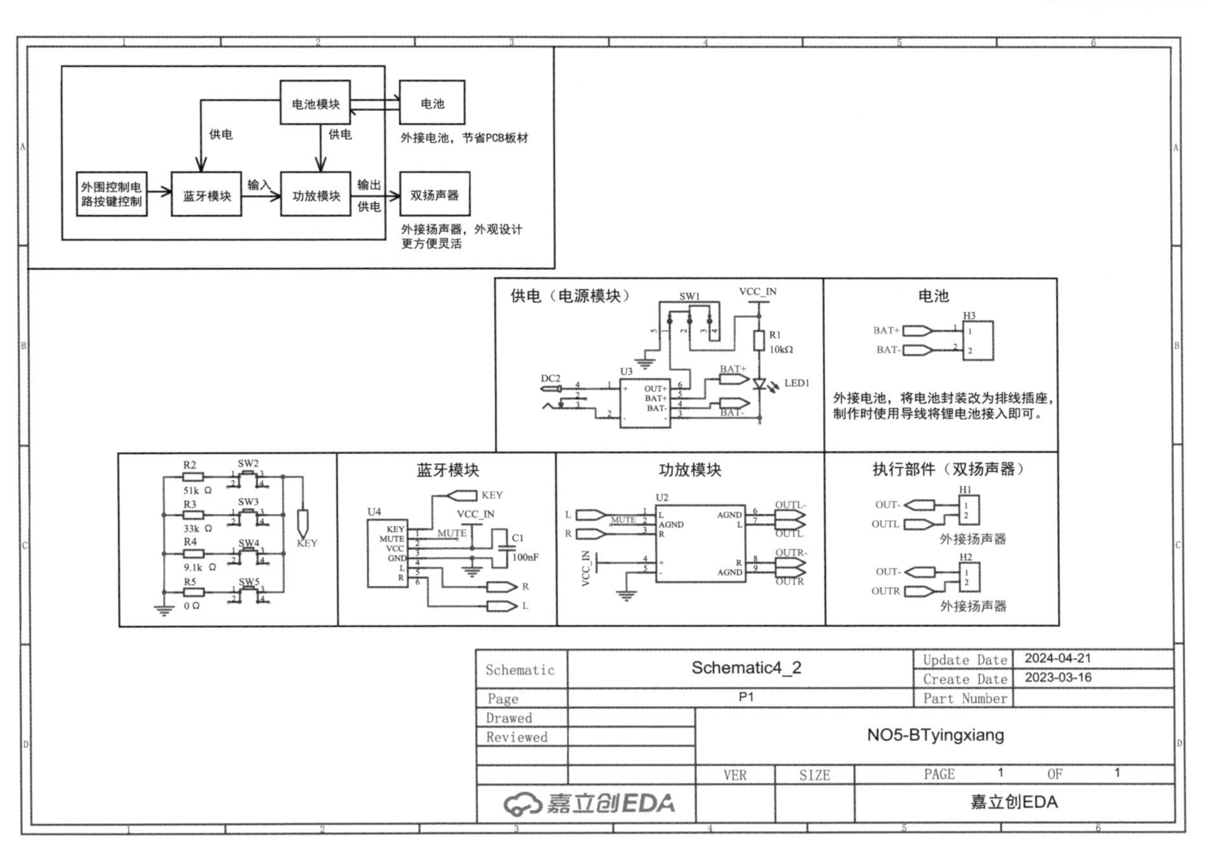

图 5-45　电路图

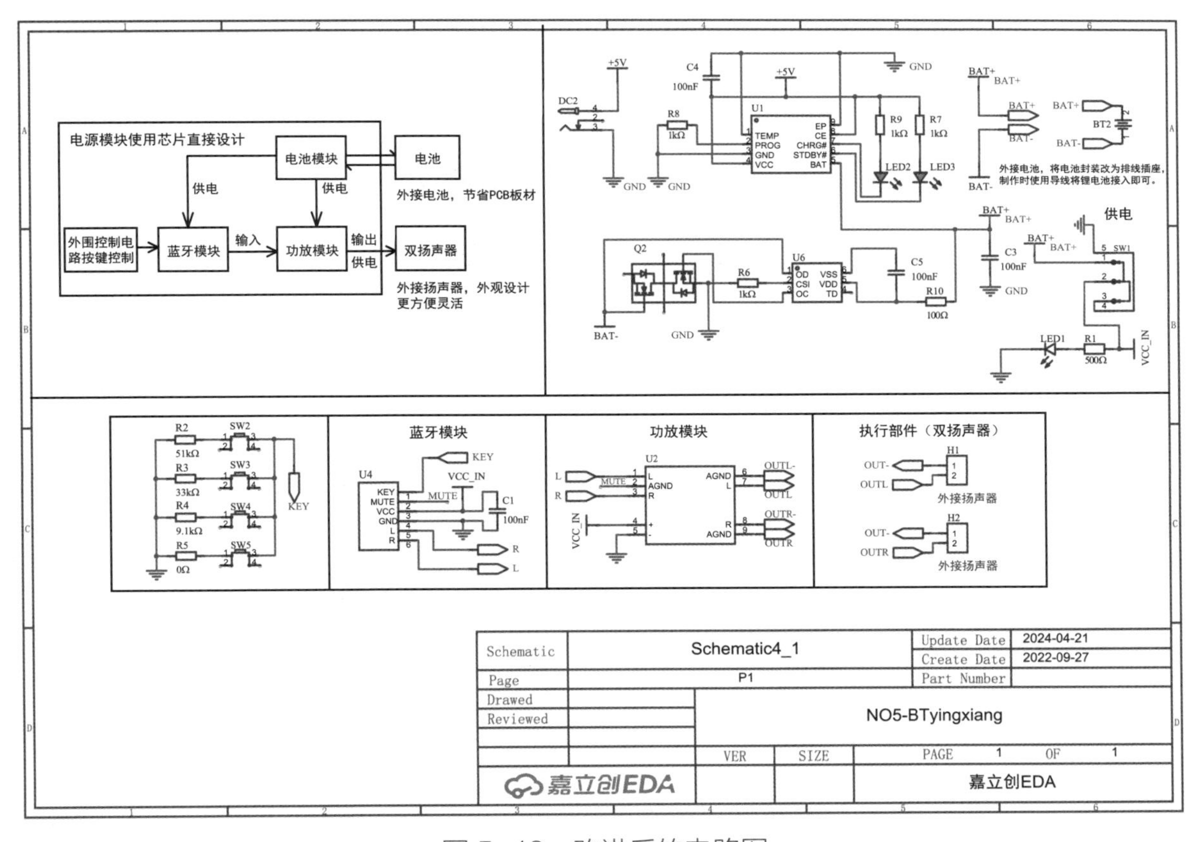

图 5-46　改进后的电路图

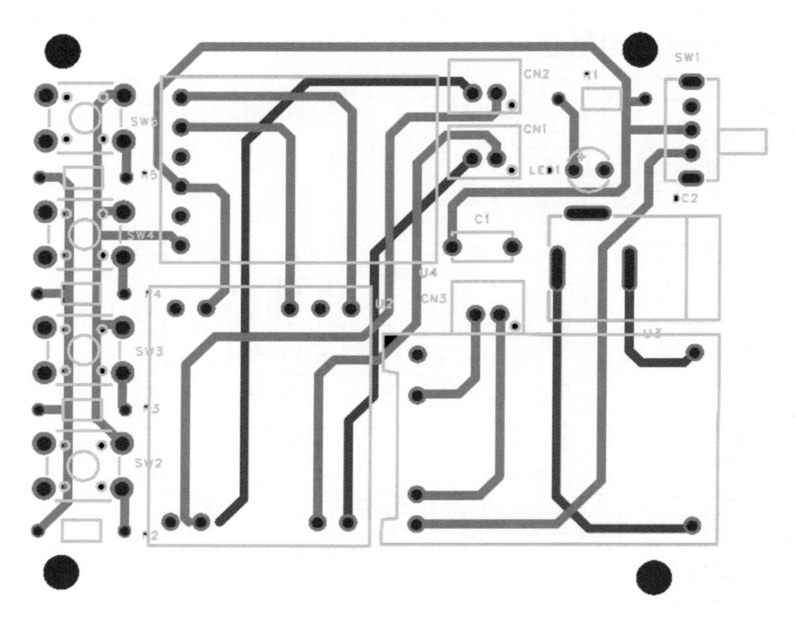

图 5-47　绘制的 PCB

3. 设计产品 3D 外壳

产品 3D 外壳受内部电路硬件形状、电子元器件排布位置影响，本项目产品 3D 外壳设计结果如图 5-48 所示。

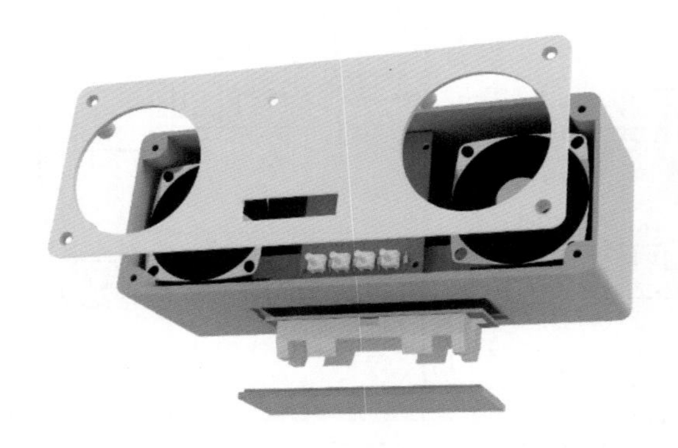

图 5-48　本项目产品 3D 外壳设计结果

4. 制作电路和组装调试产品

1）PCB 焊接准备

（1）工具准备。

制作电路使用的工具有：电烙铁、烙铁架、镊子、万用表、剪线钳/扁口钳、吸锡器（焊错元器件，需要拆除元器件时使用吸锡器）、数字控制电源/电池、示波器。

（2）耗材准备。

制作电路使用的耗材有：焊锡、松香、电子元器件、电子模块、PCB、PCB 清洗剂（选用）。

（3）制作电路的过程。

① 规划桌面，用于放置工具、耗材，并预留中间位置作为电路焊接工作区。

② 工具摆放整齐，常用工具（电烙铁、烙铁架、镊子、万用表、剪线钳/扁口钳）放置在桌面右侧，不常用的工具、仪表（吸锡器、数字控制电源/电池、示波器）放置在桌面左侧。

③ 制作电路前预热电烙铁，准备焊锡，准备电路图和 BOM 表。

④ 根据电路图和 BOM 表，对照 PCB 上的电子元器件位号，按位号焊接电子元器件。

⑤ 电路制作焊接顺序：从小的、矮的电子元器件开始焊接，到大的、高的电子元器件，最后焊接电子模块。电路制作效果如图 5-49 所示。

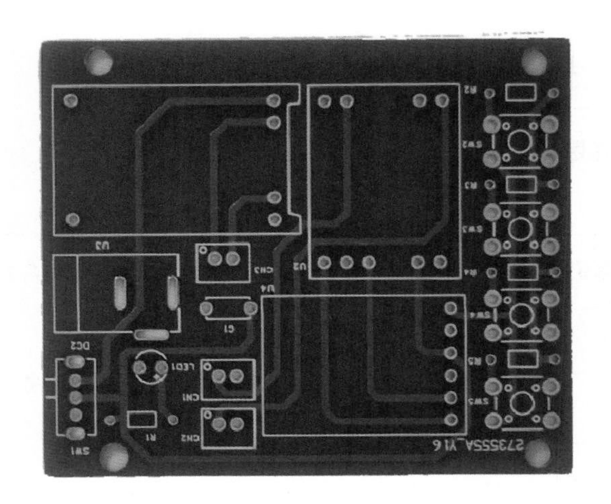

图 5-49　电路制作效果

2）产品组装调试

（1）调试过程与调试记录。

电路制作完成后，先测量电源正极与电源接地端之间是否存在短路，检查功率器件安装是否正确，排查有方向性的电子元器件和电子模块的安装方向是否正确。确认安装无误，焊接点良好后，可根据设计时的电源参数调整数字控制电源供电测试。使用数字控制电源测试功能正常，可以安装电池，准备组装产品。

（2）产品组装。

使用产品 3D 外壳模型的 STL 文件，提交打样后获取 3D 打样模型，用于组装调试产品。组装调试产品时注意外接线路的电源线、地线不能接反，按照设计构想的步骤进行产品组装，组装完成后进行功能调试。产品组装效果如图 5-50 所示。

图 5-50　产品组装效果

四、项目评价与总结

本项目共由 5 个任务构成，从电路设计、绘制的角度探究设计电子产品的基本要素。回顾项目流程图（见图 5-51）进行总结，记录任务完成过程中的体会，见表 5-6。

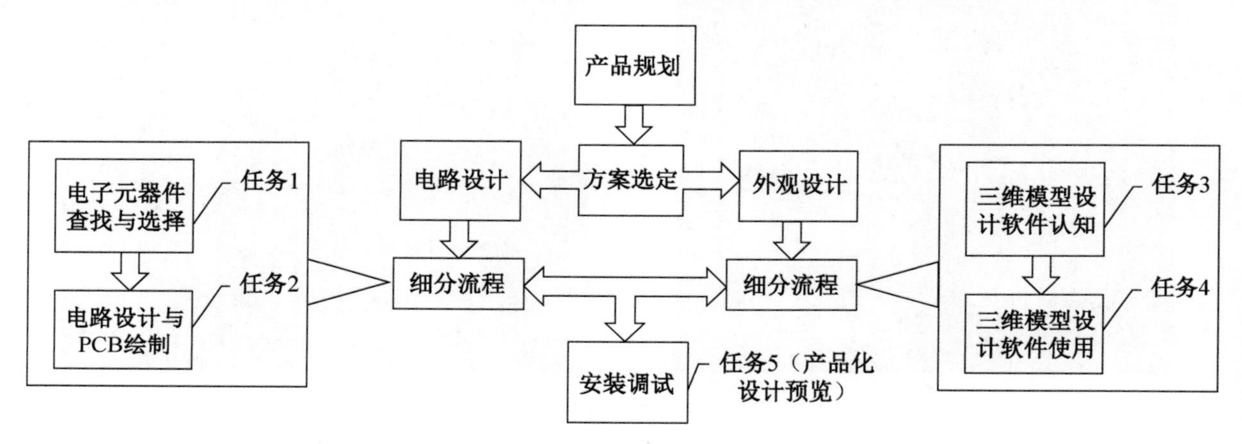

图 5-51　项目流程图

表 5-6　体会

序号	任务名	任务说明	体会
任务 1	电子元器件查找与选择	介绍电子模块的基本信息，了解它们的特性和外观特点，学会查找电子元器件的参数与资料	
任务 2	电路设计与 PCB 绘制	绘制电子元器件符号，添加自制封装，完成 PCB 布局与布线	
任务 3	三维模型设计软件认知	三维模型设计软件——Inventor 认知	
任务 4	三维模型设计软件使用	Inventor 软件的基本使用方法，PCB 导入	
任务 5	产品化设计预览	回顾与预览项目设计与制作的整体过程	

任务 1 使用了项目一的资料查找方法。任务 2 进行了电路设计与 PCB 绘制。任务 3、任务 4 介绍了 Autodesk Inventor Professional 2020 软件的使用。任务 5 展示了蓝牙音箱产品的设计与制作过程。

完成项目的学习，请对完成情况进行评价，项目评价表见表5-7。

表5-7　项目评价表

<table>
<tr><td colspan="6">班级：　　组别：　　姓名：　　日期：</td></tr>
<tr><td colspan="2">评价指标</td><td>评定等级</td><td>自评</td><td>组评</td><td>教师评价</td></tr>
<tr><td rowspan="9">道德品质</td><td rowspan="3">尊敬师长，团结同学，待人诚恳，严于律己，遵纪守法</td><td>A</td><td></td><td></td><td></td></tr>
<tr><td>B</td><td></td><td></td><td></td></tr>
<tr><td>C</td><td></td><td></td><td></td></tr>
<tr><td rowspan="3">热爱祖国，热爱集体，社会责任感强，自觉维护集体利益</td><td>A</td><td></td><td></td><td></td></tr>
<tr><td>B</td><td></td><td></td><td></td></tr>
<tr><td>C</td><td></td><td></td><td></td></tr>
<tr><td rowspan="3">热爱劳动，珍惜劳动成果，有安全意识和环保常识，珍视生命，保护环境</td><td>A</td><td></td><td></td><td></td></tr>
<tr><td>B</td><td></td><td></td><td></td></tr>
<tr><td>C</td><td></td><td></td><td></td></tr>
<tr><td rowspan="9">学习能力</td><td rowspan="3">学习目标明确，学习积极主动，学习方法合适，学习效率高</td><td>A</td><td></td><td></td><td></td></tr>
<tr><td>B</td><td></td><td></td><td></td></tr>
<tr><td>C</td><td></td><td></td><td></td></tr>
<tr><td rowspan="3">学习有计划、有总结、有反思，善于听取他人意见</td><td>A</td><td></td><td></td><td></td></tr>
<tr><td>B</td><td></td><td></td><td></td></tr>
<tr><td>C</td><td></td><td></td><td></td></tr>
<tr><td rowspan="3">能够独立思考、提出问题、分析问题、解决问题</td><td>A</td><td></td><td></td><td></td></tr>
<tr><td>B</td><td></td><td></td><td></td></tr>
<tr><td>C</td><td></td><td></td><td></td></tr>
<tr><td rowspan="6">交流与合作</td><td rowspan="3">具有团队精神，与他人团结协作共同完成任务</td><td>A</td><td></td><td></td><td></td></tr>
<tr><td>B</td><td></td><td></td><td></td></tr>
<tr><td>C</td><td></td><td></td><td></td></tr>
<tr><td rowspan="3">能约束自己的行为，能与他人交流与分享，尊重和理解他人</td><td>A</td><td></td><td></td><td></td></tr>
<tr><td>B</td><td></td><td></td><td></td></tr>
<tr><td>C</td><td></td><td></td><td></td></tr>
</table>

五、项目拓展习题

1. 填空题

（1）功放模块具有__________作用。

（2）电子模块基本引脚包括________和________。

2. 简答题

（1）三维模型设计软件的作用是什么？

（2）常见的三维模型设计软件有哪些？

3. 产品设计拓展

使用本项目中的电路设计方案，设计一款便携蓝牙音箱。要求：注意锂电池的使用安全。

项 目 六

触摸台灯的设计与制作

一、项目描述与目标

1. 项目介绍

项目五通过 5 个任务展示了电子产品电路硬件设计、3D 外壳设计的流程，着重介绍了设计产品电路过程中如何使用三维模型设计软件绘制产品 3D 外壳，预览了电子产品从构思到打样、从硬件制作到产品组装调试的过程。

项目六通过“触摸台灯的设计与制作”，对电子产品综合设计与制作流程中的产品 3D 外壳制作与调整进行讲解，通过 3D 打印机或专业平台打样产品模型，使用打样出的产品模型与制作好的印制电路板进行组装调试。

2. 项目来源

蓝牙音箱使用了电子模块设计电路，以满足设计要求。本项目将通过电子模块设计原理寻找电路设计的方法，总结电子产品设计过程的规范步骤，形成产品设计迭代的习惯。

场景设想：某公司筹备山区小学慰问活动，前期调研发现部分学生家庭夜间光照不足，晚上没办法阅读书籍。该公司计划定制一批礼物，用于改善学生夜间阅读书籍的光照环境，产品暂定

思政小课堂

乡村振兴

习近平总书记强调要把巩固脱贫攻坚成果和乡村振兴衔接好，使农村生活奔向现代化，越走越有奔头。

推动乡村全面振兴，关键靠人，靠技术，靠创新。学习科学、技术，要树立明确的目标方向，新征程上，让我们以习近平新时代中国特色社会主义思想为指导，全面学习贯彻落实党的二十大精神，采取更有力的举措，汇聚更强大的力量，全面推进乡村振兴。

为台灯。

要求：操作简单，充电方便。慰问活动期间正好是夏季，该公司希望这个产品具备拓展功能，如风扇功能。

3. 项目的现实价值

客户的设计要求为操作简单的台灯，且具备拓展功能。为了满足客户需求，计划开发一款新的触摸台灯，该电子产品具有触摸操作功能和拓展接口，可以外接灯头或小风扇，且方便小学生使用。

本项目将以触摸台灯为设计目标，以电路设计、3D 外壳设计为重点，介绍三维模型设计软件的绘图流程，并演示触摸台灯的电路设计流程。触摸台灯实物如图 6-1 所示。

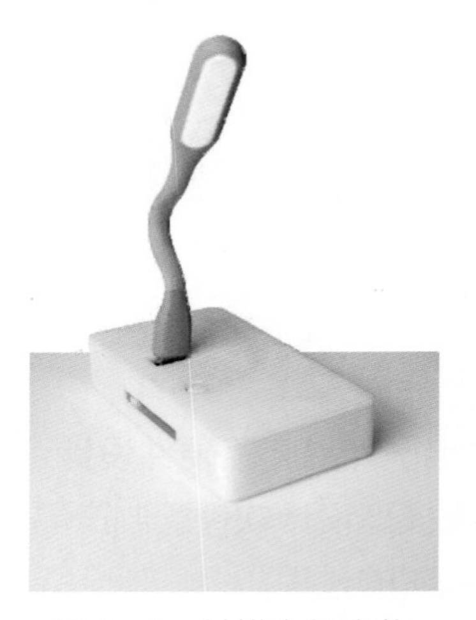

图 6-1　触摸台灯实物

产品动画：触摸台灯

电路设计图纸

4. 项目实施目标

（1）知识目标：了解三维模型设计流程。

（2）技能目标：使用三维模型设计软件设计产品 3D 外壳，学会三维模型打样。

（3）职业素养：设计规范、标准。

二、项目分析与路径

1. 项目分析

触摸台灯是一种常见的电子产品，市场上的触摸台灯外观差异较大，但功能相似，特色不够明显。本项目将设计一款有特色的触摸台灯，在前面的项目中设计的小夜灯和手持小风扇都可以作为本项目的设计参考。控制方面，可以使用触摸控制或离线语音控制。本项目对触摸台灯的要求不高，考虑到成本问题，选择触摸控制。触摸台灯及其拓展的风扇功能如图 6-2 所示。

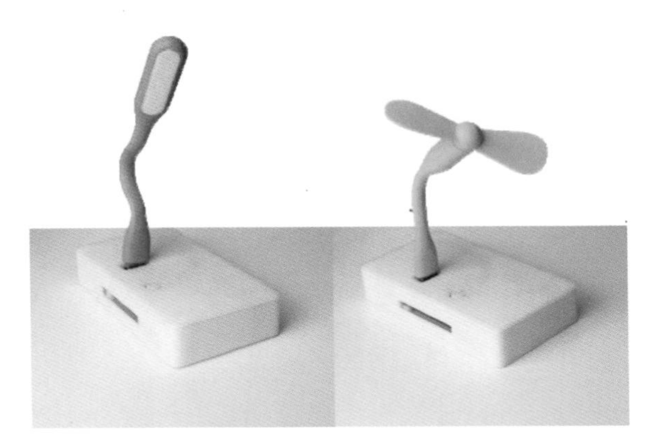

图 6-2　触摸台灯及其拓展的风扇功能

电路设计时，可以用数字电路构建触摸控制电路，也可以用模拟电路构建触摸控制电路，或者采用上一个项目的电路设计思路——使用电子模块构建电路。市面上常见的触摸台灯，商家早已经过多轮产品优化设计，因此，我们可以采用某款特定的控制芯片（IC），快速、优异地完成设计指标。

本项目将选择国产触摸控制芯片作为控制电路的核心电子元器件，结合电子模块和少量外围电子元器件即可完成电路设计。外观设计可采用盒子造型、卡通造型或创意几何体造型，外壳只需固定锂电池、PCB、灯头部件即可。

产品电路结构图如图 6-3 所示，根据设计需求和预选购的电子元器件选定产品规格，拟定电路设计方案，对电子产品的基本参数进行构思。

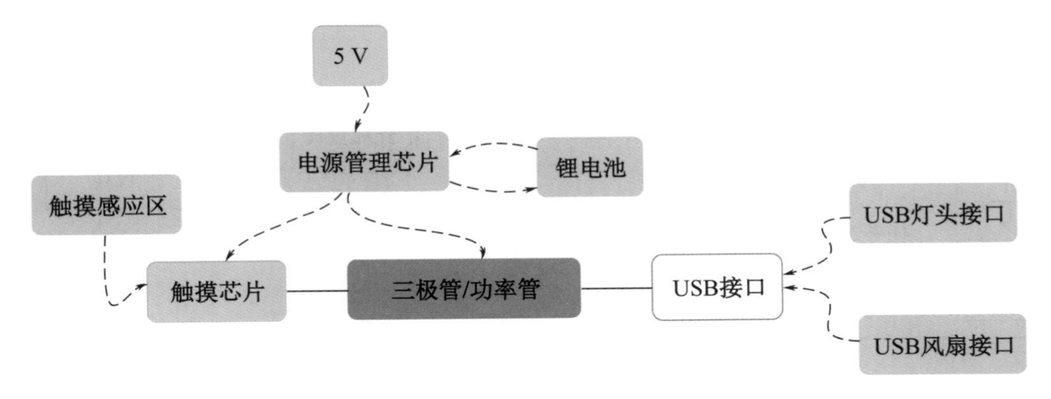

图 6-3　产品电路结构图

设计分析

产品作用：通过触摸按键控制台灯的灯光，有拓展接口用于外接小风扇。

设计思路：使用触摸控制芯片设计控制电路，统一拓展接口标准，可外接灯头或小风扇。

电路设计：采用 8022W 触摸控制芯片，三极管驱动，USB 接口外接灯头或小风扇。

外观设计：长方体形，有触摸按键、电源接口、USB 接口。

设计流程构思如图 6-4 所示。

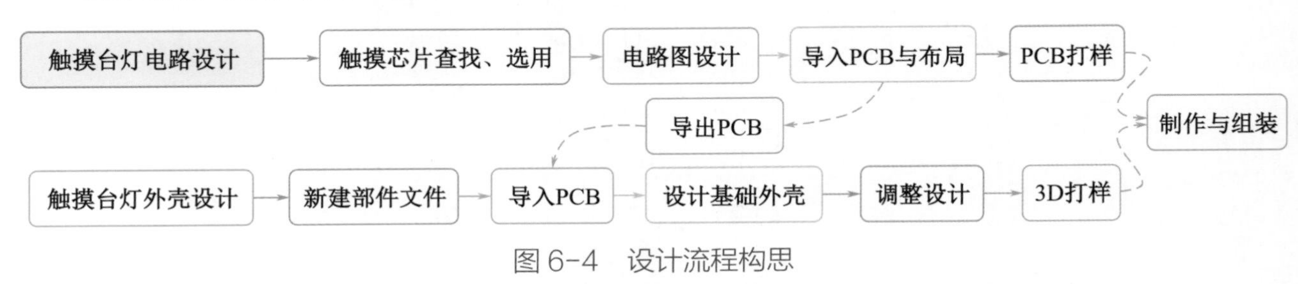

图 6-4　设计流程构思

2. 项目路径

本项目由 5 个任务构成，从电路设计和三维模型设计软件的角度来探究设计电子产品的基本要素。

任务 1、任务 2 查找和选择电子元器件，查看数据手册，通过计算调整电路设计，并绘制 PCB，任务 3 使用 Inventor 软件设计产品外壳，任务 4 了解三维模型的打样制作的过程，任务 5 回顾与预览产品设计与制作的整体过程。项目任务分布如图 6-5 所示。

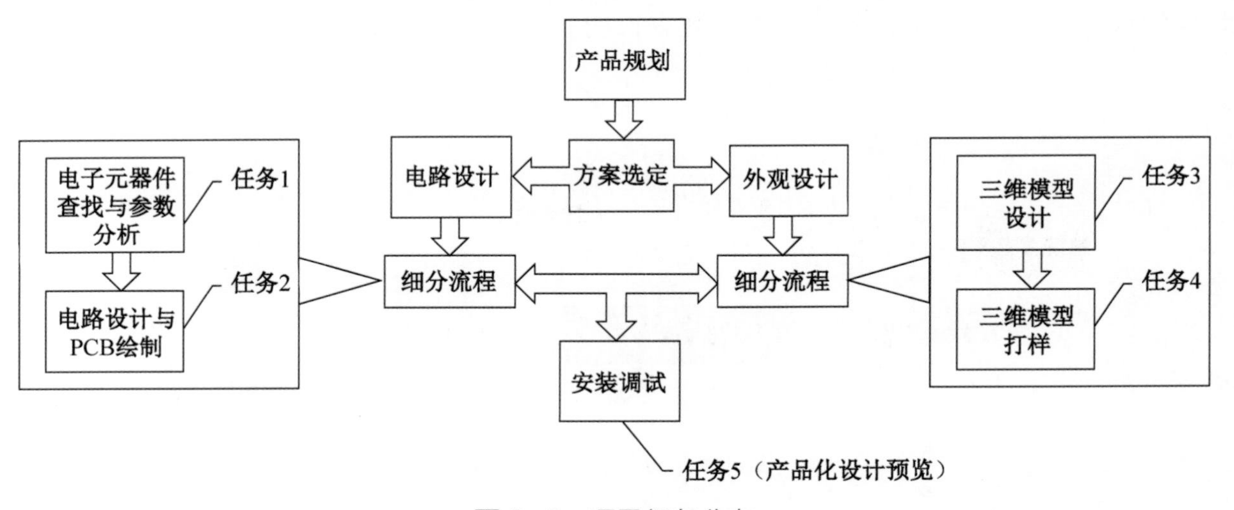

图 6-5　项目任务分布

三、项目准备与实施

1. 项目准备

通过实践了解电路设计与外壳设计的流程，任务分布见表 6-1。

表 6-1 任务分布

序号	任务名称	任务说明
任务 1	电子元器件查找与参数分析	查找芯片，获取数据手册，分析并计算电路所需参数
任务 2	电路设计与 PCB 绘制	学习绘制电子元器件符号，添加自己绘制的封装，完成 PCB 布局与布线
任务 3	三维模型设计	熟悉三维建模流程
任务 4	三维模型打样	使用 3D 打印机对模型进行打样
任务 5	产品化设计预览	回顾与预览项目设计与制作的整体过程

2. 项目实施

任务 1～任务 4 通过触摸台灯的设计与制作，了解三维模型设计及打样。任务 5 了解完成触摸台灯设计与制作所需的步骤，以及相应步骤操作会得到什么结果。

任务 1 电子元器件查找与参数分析

电路功能可依托电子模块实现，电子模块的性能决定了电路的性能。电子模块是规定了大小的特殊电路，为了使电子模块的适应能力更好，电子模块的电路指标一般比较均衡。设计电子产品的过程中，要对电路的主要参数指标进行优化，某些关键部件不宜使用电子模块时，可使用专用功能芯片构建电路解决。

任务分析

根据设计分析，本项目产品的电路设计可围绕触摸芯片进行。设计过程可以参考已有的电路设计方案，通过分析比较同类产品的电路设计方案、主控芯片的选用类型，并结合设计成本、性能要求、外形大小要求等，选择一款符合设计要求的芯片，然后根据这款芯片的数据手册进行设计。

任务实施

1. 选择核心芯片：查找芯片，比较芯片。
2. 分析芯片数据：查找典型应用电路，计算数据。
3. 选择电源方案：选择电源模块，确定供电电源方案。
4. 拟定物料清单：根据筛选的电子元器件拟定物料清单。

根据设计需求选择电子模块，其中产品需要具有芯片通信功能和可操控的按键，需要配置带开关控制的触摸芯片；产品离开电源还能使用，需要内置电池供电。

1. 选择核心芯片

使用芯片构建触摸电路，根据项目设计目标“触摸台灯的设计与制作”，提取关键要求“触摸”“台灯”，在浏览器中使用“触摸芯片”“触摸台灯芯片”“触摸 灯”等关键词检索网络获取信息，或在嘉立创EDA（专业版）软件的电路图绘制界面，使用元器件查找功能输入“触摸”“触摸 灯”等关键词进行查找。

注意：在浏览器中查找关键词后，浏览器会反馈回来很多搜索结果，其中包含了触摸控制芯片生产厂商/经销商发布的广告，广告中会出现“触摸芯片”“触摸控制芯片”“触摸调光芯片”等字样，可以根据搜索结果修改搜索关键词，使用不同的关键词搜索能获取更多的芯片数据用于比较。根据产品设计要求，选择几款符合要求的芯片进行分析比较即可。

选取热门型号芯片进行比较，触摸控制芯片比较见表6-2。

表6-2 触摸控制芯片比较

参数	型号				
	QK1201	TTP118-AO8	8022W	6021W	RH6616
封装类型	ESOP-8	SOP8	SOP-8/DIP-8	SOT23-6	SOP8/DIP8/SOT23-6
功能	工作电压：3.6～5V 静态工作电流：20μA 单路PWM输出，三挡调光	工作电压：2.4～5.5V 静态工作电流：8μA 单路PWM输出，三挡调光	工作电压：2.4～5.5V 静态工作电流：8μA 单路PWM输出，多挡调光	工作电压：2.4～5.5V 静态工作电流：9μA 单路PWM输出，无级调光	工作电压：2.4～5.5V 静态工作电流：20μA 单路PWM输出，256级调光
产地	中国	中国	中国	中国	中国
备注	含锂电池充放电管理功能	两种模式调光	多种模式调光	两种模式调光	可切换三级调光

想要比较清楚地了解芯片的性能，需要先了解芯片各项指标的含义。这一类芯片涉及的参数指标有：封装类型、工作电压、静态工作电流、I/O 接口数量、PWM 输出数量等。参数含义见表 6-3。

表 6-3　参数含义

参数	封装类型	工作电压	静态工作电流	I/O 接口数量	PWM 输出数量	模式
参数意义	封装型号决定元器件在PCB上占用位置的大小	芯片正常工作的电压范围	待机状态耗电情况	能够使用的引脚数	能够控制多少组灯	灯光开启、关闭的模式

为了方便设计电路和采购电子元器件，将筛选出来的触摸芯片型号输入嘉立创 EDA（专业版）软件的元件库搜索框中，查询筛选出来的芯片并获取它们的数据手册，对比价格和性能。

设计产品时，具备多种模式调节功能的芯片可以预留设计余量。根据方便简单、性能稳定的设计原则，结合产品特色，建议选择 8022W 型号的触摸控制芯片。通过嘉立创 EDA（专业版）软件查找并下载这款芯片的数据手册进行分析设计，如图 6-6 所示。

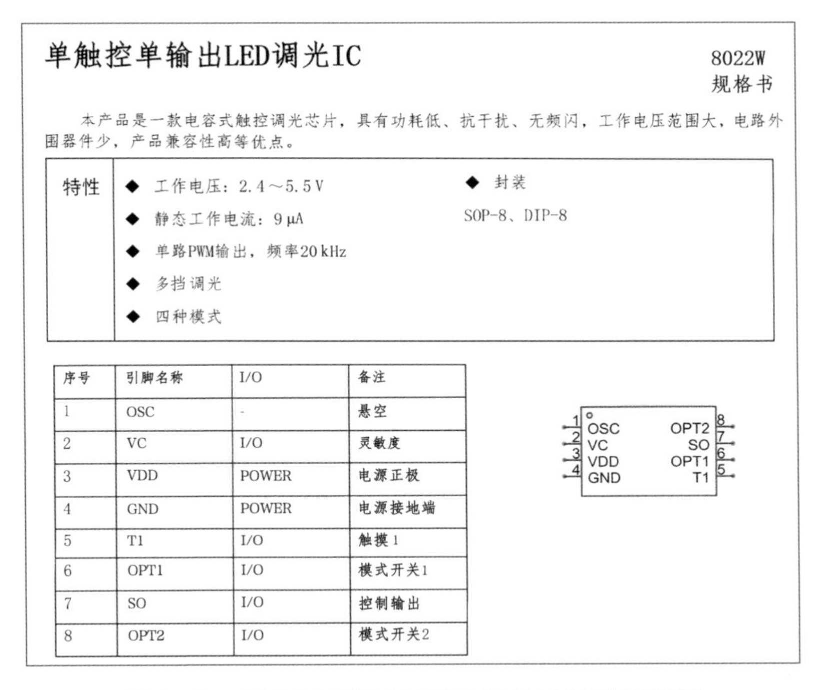

单触控单输出LED调光IC　　8022W 规格书

本产品是一款电容式触控调光芯片，具有功耗低、抗干扰、无频闪，工作电压范围大，电路外围器件少，产品兼容性高等优点。

特性	◆ 工作电压：2.4～5.5V ◆ 静态工作电流：9 μA ◆ 单路PWM输出，频率20 kHz ◆ 多挡调光 ◆ 四种模式	◆ 封装 SOP-8、DIP-8

序号	引脚名称	I/O	备注
1	OSC	-	悬空
2	VC	I/O	灵敏度
3	VDD	POWER	电源正极
4	GND	POWER	电源接地端
5	T1	I/O	触摸1
6	OPT1	I/O	模式开关1
7	SO	I/O	控制输出
8	OPT2	I/O	模式开关2

图 6-6　8022W 型号触摸控制芯片的数据手册

由数据手册可知，这款触摸芯片是一种具备单路触摸、多挡位 PWM 调光功能的控制芯片，可以同时输出单路 PWM——控制单路发光二极管，经济实惠，性能稳定。

2. 分析芯片数据

阅读 8022W 型号的触摸控制芯片数据手册可知芯片的基本工作条件和基本参数性能。

这类特殊功能的芯片，厂商会在其数据手册中附上芯片运行测试的参考电路。

这类由厂商提供的设计参考电路又称为典型应用电路，芯片的参数性能通常是通过典型应用电路构建的测试环境测试所得。选用一款芯片通常是为了得到优质的测试结果，所以在设计过程中可以参考典型应用电路进行电路设计。典型应用电路如图 6-7 所示。

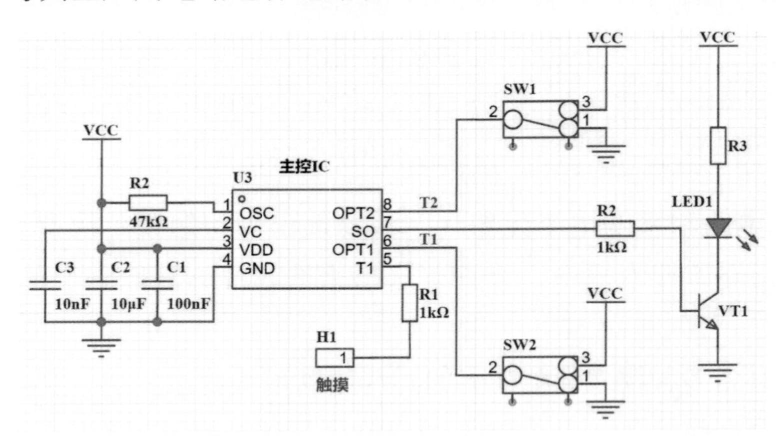

图 6-7　典型应用电路

图 6-7 所示的典型应用电路含有几种台灯控制电路。仔细观察此电路，可以发现部分电阻值处于待定状态，这些电阻值需要根据使用者提供的电路工作环境指标进行调整。电路工作环境指标包括：输入电源、输出电压、环境温湿度等。这一类型的产品对环境温湿度要求不高，所以设计过程中只考虑输入电源、输出电压对电路的影响即可。因此，需要先选定电源供电方案，再计算电路中未知电阻值的大小。

3. 选择电源方案

本项目设计的电子产品为触摸台灯，按照常规使用习惯，应该确保该产品在插电、断电的情况下均能正常使用，因此需要为这款电子产品配备内置的储能电池。选用 8022W 型号的触摸控制芯片，其工作电压为 2.4～5.5V，工作电压范围涵盖了锂电池的放电电压范围（3.5～4.2V），为了节约设计成本，直接沿用前面项目中使用到的 18650 型锂电池，电源模块选用上一个项目的同款电源模块。

项目四任务 2 介绍了电源模块，且项目四、项目五中都使用了同款电源模块，该电源模块各项参数的含义见表 6-4。

表 6-4　电源模块各项参数的含义

参数名称	输入电压	充电电压	充电电流	工作电流	过放保护	过流保护
参数指标	5V	4.2V	1A	1A	2.5V	3A
意义	充电电源仅能使用 5V	电源模块给电池供电的最大电压为 4.2V	最大充电电流影响电池充电的速度	输出电流建议在 1A 以内	电池电压低于 2.5V 时，关断输出	电流大于等于 3A 时，模块进入短路保护状态

电源模块占用面积较大，模块空余空间多。设计其他对 PCB 面积有严格要求的电子产品时，可根据该模块的核心芯片查找资料，把电路直接绘制到 PCB 上即可。本产品内置锂电池，可以采用锂电池充放管理芯片构建电路的电源部分，使用前面学习的方法，寻找符合指标的芯片。本任务中采用的锂电池充放管理芯片型号为 TP4054，设计的电源电路如图 6-8 所示。

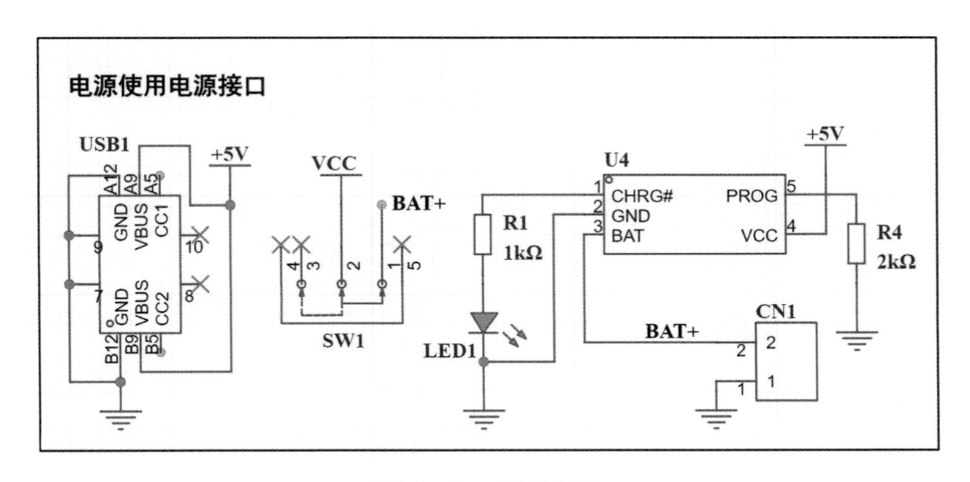

图 6-8　电源电路

4. 拟定物料清单

选定主控芯片后，根据查找到的数据、设计触摸台灯的电路图。双击打开嘉立创 EDA（专业版）软件，在“快速开始”栏→“新建工程”→填写项目“名称”→选择项目存储的“工程路径”。单击“Schematic1”文件夹，然后双击“1.P1”即可进入电路图绘制界面。根据物料清单表使用“Shift + F”组合键，打开元器件查找界面或直接打开元器件放置界面，进行电子元器件的查找并放置。操作流程如图 6-9 所示。

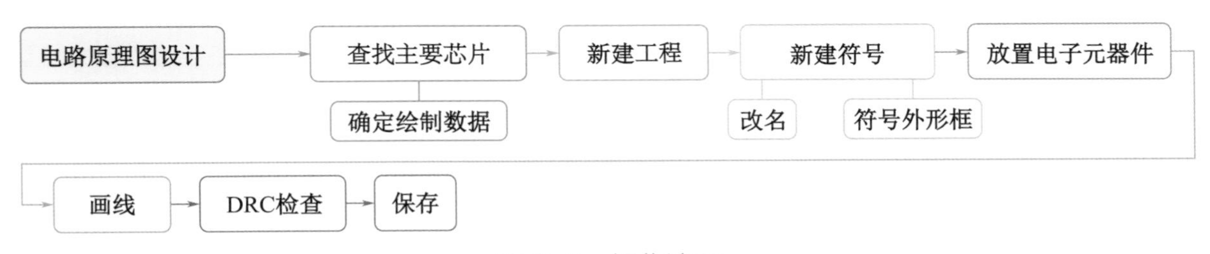

图 6-9　操作流程

根据前面筛选的主控芯片和电子模块，拟定一个针对本项目产品的物料清单（BOM）表。使用嘉立创 EDA（专业版）软件对物料清单表中的元器件进行筛选，并拟定电子模块和电子元器件的封装，为设计电路做准备。参考电路图如图 6-10 所示。

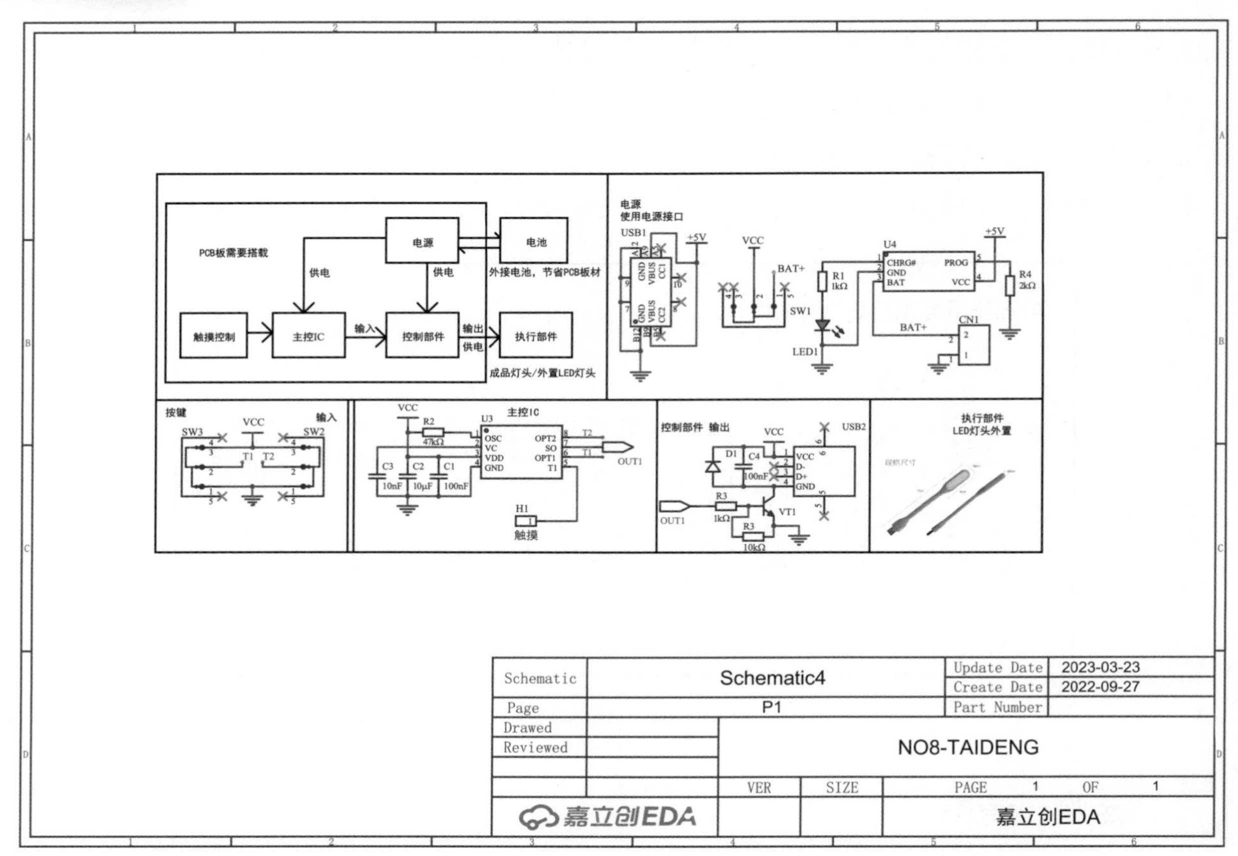

图 6-10 参考电路图

根据物料清单（BOM）表在嘉立创 EDA（专业版）软件中查找电子元器件，并为物料清单（BOM）表补充封装和电子元器件的编号等信息。物料清单（BOM）表见表 6-5。

表 6-5 物料清单（BOM）表

序号	数量	型号	位号	封装	值	编号
1	2	CAP_0805	C1，C4	C0805	100nF	
2	1	JMK107BJ106MA-T	C2	C0603	10μF	C87152
3	1	CAP_0805	C3	C0805	10nF	
4	1	B2B-PH-K-S(LF)(SN)	CN1	CONN-TH_B2B-PH-K-S		C131337
5	1	1N4007	D1	SMA_L4.4-W2.8-LS5.4-RD		C727081
6	1	HDR-M_2.54_1x×1P	H1	HDR-TH_1P-V-M_XKB_X4611WV-01I-C28D40		C81276
7	1	LED_0805-R	LED1	LED0805-RD_RED		
8	1	S8050_NPN	VT1	SOT-23_L2.9-W1.3-P1.90-LS2.4-BR		C444723
9	2	Res_0805	R1，R3	R0805	1kΩ	
10	1	Res_0805	R2	R0805	47kΩ	
11	1	Res_0805	R4	R0805	2kΩ	
12	1	Res_0805	R5	R0805	10kΩ	
13	3	SK12D07VG4	SW1，SW2，SW3	SW-TH_SK12D07VG4		C393937

续表

序号	数量	型号	位号	封装	值	编号
14	1	8022W	U3	SOP-8_L4.9-W3.9-P1.27-LS6.0-BL		C2974602
15	1	PT4054	U4	SOT-23-5_L2.9-W1.6-P0.95-LS2.8-BL		C351415
16	1	USB_TYPE-C-6P	USB1	USB-SMD_U262-061N-4BVC11		C2764612
17	1	1734366-1	USB2	USB-A-TH_FUS264-FDSW3K		C305910

任务 2　电路设计与 PCB 绘制

任务 1 拟定了物料清单表，在绘图过程中可以根据设计需求增减电子元器件、修改电子元器件封装。嘉立创 EDA（专业版）软件中提供的电子元器件封装绘制较为完善，使用 SMT 工艺焊接电子元器件方便快捷，自己绘制的封装在 SMT 阶段需要手动校准贴片定位点，否则会出现重大生产错误。

任务分析

本任务根据任务 1 查找到的电子元器件、电子模块及相关参数，设计电路。绘制电路图时根据电路设计结构依次进行，部分电路可以直接使用前面项目的设计，本项目的设计重点将围绕触摸控制芯片展开。

任务实施

1. 放置电子元器件：检查选用的电子元器件，调整封装并放置。
2. 设计电路：设计围绕主控芯片的辅助电路，完成电路图的绘制并检查。
3. PCB 布局与绘制：导入 PCB，调整电子元器件布局与布线。
4. PCB 导出与打样：导出 PCB 的模型图纸，PCB 打样。

电路设计的重点在于主控芯片运行电路缺失参数的计算和电子元器件封装的选定。PCB 绘制的重点在于电子元器件的布局与布线。

1. 放置电子元器件

任务 1 使用关键词搜索查找主控芯片，并进行芯片性能和参数的比较，选定 8022W 型号的触摸控制芯片作为本项目产品的主控芯片，并且根据电路设计结构，明确辅助电路的方案。本任务将进行主控部分电路的设计，电路设计流程如图 6-11 所示。

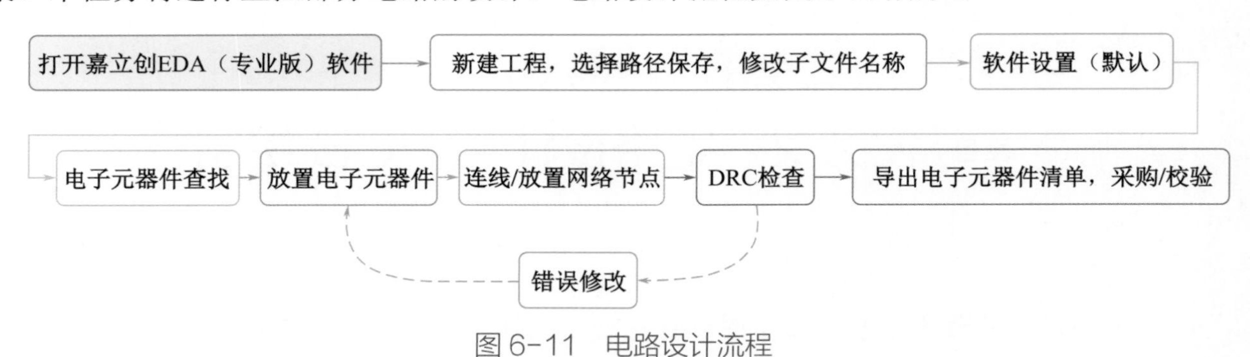

图 6-11　电路设计流程

利用嘉立创 EDA（专业版）软件查找电子元器件，如图 6-12 所示。

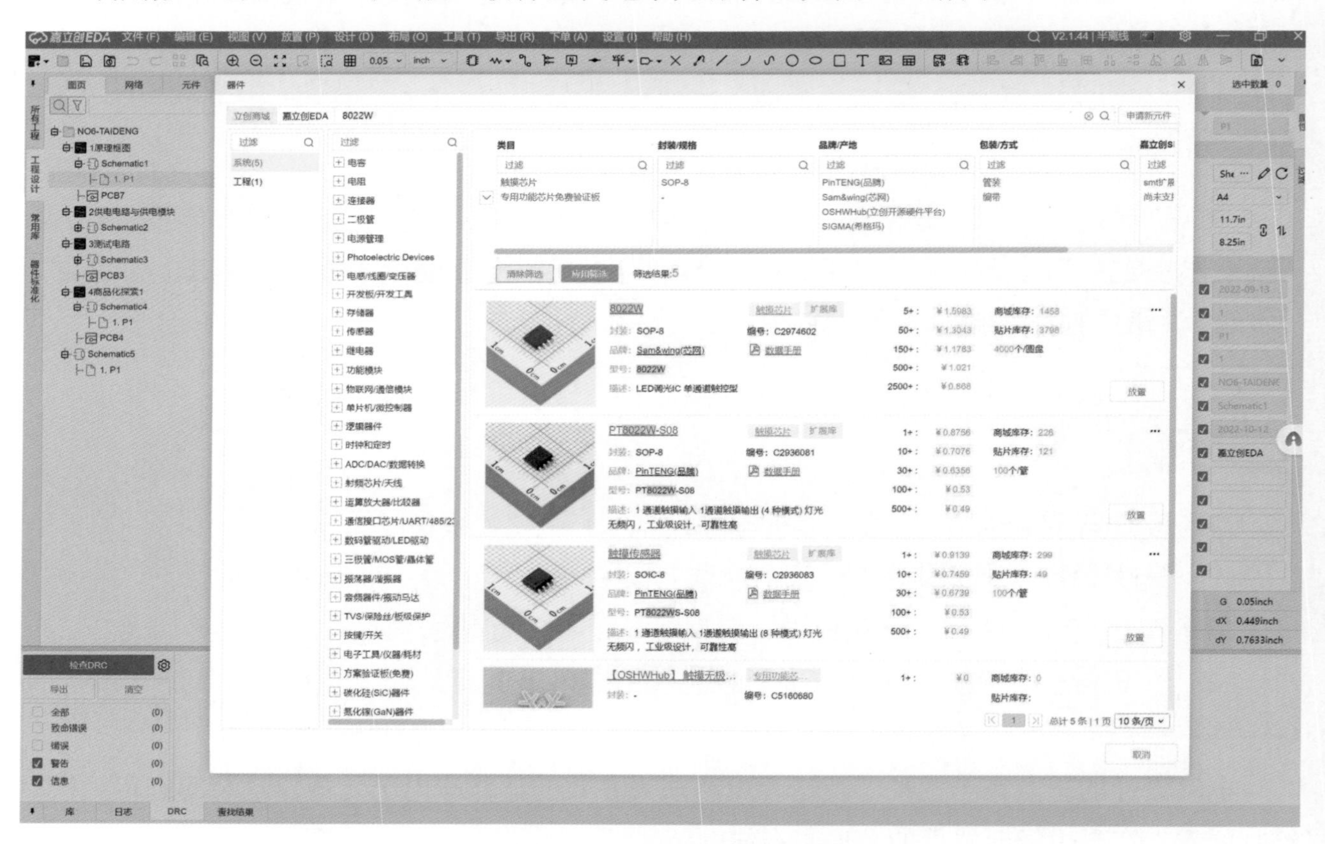

图 6-12　查找电子元器件

放置电子元器件，如图 6-13 所示。

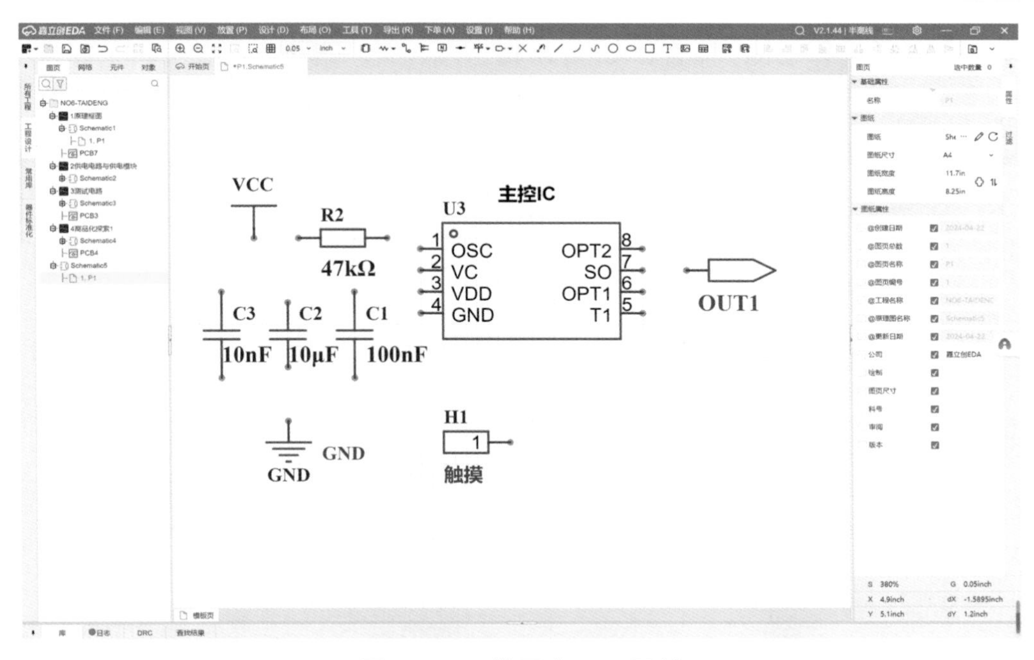

图 6-13　放置电子元器件

2. 设计电路

电路连线，对比主控芯片数据手册中的典型应用电路，选取需要使用的部分，绘制在电路图中。根据 BOM 表放置完所有电子元器件，调整电子元器件、电子模块的布局，使用导线连接，电源正极（VCC）、接地端（GND）通常应使用网络标号。电路连线如图 6-14 所示。

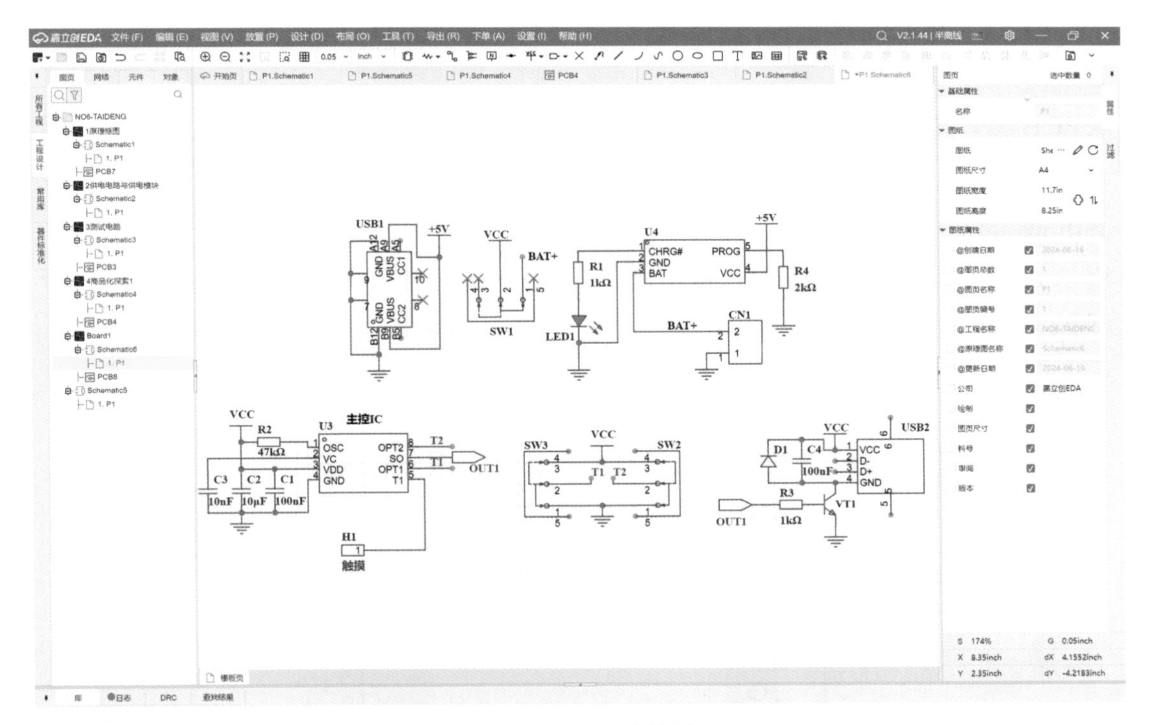

图 6-14　电路连线

电路设计完成后进行 DRC 检查，如图 6-15 所示，检查结果无错误、无警告后，更新到 PCB 中。

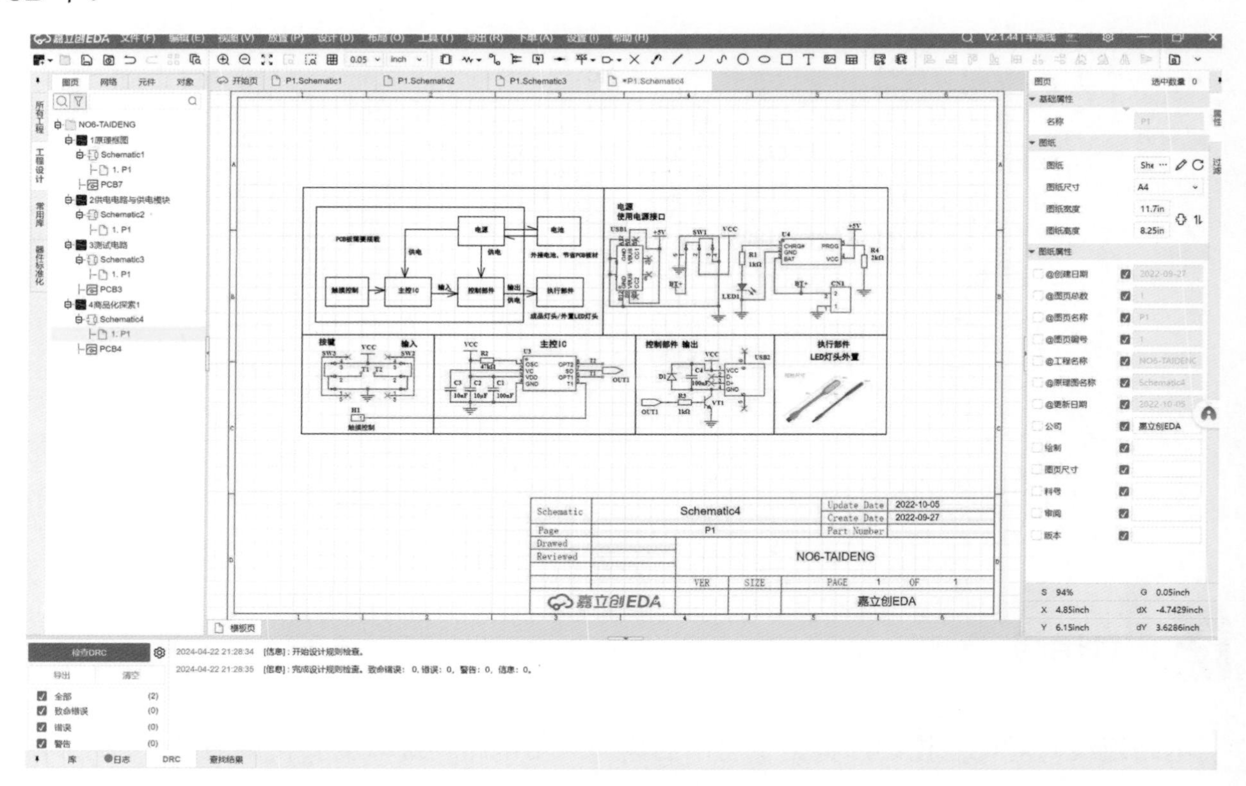

图 6-15　DRC 检查

3. PCB 布局与绘制

导入PCB后，需要对电子元器件的引脚连线情况进行校验。PCB的大小、形状根据导入电子元器件的封装大小而定。基于节约 PCB 板材的设计原则，将 PCB 外框设计为 25mm × 50mm 的长方形。定位孔放置在四角，定位孔距离外边框 2mm。

根据给定的产品外壳和 PCB 外观进行设计，触摸开关通过导线与外壳连接，调整电子元器件布局时，需要把按键、开关、电源充电口安放在特定的位置上，由此可得 PCB 外框，如图 6-16 所示。

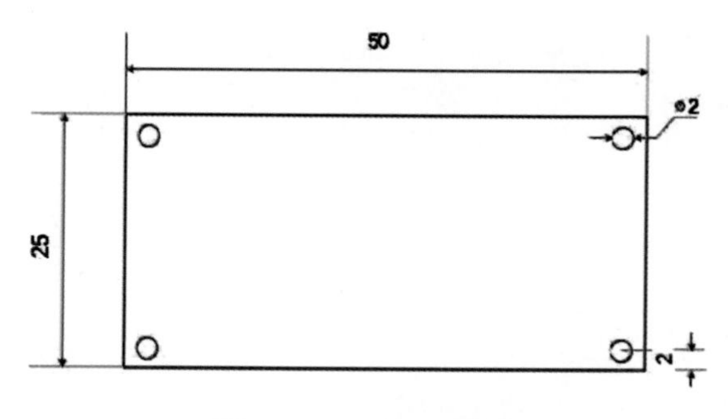

图 6-16　PCB 外框

绘制PCB外框后，先布置有位置要求的元器件，再布置核心元器件，最后再布置普通元器件。注意 PCB 的外框尺寸和螺钉孔的位置。

调整电子元器件布局，获得以下效果，三个拨动开关的间距为 2mm。电子元器件布局如图 6-17 所示。

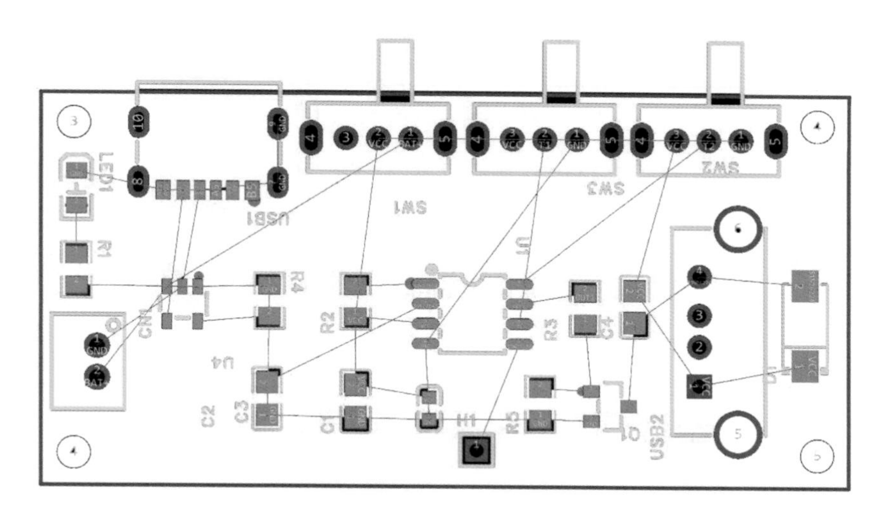

图 6-17　电子元器件布局

电路图绘制完成后，使用 DRC 检查。自制的电子元器件、电子模块符号需要手动填写封装名称，填写时需要注意封装名称字母的大小写。

按要求布置完电子元器件、电子模块后，修改 PCB 设计规则，其中线宽设置最小值为 10 mil，布线为 20 mil、最大值为 100 mil。功率较大的电路需要针对功率较大的线路手动添加布线规则，这款产品的 VCC 网络节点对功率的要求比普通网络节点的要大，针对 VCC 网络节点设置线宽，VCC 布线线宽设置为 30 mil，最小值、最大值保持默认值即可。布线结果如图 6-18 所示。

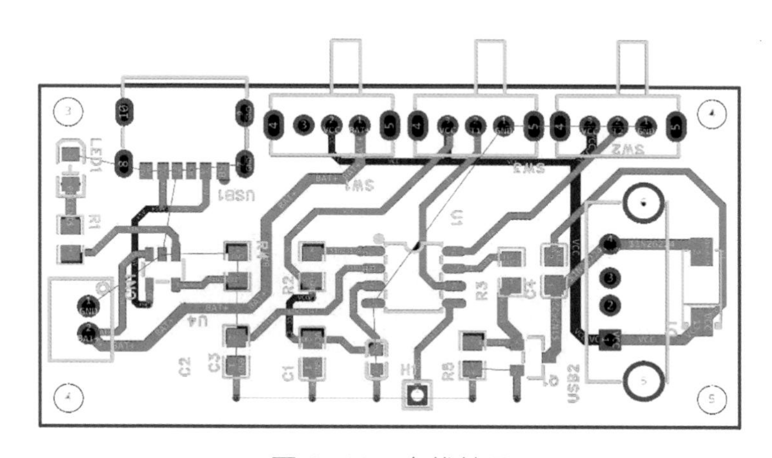

图 6-18　布线结果

GND 网络节点理应做相应调整，考虑 GND 网络节点可以使用覆铜布置布线，可以不针对 GND 调整 PCB 设计布线规则。根据以上分析和上一个项目中 PCB 的绘制方法，调整网络线使交叉数量减少，有利于完成网络线布置。布线要求顶层线路和底层线路不能平行、重叠布线，防止产生电容效应。重要的信号线、功率线、控制线应尽量布直线、减少弯曲次数，必要时修改元器件布局，以缩短线长。布线效果和覆铜效果如图 6-19 所示。

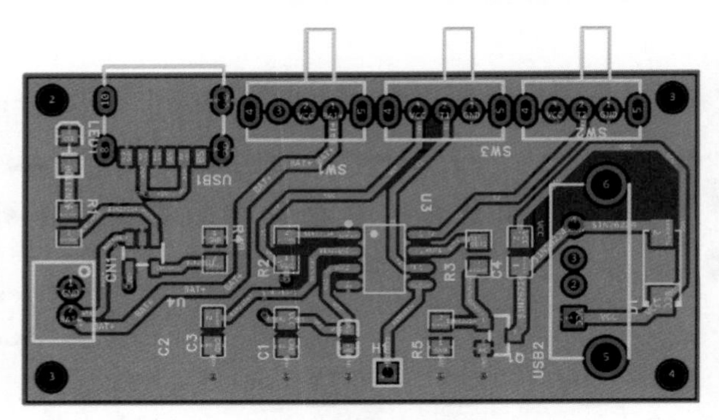

（a）顶层布线效果

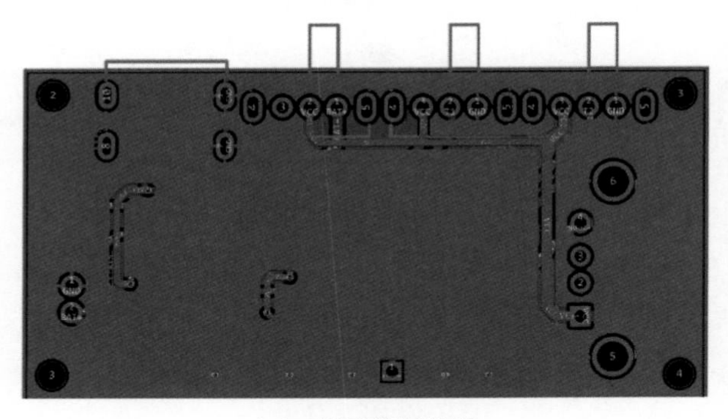

（b）底层覆铜效果

图 6-19　布线效果和覆铜效果

4. PCB 导出与打样

PCB 绘制完成后，打开 3D 视图，查看 PCB 设计结果。产品外形设计需要参考 PCB 的外观、形状、开关排布等，通过“导出”选项将 PCB 模型导出为 STEP 格式的文件。PCB 的 3D 模型如图 6-20 所示。

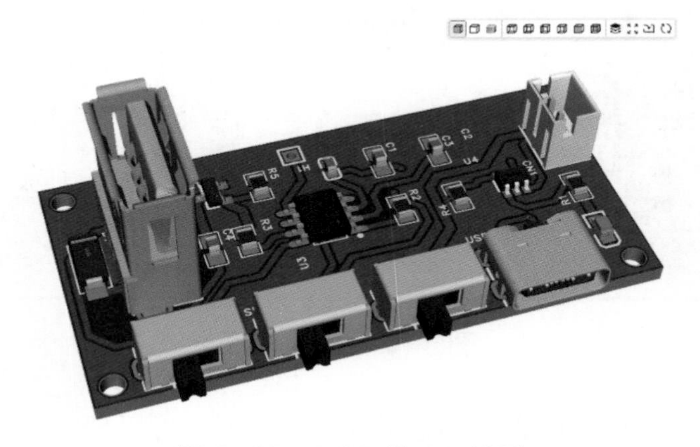

图 6-20　PCB 的 3D 模型

预览 PCB 的 3D 模型无误后，进行 DRC 检查。检查无误，上传并打样。PCB 打样参数如图 6-21 所示。

板材类型:	FR-4	产品类型:	工业/消费/其他类电子产品
板子层数:	2	板子厚度:	1.6 mm
拼版款数:	1	板子数量:	5
板子宽度（cm）：	2.5	板子长度（cm）：	5
阻焊颜色:	绿色	字符颜色:	白色
是否为半孔板:	否	半孔边数量:	0
阻焊覆盖:	过孔盖油	焊盘喷镀:	有铅喷锡
线路测试:	全部测试	是否需要SMT贴片:	不需要
运输方式:	跨越标准速运(寄付)	金手指斜边:	不需要

图 6-21　PCB 打样参数

防骗反诈

网络平台鱼龙混杂，不要轻信不知名采购网站的商品信息。检索到适合本项目产品的芯片，记录芯片型号，到熟悉的电子元器件采购平台搜索、采购。

任务 3　三维模型设计

任务 2 完成了电路设计和 PCB 打样，使用嘉立创 EDA（专业版）软件绘制 PCB 时，可以导出 PCB 模型，作为产品外壳设计的依据，并在 Inventor 软件中绘制产品外壳的三维模型，如图 6-22 所示。

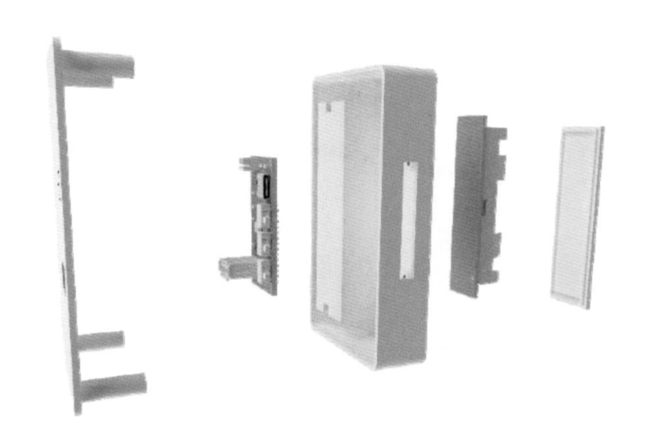

外壳设计过程

图 6-22　产品外壳的三维模型

任务分析

使用三维模型设计软件设计产品外壳时，要有三维模型构图意识。在起草设计前，对产品的长、宽、高有基本的构想，产品外壳要在满足保护电路、电池、按键等配件的基础上，再设计产品的特殊外形。

任务实施

1. 构思三维模型：构思产品外壳，设想模型。
2. 准备三维建模：创建模型工程，导入 PCB 模型。
3. 模型基本构建：绘制草图，使用拉伸工具、测量工具。
4. 调整三维模型：介绍与使用模型调整工具，装配与渲染三维模型。

1. 构思三维模型

根据图 6-20 所示的产品 PCB 模型，需要使用三维模型设计软件设计一个长方体的盒子作为产品外壳。长方体有长、宽、高尺寸和 6 个面，在设计模型过程中，由“面”向“体”转变，能够快速设计出这样的模型。

设计简单的电子产品外壳时，可以用“加法”即在一个基础面上通过加入新的多面体完成设计；也可用“减法”即在一个长方体中减去不需要的几何体完成设计。

本任务设计触摸台灯的产品外壳，使用“加法”构建模型，即将模型划分为几个几何形状，从基础面开始绘制。本产品外壳采用盒子+盖子的形式，可将产品外壳分为：底壳、盖子、按键帽、电池盖。

底壳作为产品外壳设计的重点部件，既要保证 PCB 能够牢牢固定在产品中，又要确保电池安装、盖子固定、按键帽固定。产品的底壳分为：底面、侧壁、电池仓。产品底壳如图 6-23 所示。

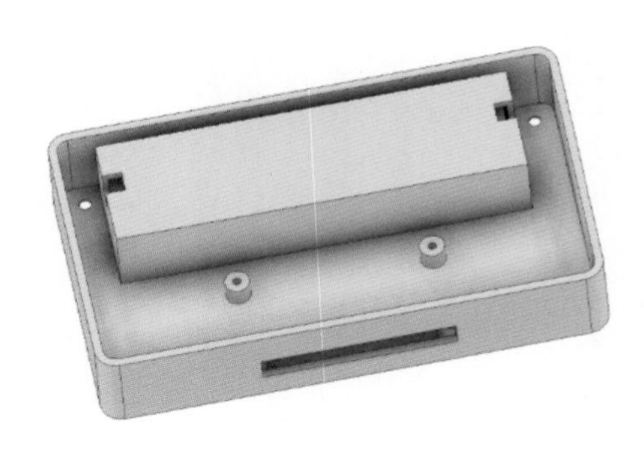

图 6-23　产品底壳

在底壳的顶面使用草图绘制，将底壳投影到草图上，完成草图绘制后将投影面通过拉伸工具“新增”一个 2mm 厚度的平面。绘制出盖子，盖子的边倒圆角。盖子与底壳的对接方向，使用草图绘制，投影螺钉孔后使用拉伸工具，绘制螺钉定位柱。产品盖子如图 6-24 所示。

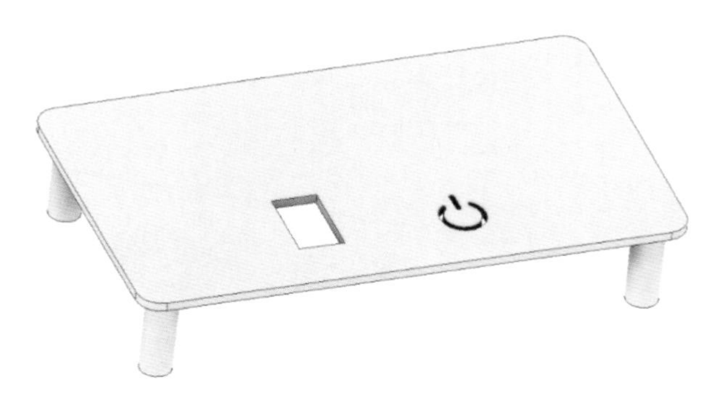

图 6-24　产品盖子

2. 三维建模准备

双击 Inventor 图标打开软件，单击“部件”按钮，新建部件，再单击“保存”按钮，给产品模型命名，选择保存路径。新建部件步骤如图 6-25 所示。

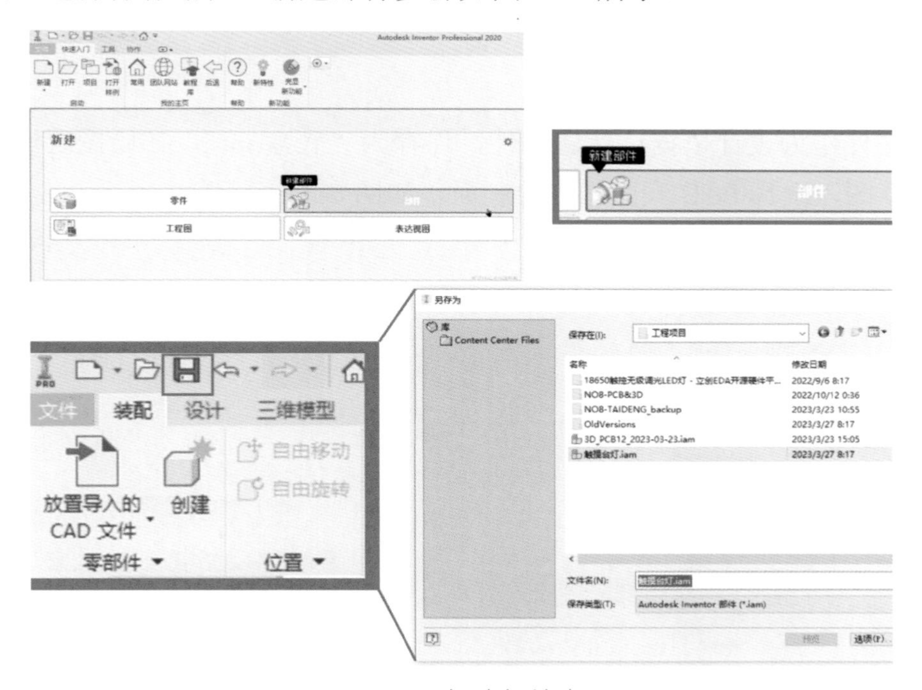

图 6-25　新建部件步骤

根据三维模型构思，依次绘制产品的盖子、底壳、电池盖。分别绘制在独立的“零件”文件中，保存为 IPT 格式文件。绘制产品底壳时，导入 PCB 模型文件作为绘制依据；绘制产品盖子时，导入底壳模型作为设计依据。模型文件导入步骤如图 6-26 所示。

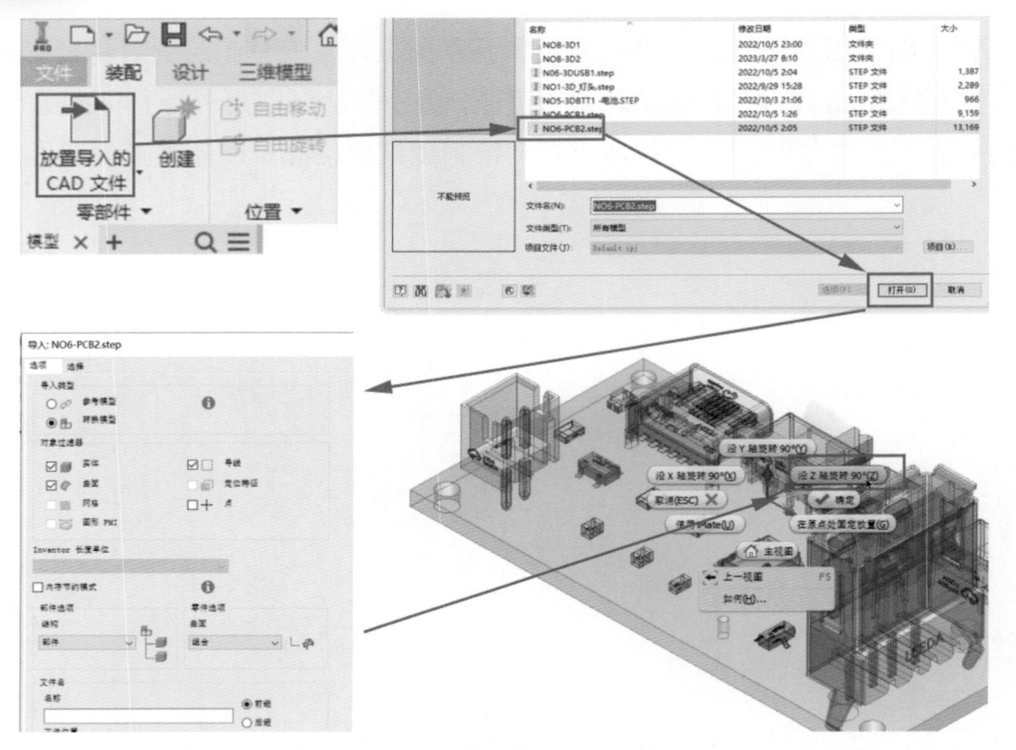

图 6-26　模型文件导入步骤

3. 模型基本构建

导入模型文件作为设计依据，新建零件，保存为“底盒.ipt”，在绘图区域中使用工具栏或快捷键创建草图，选择 PCB 底面作为绘制面，如图 6-27 所示。

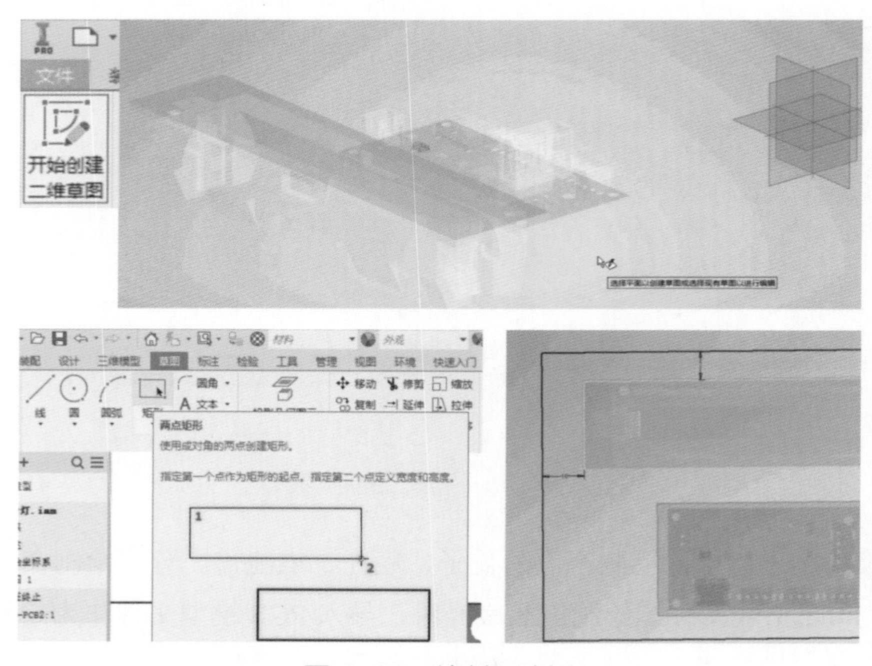

图 6-27　绘制面选择

选择完绘制面后，使用草图工具中的矩形绘制工具，绘制产品外壳，并设置尺寸约束，约束矩形的大小。约束值为上下距离 PCB 边界 7mm、左右距离 PCB 边界 10mm。

使用尺寸标记和约束工具对草图形进行编辑和修改，标定尺寸后完成草图绘制。使用建模工具对图形进行编辑和修改，使用拉伸工具获得实体，使用偏移工具修改实体。边角倒圆角，在底壳上创建草图并使用投影工具，将 PCB 模型的螺钉孔投影在底面上。完成草图绘制，投影螺钉孔后使用拉伸工具，制作螺钉定位柱。绘制过程如图 6-28 所示。

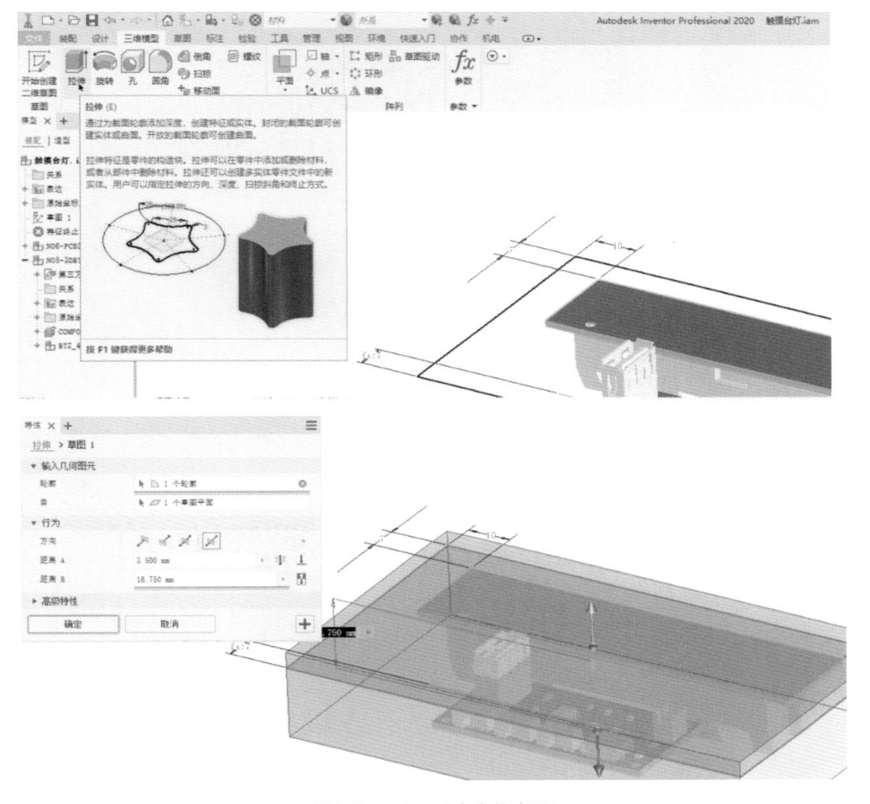

图 6-28 绘制过程

4. 三维模型调整

使用测量、偏移、倒角工具对模型进行修改。偏移工具用于修改实体，实体根据模型厚度进行调整。设计步骤可以概括为：拉伸、抽壳、倒角、加支撑，四个步骤没有特定的顺序，需要根据设计过程调整使用顺序。

使用几何体创建的模型边角为直角，在触摸产品的直角尖端时，会给人一种“刮手”的感觉。即使需要保留产品的直角造型，也需要进行倒角处理。倒角半径不能超过壁厚，内外角都需要倒角，倒角效果如图 6-29 所示。

设计过程遵循从“二维平面”到“三维空间”的绘制顺序，可以根据工程图纸“三视图”提取信息，绘制外壳。

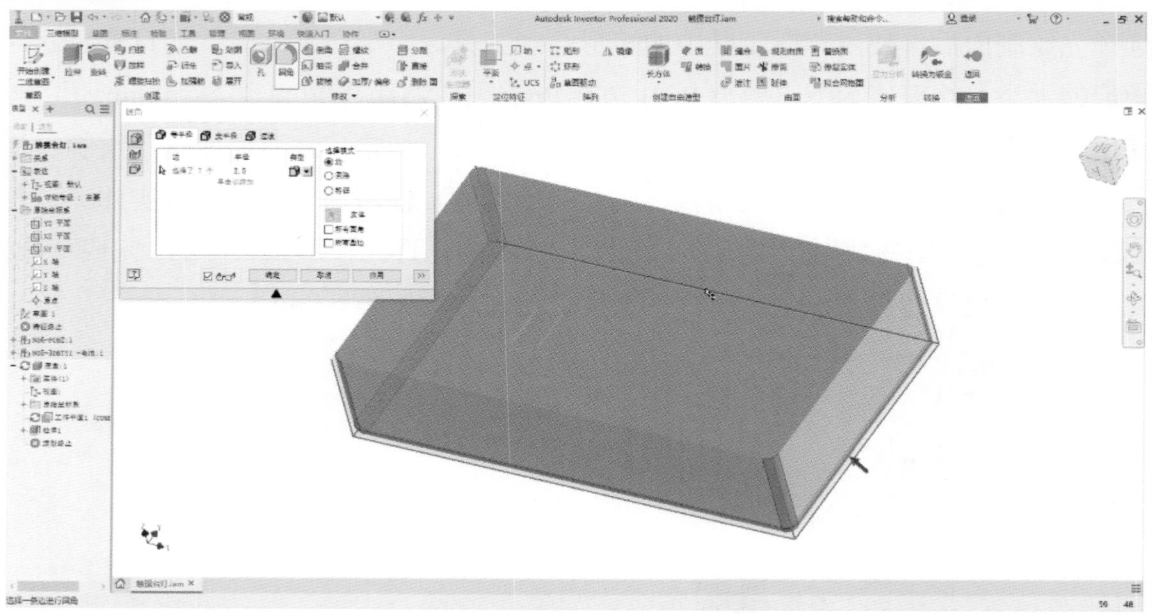

图 6-29　倒角效果

任务 4　三维模型打样

任务 3 创建了产品模型实体，并完成了产品外壳模型的绘制。本任务将了解三维模型的打样方法与步骤，将设计出的模型文件打样。

任务分析

模型打样步骤和 PCB 打样步骤相似。随着科技的发展和 3D 打印机的普及，如今足不出户就能完成产品模型打样。本任务将介绍 3D 打印机的使用和模型打样的基本步骤。

任务实施

1. 导出三维模型：确定三维模型导出格式，导出与预览三维模型。
2. 三维模型打样：了解 3D 打印机、切片软件，以及 3D 打印机的使用。
3. 了解三维模型打样平台：了解网络打样的途径，模型打样的注意事项。

1. 导出三维模型

嘉立创 EDA（专业版）软件对电路设计进行了深度整合，既可以在嘉立创 EDA（专业版）软件中完成电路与 PCB 设计，又可以无缝衔接 PCB 打样、量产。三维模型设计软件也能做到从设计到打样的无缝衔接，但是当对模型打样的精度、材料要求有差异时，模型打样的价格差别较大，需要根据成本、精度、强度、材料等因素选择合适的模型打样平台。

使用三维模型设计软件设计模型后，需要将模型文件导成常用的三维模型格式，才能把三维模型打样出来，常见的模型打样格式为 STL 格式。在 Inventor 软件中绘制模型后，可以将模型导出为 STL 格式，用于模型打样。零件模型导出步骤如图 6-30 所示。

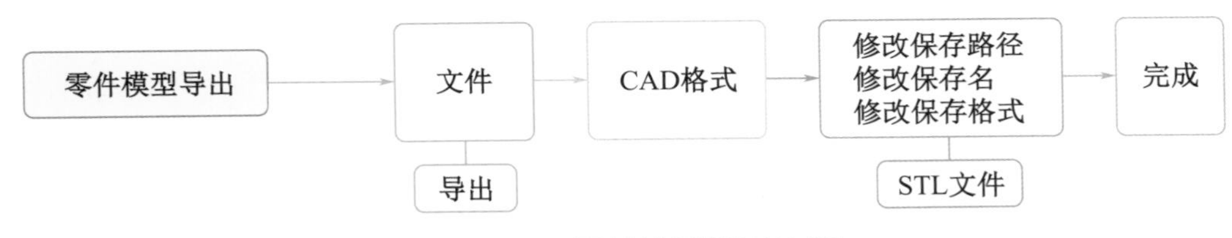

图 6-30　零件模型导出步骤

以上导出步骤是针对“零件”文件的导出方法，“部件”文件导出方法有所不同。产品部件设计时，导出 PCB 模型作为设计依据，整个部件文件中包含了 PCB 模型、盖子、底盒、电池盖等文件，产品外壳打样只需要打样盖子、底盒、电池盖。部件模型导出步骤如图 6-31 所示。

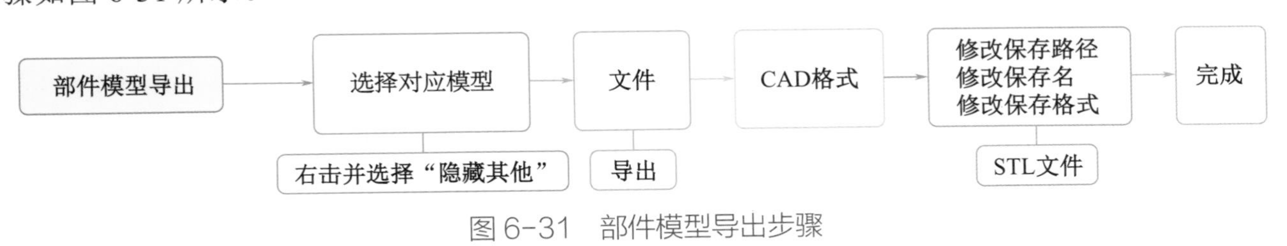

图 6-31　部件模型导出步骤

2. 三维模型打样

量产前的产品都需要经过多次打样、测试，三维模型打样可以选择网上的三维模型打样服务，也可以使用 3D 打印机完成模型打样。

（1）3D 打印机。

打印机将二维的图形或文字通过油墨或碳粉喷涂在纸张上，打印的过程是纸张和喷墨头在 X、Y 轴方向上的运动。3D 打印机是将模型实体打印到平台上，它还需要在 Z 轴方向上进行运动，以普通的喷料 3D 打印为例，打印过程是将 PLA/ABS 塑料喷涂在平台上，在打印的模型顶面通过添加材料的方式逐层堆叠形成模型实体。常见的 3D 打印机有熔融沉积型 3D 打印机、光固化型 3D 打印机，如图 6-32 所示。

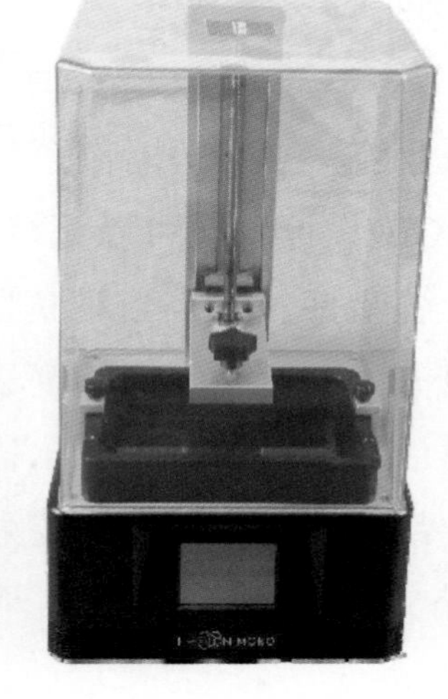

熔融沉积型 3D 打印机　　　　光固化型 3D 打印机

图 6-32　3D 打印机

使用 3D 打印机打印模型可分为两个步骤。3D 打印机不能直接识别三维模型设计软件导出的 STL 文件。使用 STL 文件打印模型前，需要使用切片软件规划打印路线，并生成“切片”文件，路径规划的过程称为“切片”。把“切片”文件导入 3D 打印机，才能控制 3D 打印机打印出想要的模型。3D 打印机使用步骤如图 6-33 所示。

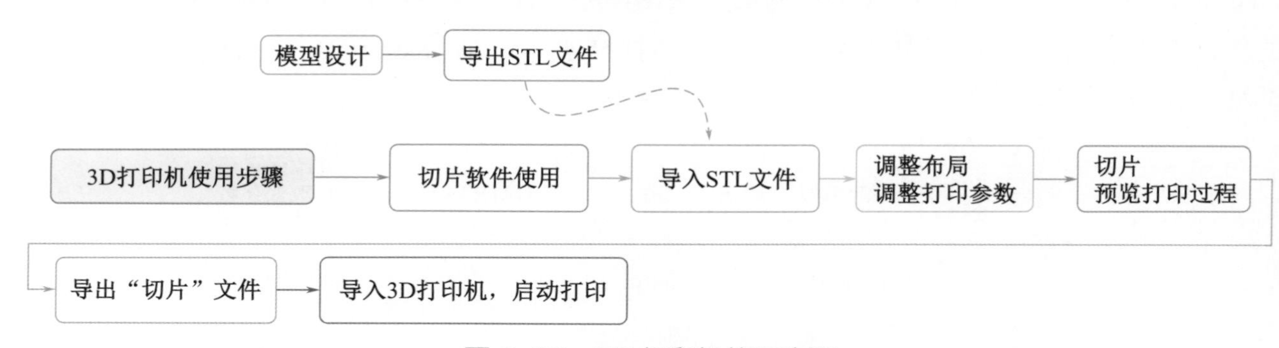

图 6-33　3D 打印机使用步骤

（2）切片软件。

打印模型前，需要给 3D 打印机做打印路线规划，路线规划的软件称为切片软件。切片软件可以设置大小、形状、材料等打印参数，设置完成后还可以预览模型的打印顺序。切片软件界面如图 6-34 所示。

（3）3D 打印机的使用。

使用切片软件对模型的 STL 文件进行切片，导出“切片”文件，并通过数据线或 SD 卡复制导入 3D 打印机。以同创三维的 3D 打印机为例，打印前准备：调试 3D 打印机，完成添加打印材料，设置材料类型，设置自动调平后，打开“打印”菜单，选择“切片”文件进行打印。打印时长根据模型的大小不同，通常需要 1～8 小时。3D 打印机调试打印步骤如图 6-35 所示。

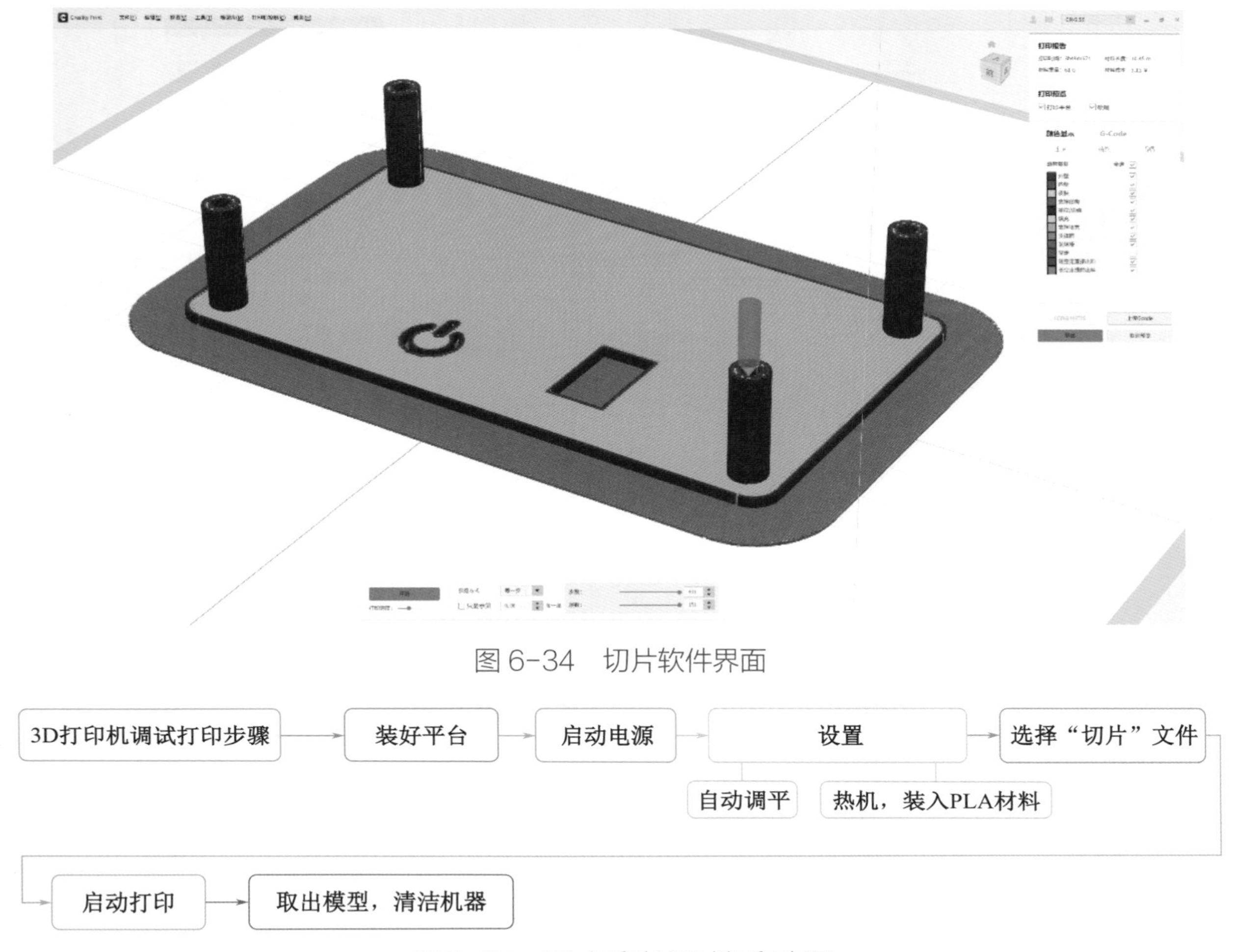

图 6-34 切片软件界面

图 6-35 3D 打印机调试打印步骤

3. 了解三维模型打样平台

除了使用 3D 打印机完成模型打样，还可以选用 3D 打印服务提供商提供的 3D 打印服务。常见的 3D 打印平台有：“嘉立创”的三维猴，该服务可以在嘉立创 EDA（专业版）软件中直接跳转；未来工厂的 3D 打印服务，该服务需要提交 STL 格式的模型文件；E 键打印、南极熊 3D 打印网等。三维模型打印网站如图 6-36 所示。

三维模型打印网站提交打印的步骤如图 6-37 所示。

注意： 导出 STL 格式文件并进行测量，确认测量结果的单位与导出单位一致且数值相同，才能使用该 STL 文件打样，生产外壳样品。

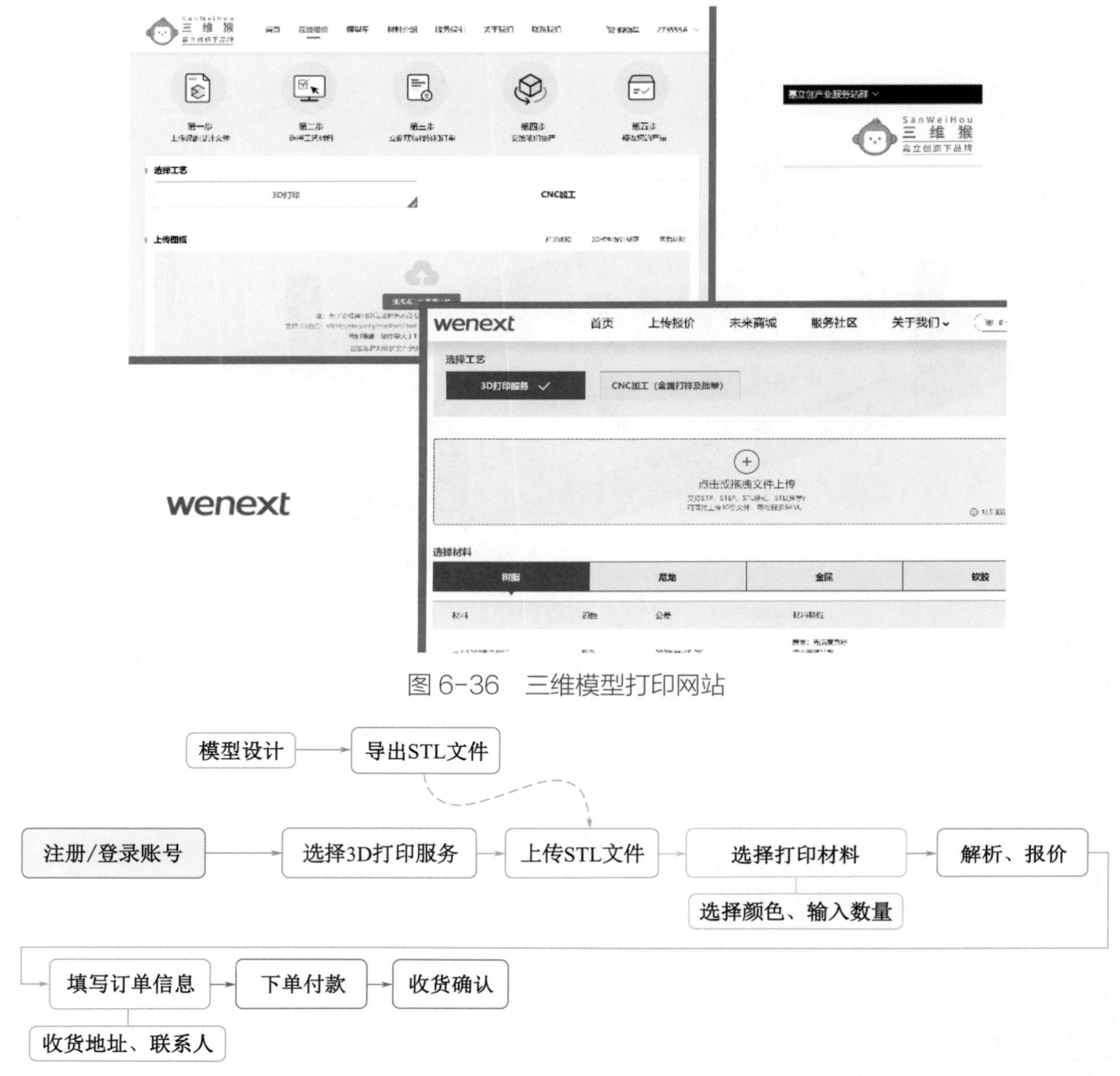

图 6-36　三维模型打印网站

图 6-37　三维模型打印网站提交打印的步骤

任务 5　产品化设计预览

通过前面的任务，了解了三维模型打样，根据产品设计构思完成了产品电路设计、外壳设计，PCB 打样和外壳打样。本任务将回顾前面任务的设计结果，并预览电路制作的过程，完成产品的组装。

任务分析

前面的任务已经完成了触摸台灯的电路设计、PCB 绘制、PCB 三维模型导出、PCB 打样；触摸台灯产品的 3D 外壳设计、模型打样。本任务将对电子产品设计的整体流程进行回顾与预览。

任务实施

回顾：1. 设计分析、查找与选择电子元器件。
2. 设计电路、PCB。
3. 设计产品外壳。

制作预览：4. 制作产品电路——贴片元器件的焊接方法与步骤。
5. 调试与组装。

1. 设计分析、查找与选择电子元器件

（1）回顾设计分析，设计指标完成情况见表 6-6。

表 6-6 设计指标完成情况

序号	指标名称	设计指标
1	产品作用	通过触摸按键控制台灯的灯光，有拓展接口用于外接小风扇
2	设计思路	使用触摸控制芯片设计控制电路，统一拓展接口标注，可外接灯头或小风扇
3	电路设计	采用 8022W 触摸控制芯片，三极管驱动，USB 接口外接灯头或小风扇
4	外观设计	长方体形，有触摸按键、电源接口、USB 接口

（2）选择电子元器件。

要减小 PCB 面积，可以通过调整电子元器件封装的大小来解决。以触摸控制芯片为例，封装由直插元器件变更为贴片元器件后，将大大减小占用的 PCB 面积，贴片封装与直插封装的对比如图 6-38 所示。

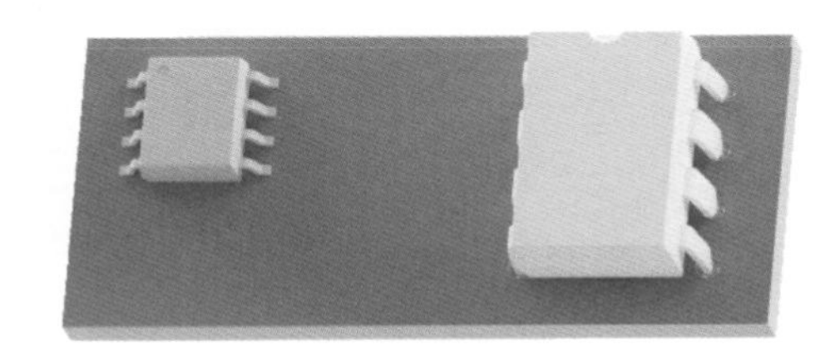

图 6-38 贴片封装与直插封装的对比

2. 设计电路、PCB

根据查找到的数据手册或典型应用电路调整设计，设计过程中根据芯片引脚功能调整电路图，将电路划分模块/区域，方便检查、修改，电路图如图 6-39 所示。

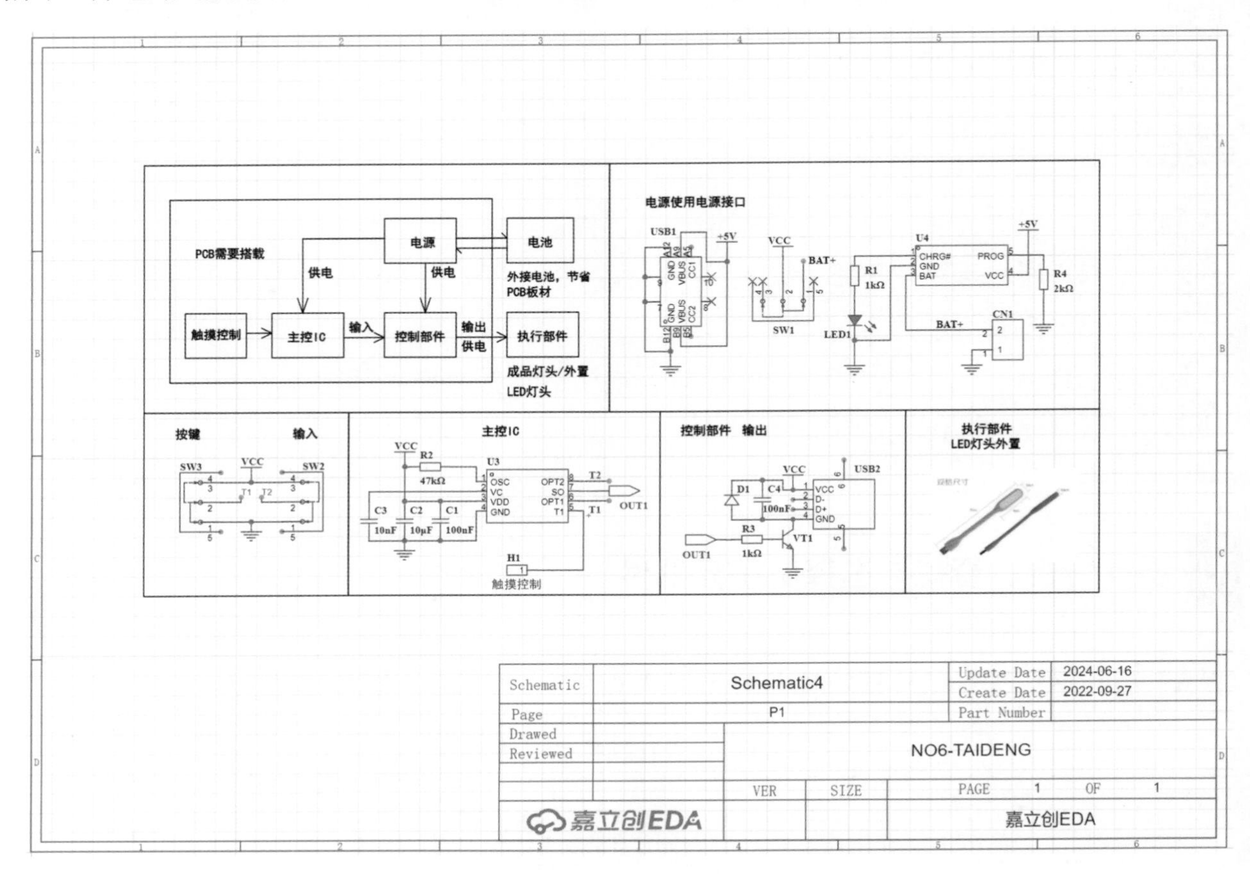

图 6-39 电路图

绘制 PCB，电子元器件须根据电路图分区情况布局，同时兼顾产品外壳设计的特殊要求。PCB 如图 6-40 所示。

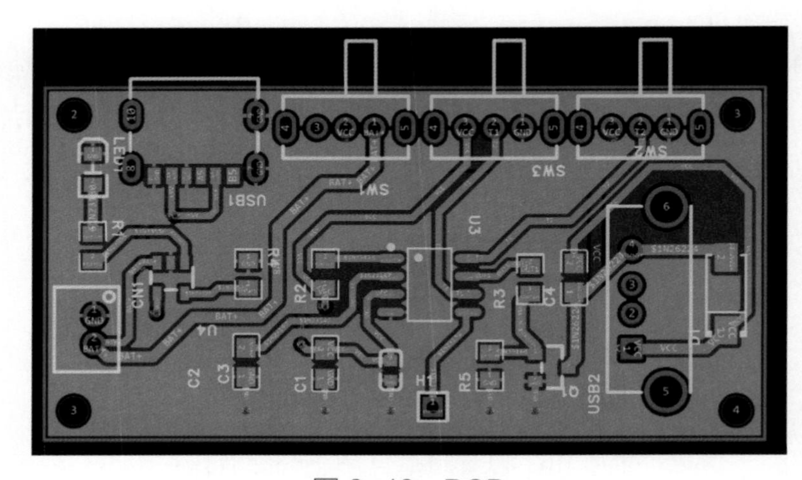

图 6-40 PCB

3. 设计产品外壳

产品外壳受内部电路硬件形状、元器件放置位置影响，产品外壳设计结果如图 6-41 所示。任务 4 中没有设计产品操控按键帽的外形，补充按键帽设计，结果如图 6-42 所示。

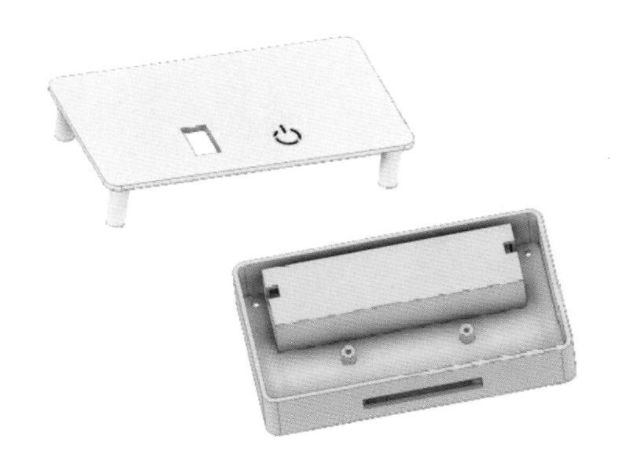

图 6-41　产品外壳设计结果

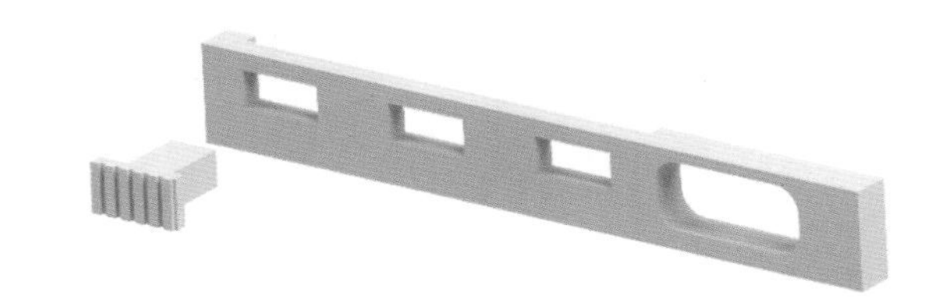

图 6-42　按键帽设计结果

4. 制作产品电路

本项目大量采用了贴片式的电子元器件（以下简称贴片元器件），贴片元器件的焊接方法如下所示。

（1）工具准备。

烙铁（建议把烙铁头更换为刀头）、烙铁架、万用表、焊锡、镊子等，如图 6-43 所示。

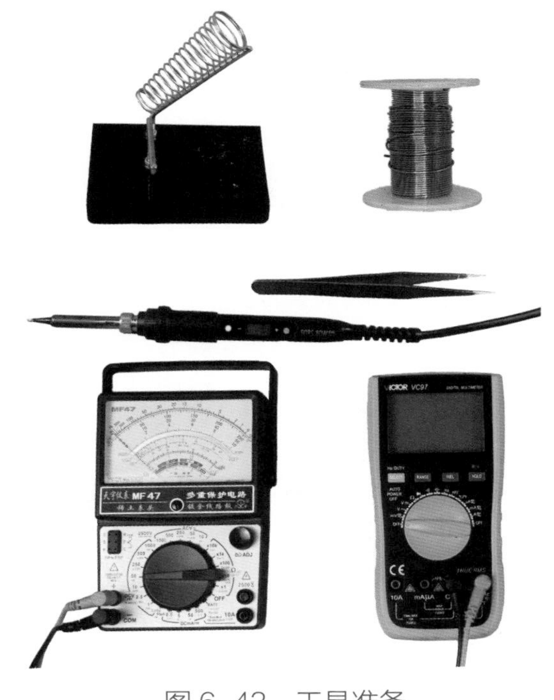

图 6-43　工具准备

（2）电子元器件准备。

根据物料清单（BOM）表准备材料，注意电子元器件的封装和数值。

（3）PCB 焊接。

PCB 焊接效果如图 6-44 所示。

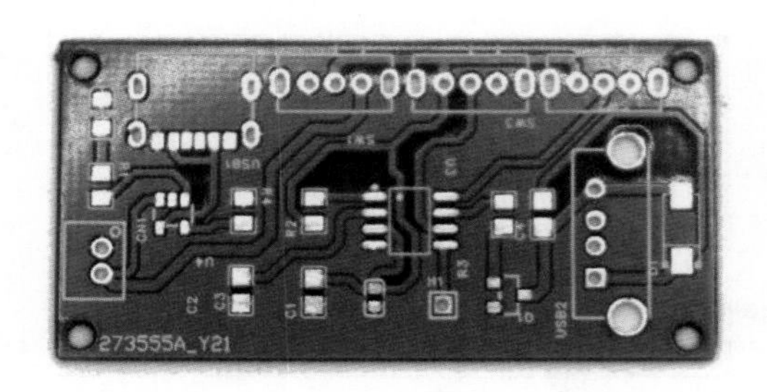

图 6-44　PCB 焊接效果

5. 调试与组装

（1）调试电路。

完成产品 PCB、三维模型打样，焊接制作电路，并调试电路，如图 6-45 所示。

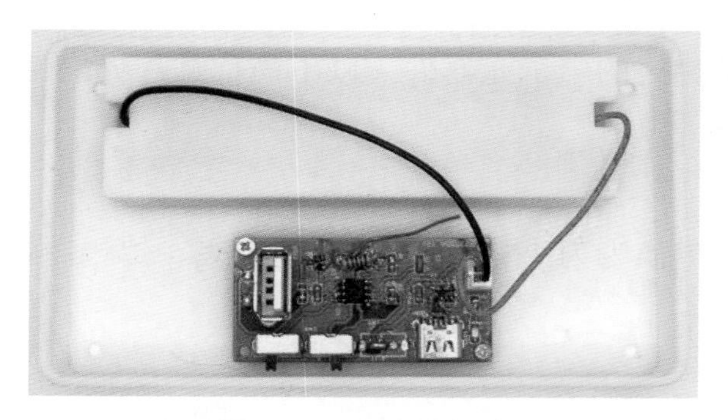

图 6-45　调试电路

（2）组装调试产品，产品制作结果如图 6-46 所示。

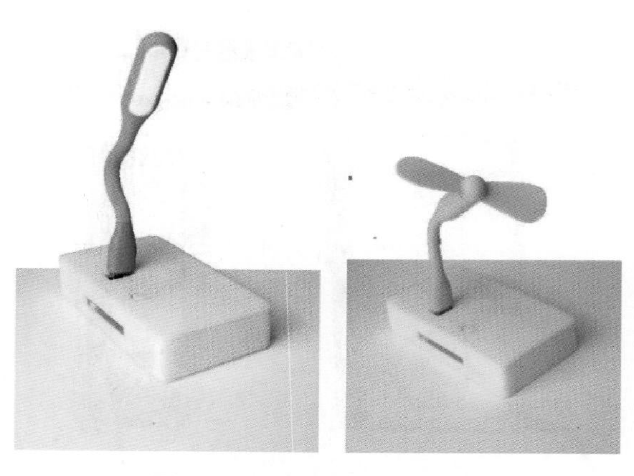

图 6-46　产品制作结果

四、项目评价与总结

本项目由 5 个任务构成，从电路设计和三维模型设计软件的角度来探究设计电子产品的基本要素。回顾项目流程图（见图 6-47）进行总结，记录任务完成过程中的体会，见表 6-7。

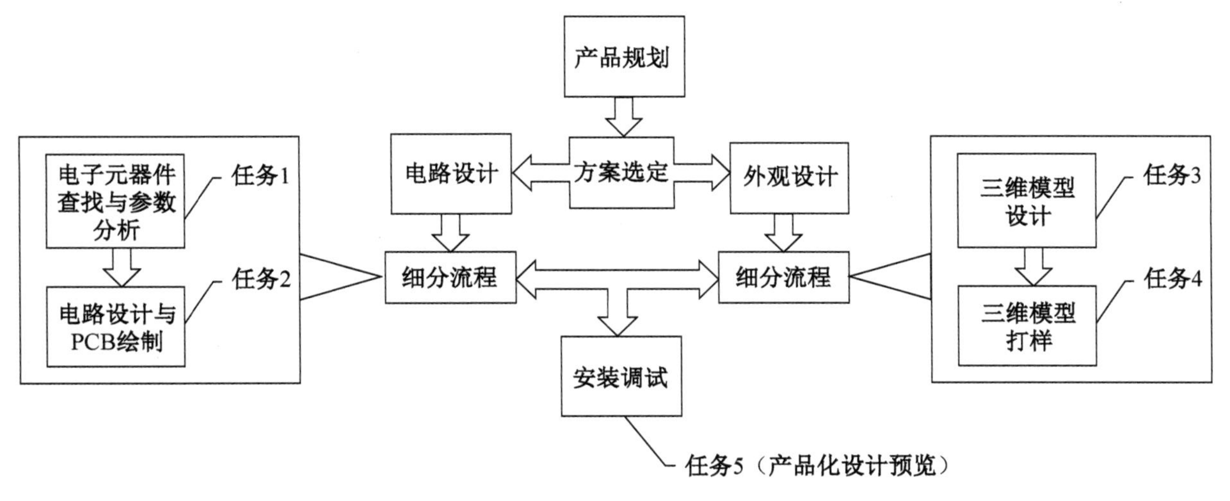

图 6-47　项目流程图

表 6-7　体会

序号	任务名	任务说明	体会
任务 1	电子元器件查找与参数分析	查找芯片，获取数据手册，分析并计算电路所需参数	
任务 2	电路设计与 PCB 绘制	学习绘制电子元器件符号，添加自己绘制的封装，完成 PCB 布局与布线	
任务 3	三维模型设计	熟悉三维建模流程	
任务 4	三维模型打样	使用 3D 打印机对模型进行打样	
任务 5	产品化设计预览	回顾与预览项目设计与制作的整体过程	

任务 1、任务 2 使用了项目一介绍的电子元器件的查找方法，分析数据手册，计算调整电路设计，并绘制 PCB。任务 3、任务 4 通过 Inventor 软件的使用，将电子产品设计与制作流程的重点推进到了三维模型的设计、绘制与打样。任务 5 了解了完成“触摸台灯”设计与制作所需的步骤，以及相应步骤操作会得到什么结果。

完成项目的学习，对完成情况进行评价，项目评价表见表 6-8。

表 6-8 项目评价表

班级：	组别：	姓名：	日期：			
评价指标		评定等级	自评	组评	教师评价	
道德品质	尊敬师长，团结同学，待人诚恳，严于律己，遵纪守法	A				
		B				
		C				
	热爱祖国，热爱集体，社会责任感强，自觉维护集体利益	A				
		B				
		C				
	热爱劳动，珍惜劳动成果，有安全意识和环保常识，珍视生命，保护环境	A				
		B				
		C				
学习能力	学习目标明确，学习积极主动，学习方法合适，学习效率高	A				
		B				
		C				
	学习有计划、有总结、有反思，善于听取他人意见	A				
		B				
		C				
	能够独立思考、提出问题、分析问题、解决问题	A				
		B				
		C				
交流与合作	具有团队精神，与他人团结协作共同完成任务	A				
		B				
		C				
	能约束自己的行为，能与他人交流与分享，尊重和理解他人	A				
		B				
		C				

五、项目拓展习题

1. 填空题

常见的三维模型设计软件有________________________________。

2. 简答题

（1）请简述产品外壳三维模型的设计步骤。

（2）请简述产品外壳三维模型的打样步骤。

3. 产品设计拓展

使用本项目中的电路设计方案，设计一款触摸式饮用水水泵。要求：水电分离，安全可控。

项目七

计时器的设计与制作

一、项目描述与目标

1. 项目介绍

电子产品设计生产企业的产品设计步骤规范、标准明确，本书用前 6 个项目介绍了电子产品设计的基础方法与步骤，这些方法、步骤也仅能指导设计、制作一些小型的电子产品，距离工业化电子产品设计还有一定的距离。项目七将通过 5 个任务，进行电子产品设计实战，完成本项目产品的设计与制作。

2. 项目来源

场景设想：某乡村小学准备开展一场趣味校运会，校运会中的许多项目都需要使用计时器。该小学委托我们为老师和学生设计并制作一款计时器，这款计时器能够为趣味校运会的集体项目计时，校运会结束后可以发放给学生作为日常计时设备使用。

要求：设计一款计时器，该计时器具备短时间计时功能，计时分为倒计时和时长统计。外观方面，该计时器可以挂在使用者身上或放在口袋中携带。作为日常计时设备，使用者能够快捷设置计时时长，倒计时结束该设备可以发出提示音，提示使用者计时结束。

思政小课堂

创新实干

实现新时代新征程的目标任务，要把全面深化改革作为推进中国式现代化的根本动力。学习科学技术应把准方向、守正创新、真抓实干，在科学研究、科技创新中树立“实干”和“信心”，以创新实干接续奋斗，对未来发展充满无限可能，在人生的征程上谱写创新实践的新篇章。

3. 项目的现实价值

客户的设计要求为计时器。本项目将通过“计时器的设计与制作”，从项目承接与项目分析、电路设计、产品外形设计、产品安装与调试到项目总结与反思、产品量产化，展示从构思到打样、从硬件制作到产品组装的过程。计时器产品（分解图）如图 7-1 所示。

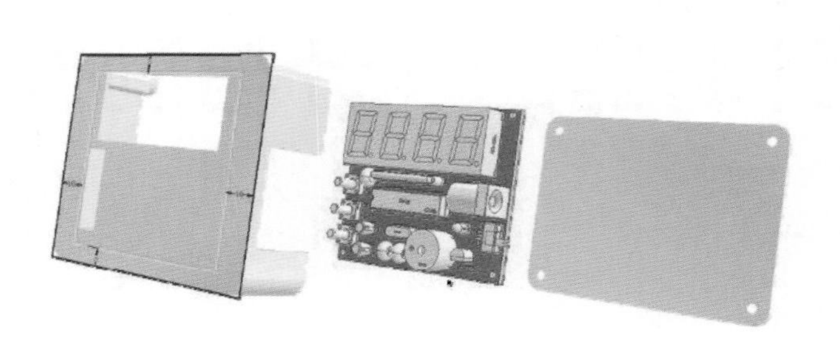

图 7-1　计时器产品（分解图）

产品动画：计时器

电路设计图纸

4. 项目实施目标

（1）知识目标：了解电子产品设计的完整流程，不同工程软件的使用技巧。

（2）技能目标：掌握电路设计、三维模型设计的方法、步骤。

（3）职业素养：规范操作，了解规则，遵守规则。

二、项目分析与路径

1. 项目分析

电子产品设计通常是为了解决特殊问题或提供某种功能，产品设计前应有明确的设计目标。根据这个设计目标分析任务，选择解决问题的方法和步骤。产品外观构想如图 7-2 所示。

图 7-2　产品外观构想

根据项目设计目标提取关键要求“计时”，在浏览器中使用“计时器”“秒表”“计时显示电路”等关键词检索网络获取信息，寻找符合产品设计要求的电路设计方案。

本项目围绕关键词“计时器”“计时电路”，寻找类似功能的芯片时，找到的芯片多为“时间基准”芯片。通过搜索了解，“时间基准”芯片通常为单片机提供时间信息和时钟信号。本项目设计的计时器无须长时间计时，可以直接采用单片机的计时机制，通过程序统计时间。

采用单片机设计一款计时器，电路设计可以根据设计需要和芯片性能自由调整。本项目将选择国产单片机芯片作为电路主控核心电子元器件，结合普通电子元器件即可完成电路设计。外观设计采用数码管显示造型，产品设计流程如图 7-3 所示，请根据该设计目标完成产品设计的各个任务。

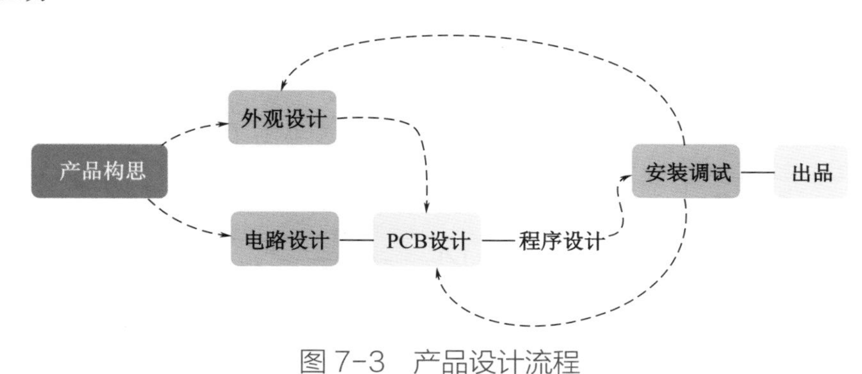

图 7-3 产品设计流程

根据设计需求和预选购的电子元器件选定产品规格，拟定电路设计方案，为此对电子产品的基本参数进行构思。

设计分析

产品作用：计时、发出提示音。
设计思路：使用单片机芯片设计控制电路，可发出提示音。
电路设计：采用单片机主控芯片，三极管驱动扬声器。
外观设计：小盒子造型，有按键、电源接口。

产品电路结构图如图 7-4 所示，接下来根据这个产品电路结构图设计电路。

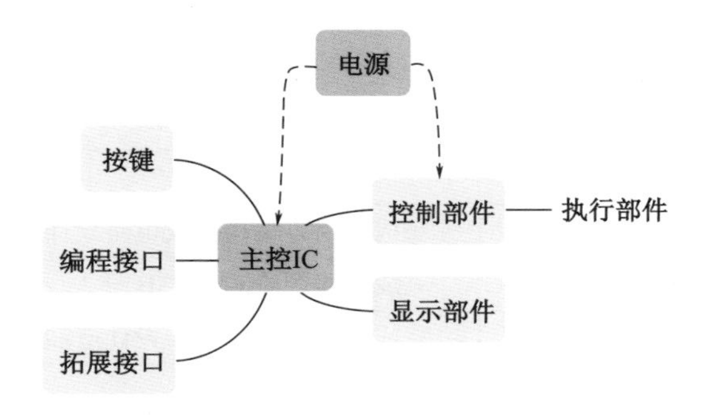

图 7-4 产品电路结构图

2. 项目路径

本项目共由 5 个任务构成，将从电路设计和三维模型设计软件综合使用的过程来探究设计电子产品的基本要素。

任务 1 查找、选择电子元器件，完成电路设计；任务 2 完成电路图绘制，PCB 导入、导出与打样；任务 3 绘制产品外壳，完成产品外观设计；任务 4 安装调试产品；任务 5 预览产品设计，寻找缺陷。项目任务分布如图 7-5 所示。

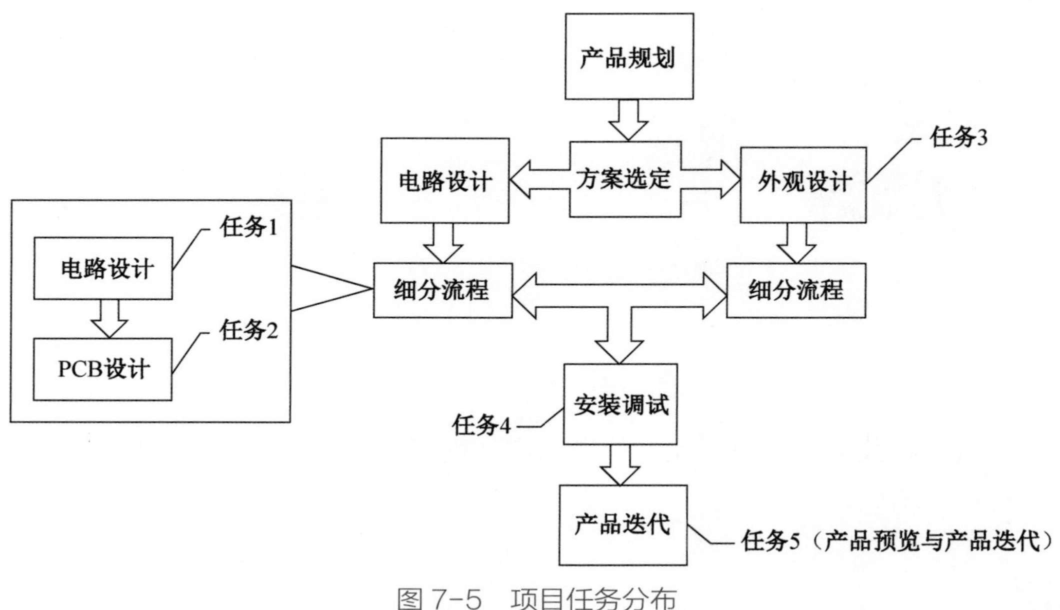

图 7-5　项目任务分布

三、项目准备与实施

1. 项目准备

通过实践了解电路产品的设计与制作流程，任务分布见表 7-1。

表 7-1　任务分布

任务	任务名称	任务说明
任务 1	电路设计	完成电路方案构思及电路设计
任务 2	PCB 设计	完成电路图绘制，PCB 导入、导出与打样
任务 3	产品外壳设计	完成产品外形构思，设计产品外壳
任务 4	产品安装与调试	安装调试产品
任务 5	产品预览与产品迭代	预览产品设计，寻找缺陷

2. 项目实施

通过任务 1～任务 5 完成计时器的设计与制作，熟悉电子产品的综合设计与制作。

任务 1 电路设计

本项目电路功能主要通过单片机编程实现，设计电路时要以单片机芯片为核心。

任务分析

根据设计分析，本项目电路设计可围绕单片机进行。设计过程可参考已有的电路设计方案，通过分析比较同类产品的电路设计方案，并结合设计成本、性能要求、外形大小要求等，选择一款符合设计要求的单片机，然后根据单片机的数据手册进行设计。

单片机是一种通过改变内部程序，来定义引脚功能的芯片。它的用途广泛，种类繁多，使用前需要了解其基本参数：存储大小、I/O 数量、编程方式、通信协议等。

任务实施

1. 获取与分析单片机参数：查找典型应用电路，计算数据。
2. 拟定物料与绘制封装：根据筛选的电子元器件制作物料清单表，根据选用的电子元器件绘制符号，选用封装并放置。

根据设计需求选择电子元器件，可以参考单片机开发板的电路，其中需要具有报警功能（用于发出提示音）和可操控的按键。

1. 获取与分析单片机参数

单片机作为电子产品开发设计必备的芯片，其种类繁多、型号丰富。在芯片设计行业中，芯片设计、生产厂商通常会有多个系列的单片机，常见的单片机有 STC89 系列、STM32 系列、AT89 系列等。使用单片机构建计时电路时，可以根据自己已有的知识、使用习惯选择单片机。

本项目选择 AT89C2051 和 STC15W404AS 进行产品设计，AT89C2051 为国外厂商生产的单片机，STC15W404AS 为国产单片机。在浏览器中使用“AT89C2051”“STC15W404AS”关键词检索网络获取的信息，或在嘉立创 EDA（专业版）软件中使用元器件查找功能获取单片机的数据手册，如图 7-6 所示。

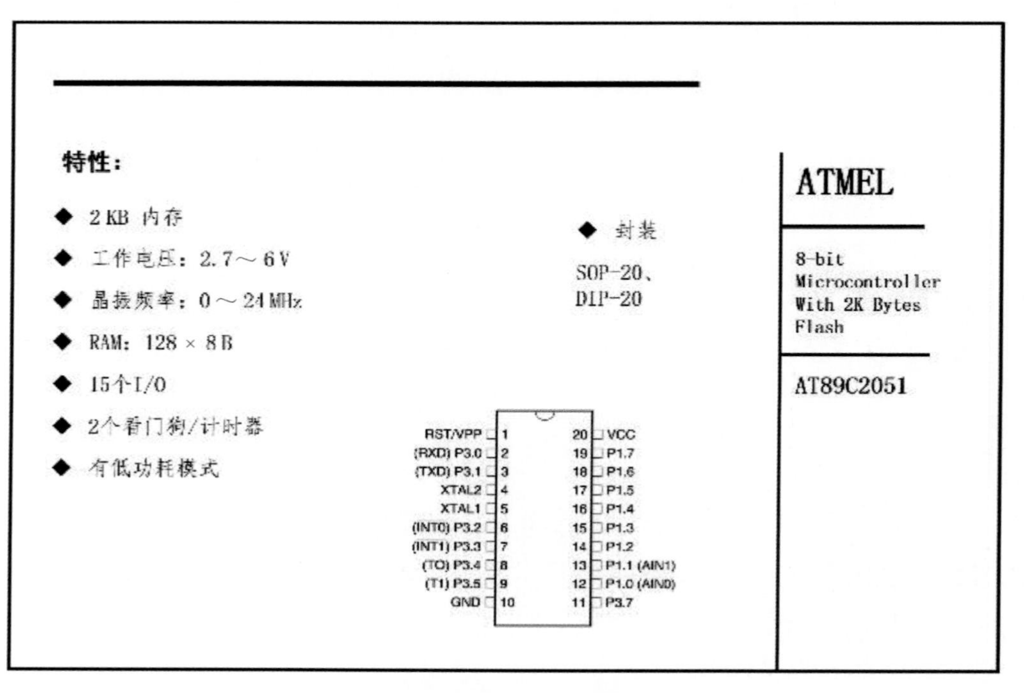

图 7-6　单片机的数据手册

（1）芯片数据分析。

单片机相当于一台简易计算机，通过执行程序控制信号。单片机也是由 CPU、RAM、ROM、总线等部件构成的，能够接收信号、发送信号、存储、运行程序。单片机数据手册会给出其典型应用电路，还会有针对这款单片机的开发板，阅读数据手册可知芯片的基本工作条件和基本参数性能。芯片的参数性能通常是通过典型应用电路构建的测试环境测试所得。设计过程参考典型应用电路图即可，如图 7-7 所示。

分析图 7-7，它是 AT89 系列单片机开发板电路图，其中包含按键控制电路、数码管显示电路、蜂鸣器驱动电路等。结合图 7-4 所示的产品电路结构，只需要选用这些模块，通过调整典型应用电路设计电路，即可实现本项目产品的基础功能要求。

项目七的电路硬件设计在电路图阶段采用分模块绘图的方法，根据图 7-7 所示，可将相应的电子元器件放置在模块中，连接电路完成电路原理图设计。选择的部分电子元器件如图 7-8 所示。这些电子元器件分别为“四位一体式共阴极数码管”“开关”“蜂鸣器”，根据电子元器件的查找步骤，在嘉立创 EDA（专业版）软件中使用关键词查找电子元器件，将查找到的电子元器件数据记录在表 7-2 中。

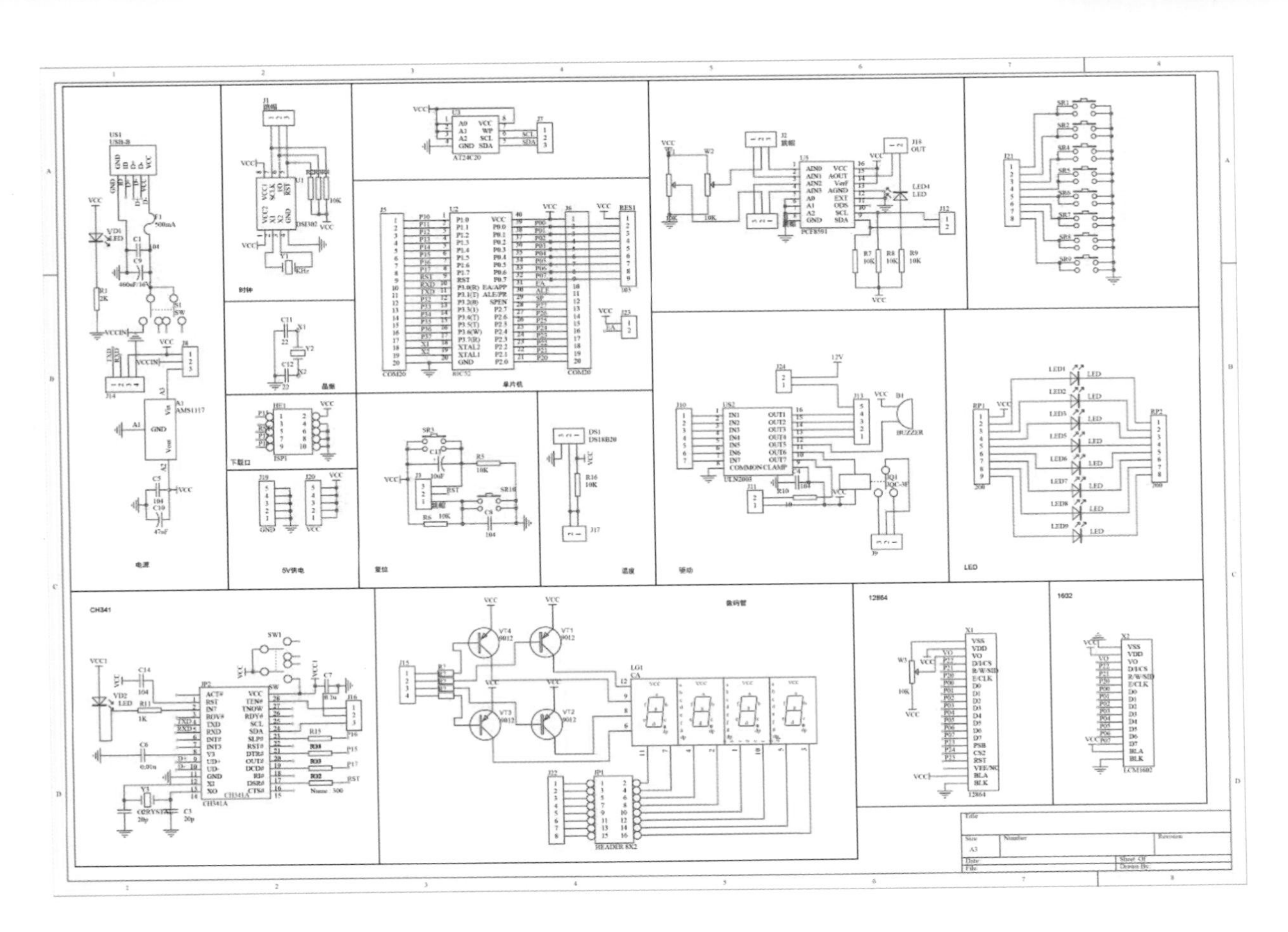

图 7-7 典型应用电路图

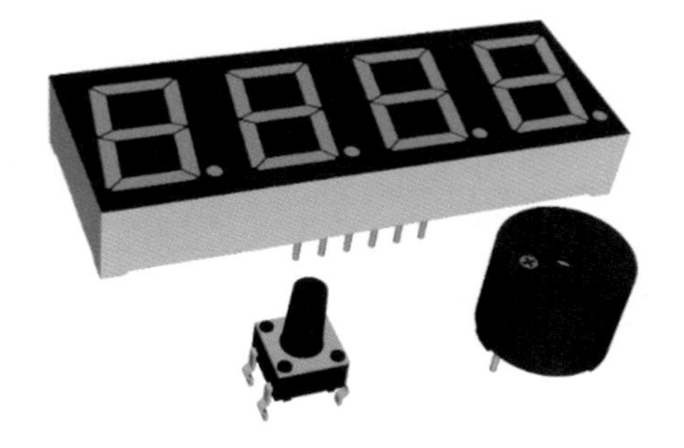

图 7-8 选择的部分电子元器件

表 7-2 电子元器件查找结果记录表

序号	关键词	查找结果		
		型号	封装	编号
1	四位一体式共阴极数码管			
2	开关	TL3301CF160QG	SMD，6mm × 6mm	C273522
3	蜂鸣器			

2. 拟定物料与绘制封装

双击打开嘉立创 EDA（专业版）软件，单击“文件”→“新建”→“工程”菜单命令，填写工程“名称”→选择存储的“工程路径”。单击“Schematic1”文件夹，然后双击“1.P1”即可进入电路图绘制界面。根据物料清单表使用“Shift+F”组合键打开电子元器件查找界面或直接打开电子元器件放置界面，进行电子元器件查找并放置，操作流程如图 7-9 所示。

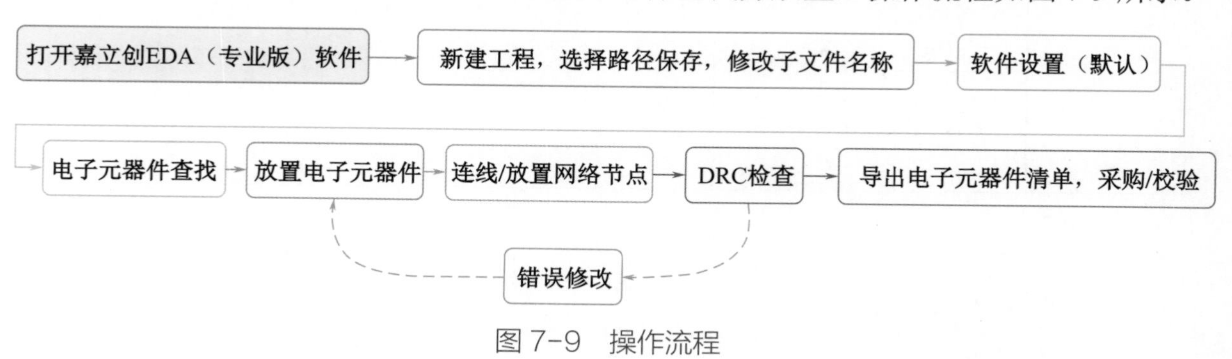

图 7-9　操作流程

参考电路图如图 7-10 所示。

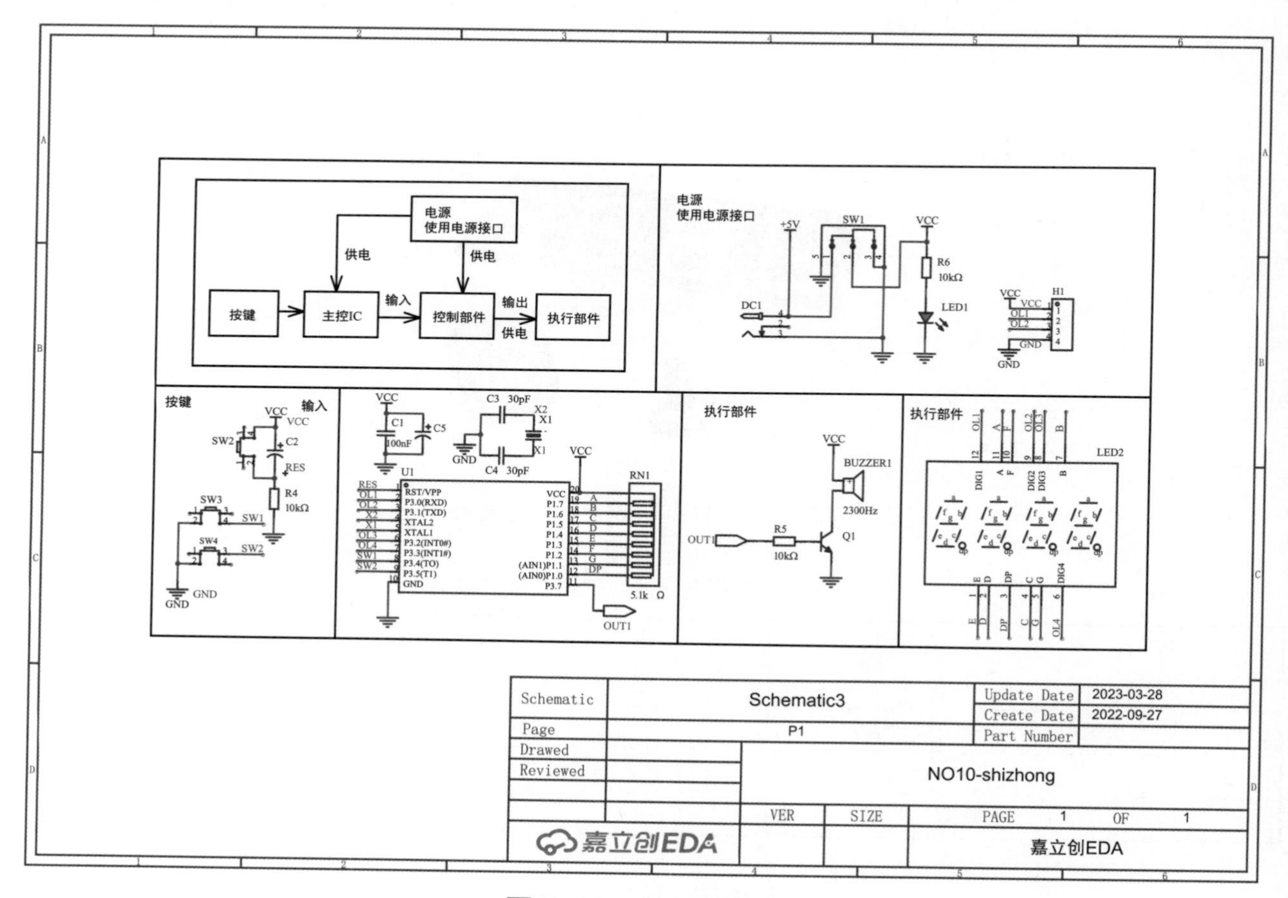

图 7-10　参考电路图

电子元器件外观参考如图 7-11 所示。

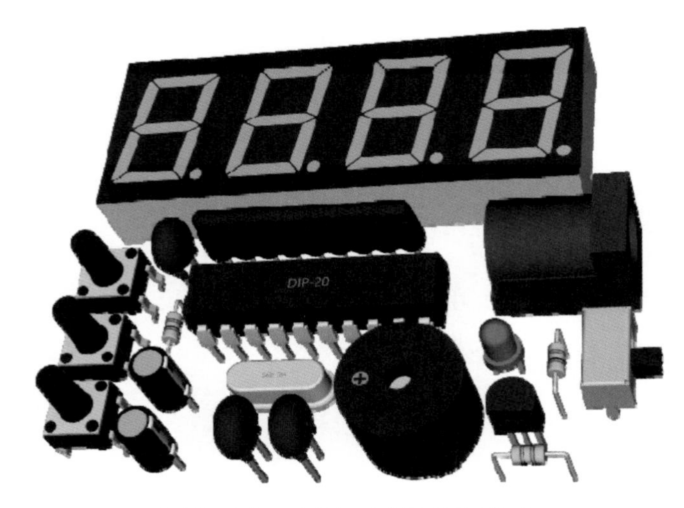

图 7-11 电子元器件外观参考

根据图 7-10 所示筛选符合要求的电子元器件，拟定针对本项目产品的物料清单（BOM）表。使用嘉立创 EDA（专业版）软件对物料清单表中的电子元器件进行筛选，并拟定电子元器件的封装，为设计电路做准备。根据此表在嘉立创 EDA（专业版）中查找电子元器件，并为物料清单（BOM）表补充封装和电子元器件的编号等信息。物料清单（BOM）表见表 7-3。

表 7-3 物料清单（BOM）表

序号	数量	型号	位号	封装	值	编号
1	1	TMB12A05_C96093	BUZZER1	BUZ-TH_BD12.0-P7.60-D0.6-FD	2300Hz	C96093
2	1	CC1H104ZA1FD3F6C1000	C1	CAP-TH_L6.0-W3.2-P2.54-D0.6	100nF	C377841
3	2	EEAGA1E100H	C2，C5	CAP-TH_BD4.0-P2.50-D0.6-FD		C713351
4	2	CC1H104ZA1FD3F6C1000	C3，C4	CAP-TH_L6.0-W3.2-P2.54-D0.6	30pF	C377841
5	1	RE-H042TD-1190(LF)(SN)	CN1	HDR-TH_4P-P2.54-V_RE-H042TD-1190		C160334
6	1	DC-005_2.0	DC1	DC-IN-TH_DC-5520-1		C16214
7	1	LED_TH-R_3mm	LED1	LED-TH_BD3.0-P2.54-FD		
8	1	FJ5461AH 橙红	LED2	LED-SEG-TH_12P-L50.3-W19.0-P2.54-S15.24-BL		C10709
9	1	S8050_NPN	VT1	TO-92-3_L5.1-W4.1-P1.27-L		C2826359
10	1	Res_AXIAL-1/8W	R4	RES-TH_BD1.8-L3.2-P7.20-D0.4	10kΩ	
11	2	Res_AXIAL-1/8W	R5，R6	RES-TH_BD1.8-L3.2-P7.20-D0.4	1kΩ	
12	1	A09-512JP	RN1	RES-ARRAY-TH_9P-P2.54-D1.0	5.1kΩ	C30844
13	1	SK12D07VG4	SW1	SW-TH_SK12D07VG4		C393937
14	3	Key_TH_6×6×4.5	SW2，SW3，SW4	KEY-TH_4P-L6.0-W6.0-P3.90-LS6.5		C2834896
15	1	AT89C2051-24PU	U1	DIP-20_L26.8-W6.4-P2.54-LS7.6-BL		C5363
16	1	HC-49/U-S12000000ABJB	X1	HC-49US_L11.5-W4.5-P4.88	-	C326537

任务2 PCB设计

上一个任务拟定了物料清单表，在绘图过程中可根据设计需求增减电子元器件、修改电子元器件封装。计时器可以挂在使用者身上或放在口袋中携带，因此体积不能太大，即PCB体积不能太大。

任务分析

本任务根据任务1查找到的数据，完成电路图的绘制并检查。电路图绘制时根据电路设计结构依次进行，部分电路可直接使用前面项目的设计。

任务实施

1. 设计电路与导入PCB：设计围绕单片机的辅助电路，完成电路图的绘制并检查。导入PCB，调整电子元器件布局、布线。
2. PCB导出与打样：导出PCB的模型图纸，PCB打样。

1. 设计电路与导入PCB

电路设计的重点在于主控芯片运行电路缺失参数的计算和电子元器件的封装选定。对比主控芯片数据手册中的典型应用电路，选取需要的部分，绘制在电路图中。电路图如图7-12所示。

根据物料清单（BOM）表放置完所有的电子元器件，调整电子元器件、电子模块的布局，使用导线连接，电源正极（VCC）、接地端（GND）通常使用网络标号。电路设计完成后进行DRC检查，检查结果无错误、无警告后，更新到PCB中。DRC检查结果如图7-13所示。

PCB绘制的重点在于电子元器件的布局、布线。导入PCB后，需要对电子元器件的引脚连线情况进行校验。PCB的大小、形状根据导入电子元器件的封装大小而定，基于节约PCB板材的设计原则，将PCB外框设计为60mm × 50mm的长方形，定位孔放置在四角，定位孔距离外边框2mm。

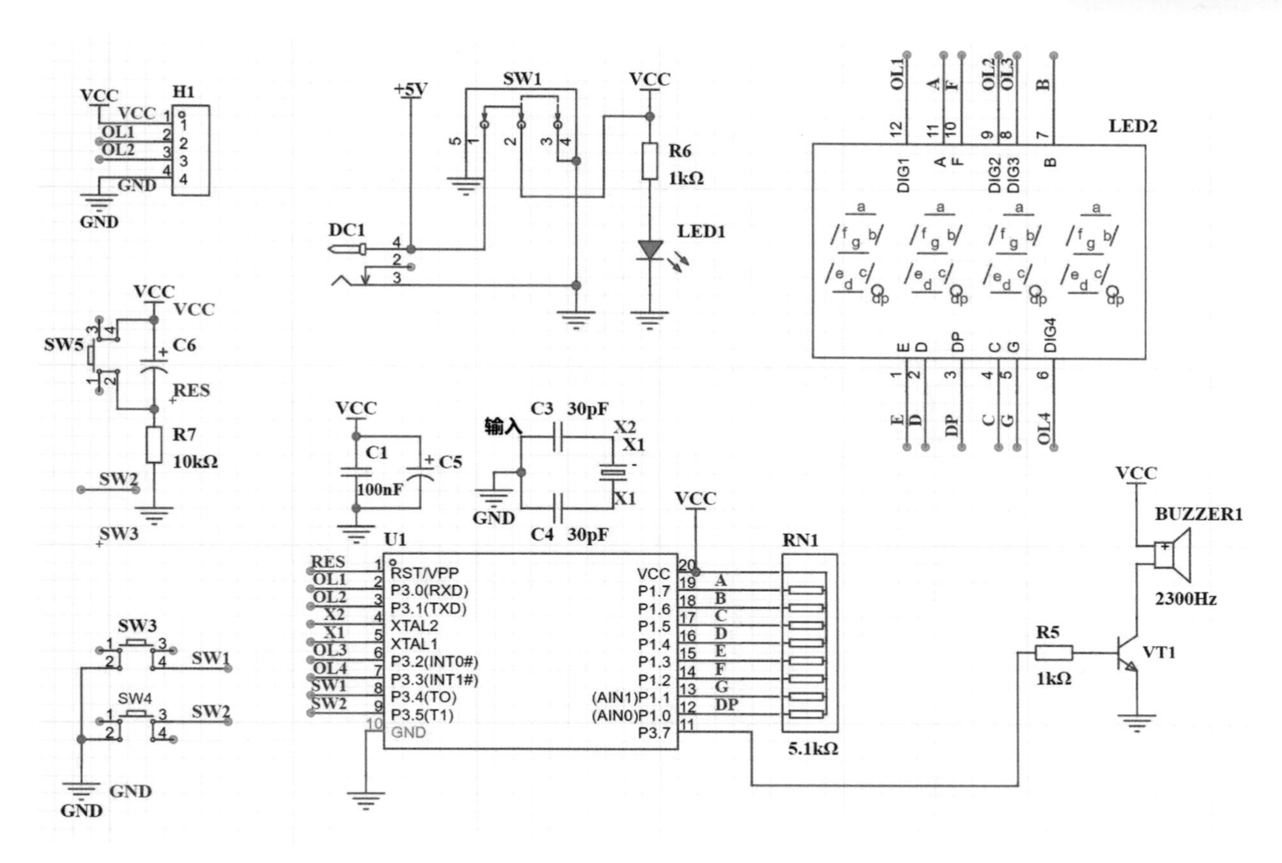

图 7-12　电路图

检查DRC

导出　清空

- 全部 (2)
- 致命错误 (0)
- 错误 (0)
- 警告 (0)
- 信息 (2)

2023-03-29 08:31:30　[信息]：开始设计规则检查。

2023-03-29 08:31:30　[信息]：完成设计规则检查。致命错误：0，错误：0，警告：0，信息：0。

图 7-13　DRC 检查结果

根据给定的产品外壳和 PCB 外框进行设计，计时器数码管要在产品面板上体现。在调整电子元器件布局时，需要把按键、开关、数码管、充电口安放在特定的位置。绘制 PCB 外框后，先放置有位置要求的元器件，再放置核心元器件，最后再放置普通元器件。注意 PCB 的外框尺寸和螺钉孔（定位孔）的放置位置。

调整电子元器件的布局，效果如图 7-14 所示。

按要求调整电子元器件布局，修改 PCB 设计规则，其中设置线宽最小值为 15 mil，最大值为 100 mil，布线值为 20 mil。功率较大的电路需要手动添加布线规则，这款产品的 VCC 网络节点对功率的要求比普通网络节点的要大，针对 VCC 网络节点设置线宽，VCC 布线线宽值设置为 20 mil，最小值为 10 mil，最大值保持默认值。

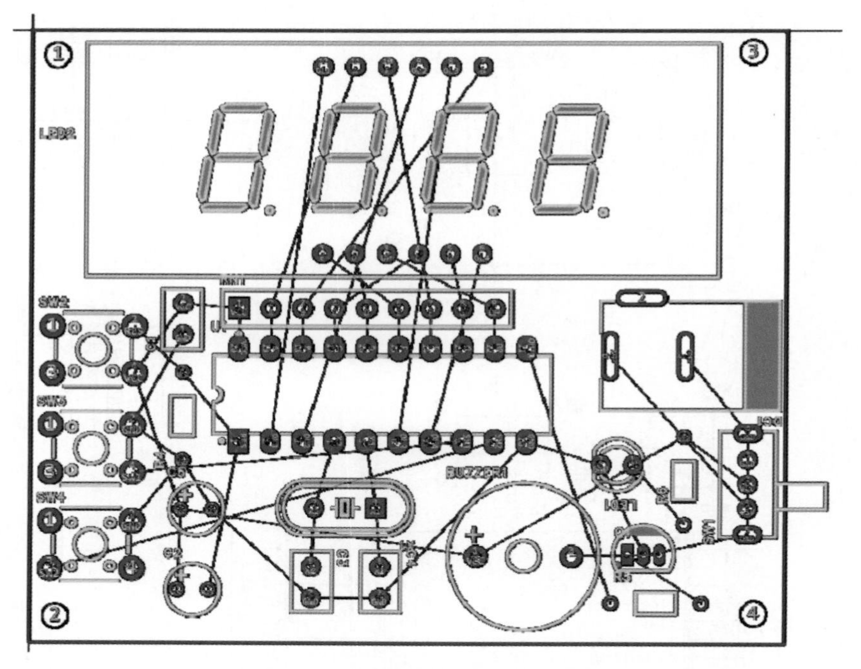

图 7-14　电子元器件的布局效果

GND 网络通常使用覆铜布置，无须单独布线，GND 网络节点的设计规则也无须调整。根据以上分析和上一个项目介绍的 PCB 的绘制方法，调整电子元器件的封装方向，使各个网络线交叉数量减少，易于完成网络线布置。布线要求顶层线路和底层线路不能平行、重叠布线，防止产生电容效应。重要的信号线、功率线、控制线尽量布直线，减少弯曲次数，必要时修改电子元器件的布置，以缩短线长。PCB 布线效果如图 7-15 所示。

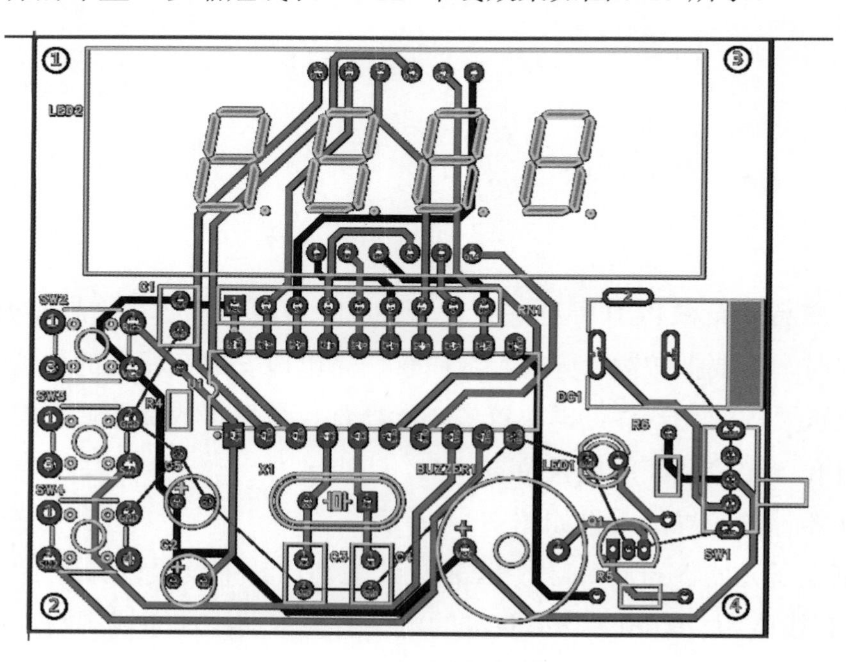

图 7-15　PCB 布线效果

2. PCB 导出与打样

PCB 绘制完成后，打开 3D 视图，查看 PCB 设计结果。产品外形设计需要参考 PCB 的外观、形状、开关排布等，通过“导出”选项将 PCB 模型导出为 STEP 格式的文件。PCB 模型导出效果如图 7-16 所示。

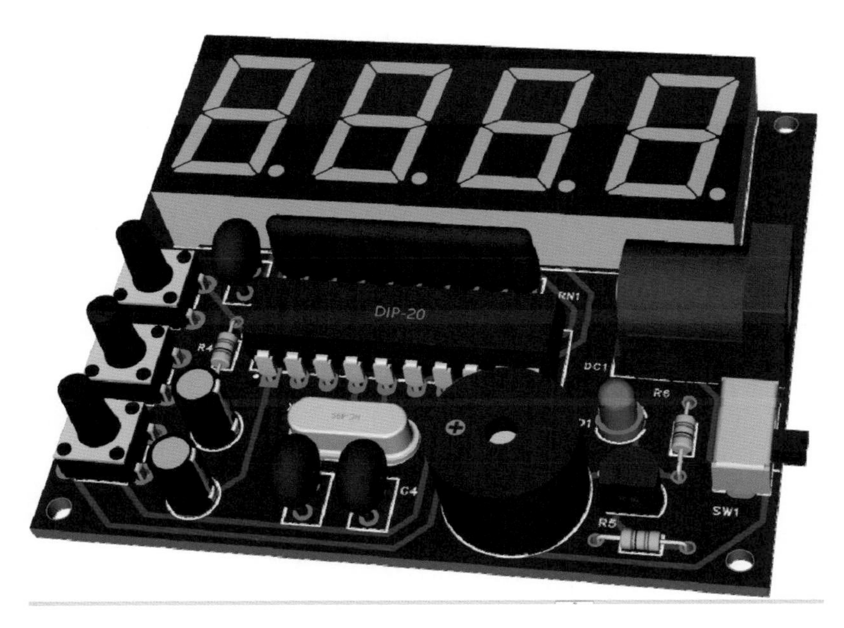

图 7-16　PCB 模型导出效果

预览 PCB 模型，无误后，进行 DRC 检查。检查无误，上传并打样。PCB 打样参数如图 7-17 所示。

工艺信息： 【因近期订单剧增，导致各工厂交期紧张，整体交期可能会延误1～2天左右，我们会尽快调整恢复正常，给您带来的不便，敬请谅解！】

板材类型:	FR-4	产品类型:	工业/消费/其他类电子产品
板子层数:	2	板子厚度:	1.6 mm
拼版款数:	1	板子数量:	5
板子宽度 （cm） :	5	板子长度 （cm） :	6
阻焊颜色:	绿色	字符颜色:	白色
是否为半孔板:	否	半孔边数量:	0
阻焊覆盖:	过孔盖油	焊盘喷镀:	有铅喷锡
线路测试:	全部测试	是否需要SMT贴片:	不需要
运输方式:	跨越标准速运(寄付)	金手指斜边:	不需要
需要发票:	企业/增值税电子普通发票		
外层铜厚:	1盎司		

图 7-17　PCB 打样参数

●● 任务 3　产品外壳设计

任务 1 和任务 2 完成了电路设计和 PCB 打样，使用嘉立创 EDA（专业版）软件绘制 PCB 时，导出 PCB 模型，作为产品外壳设计的依据，三维模型绘制在 Inventor 软件中进行。产品外壳完成效果如图 7-18 所示。

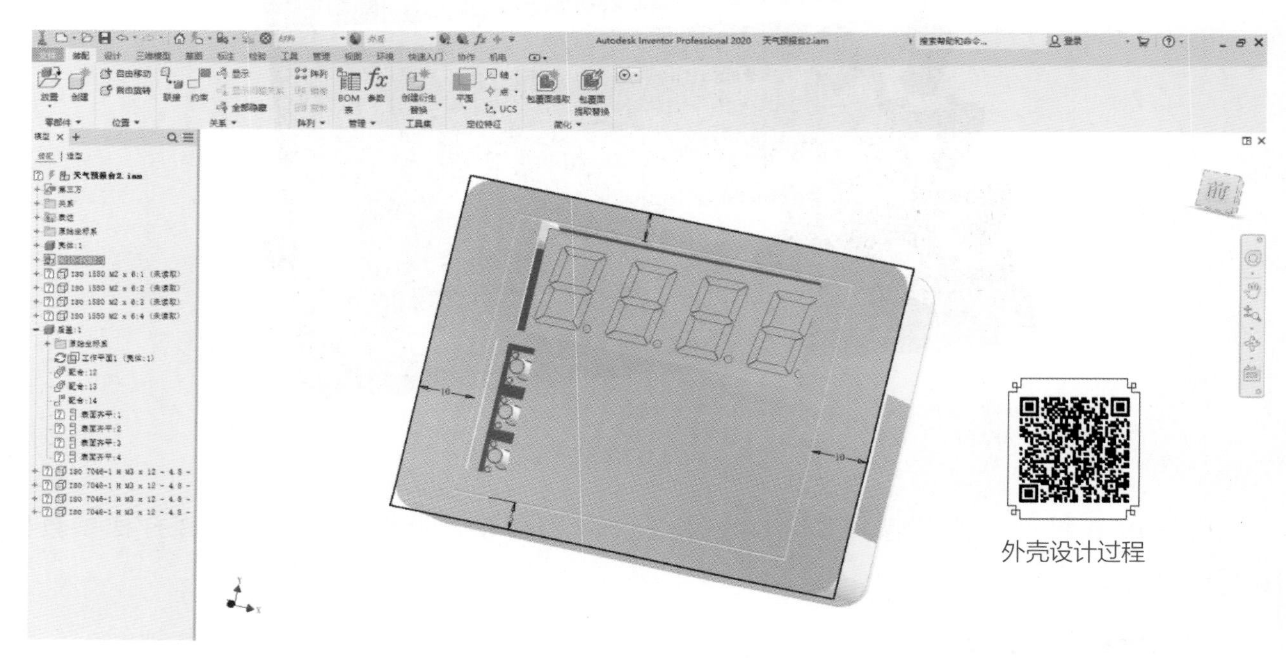

图 7-18　产品外壳完成效果

任务分析

使用三维模型设计软件设计产品外壳前，应构思产品的长、宽、高和表面特征，同时注意产品外壳应能够保护电路、突出按键位置、凸显数码管显示特征。

任务实施

1. 构思与构建三维模型：构思产品外壳，设想三维模型；创建模型工程，导入 PCB 模型，使用拉伸工具、测量工具等绘制产品外壳草图。

2. 调整与导出三维模型：介绍与使用模型调整工具，装配与渲染三维模型，模型格式与模型导出，预览导出模型。

3. 三维模型打样：调整打样参数，自主打样与平台下单打样，观察生活中使用的物品，思考物品外形设计的方法和步骤。

1. 构思与构建三维模型

根据图 7-18 所示的计时器产品外壳，需要使用三维模型设计软件设计一个长方体的盒子。设计简单的电子产品外形时，通常用“减法”，即在一个长方体中减去不需要的几何体。将模型划分为几个几何形状，从基础面开始绘制。保持原有的设计风格，产品外壳采用“顶壳+底板”的形式，将产品外壳分为：顶壳、底板、按键帽。产品外壳结构设计要保证 PCB 能够牢牢固定在产品中，如图 7-19 所示。

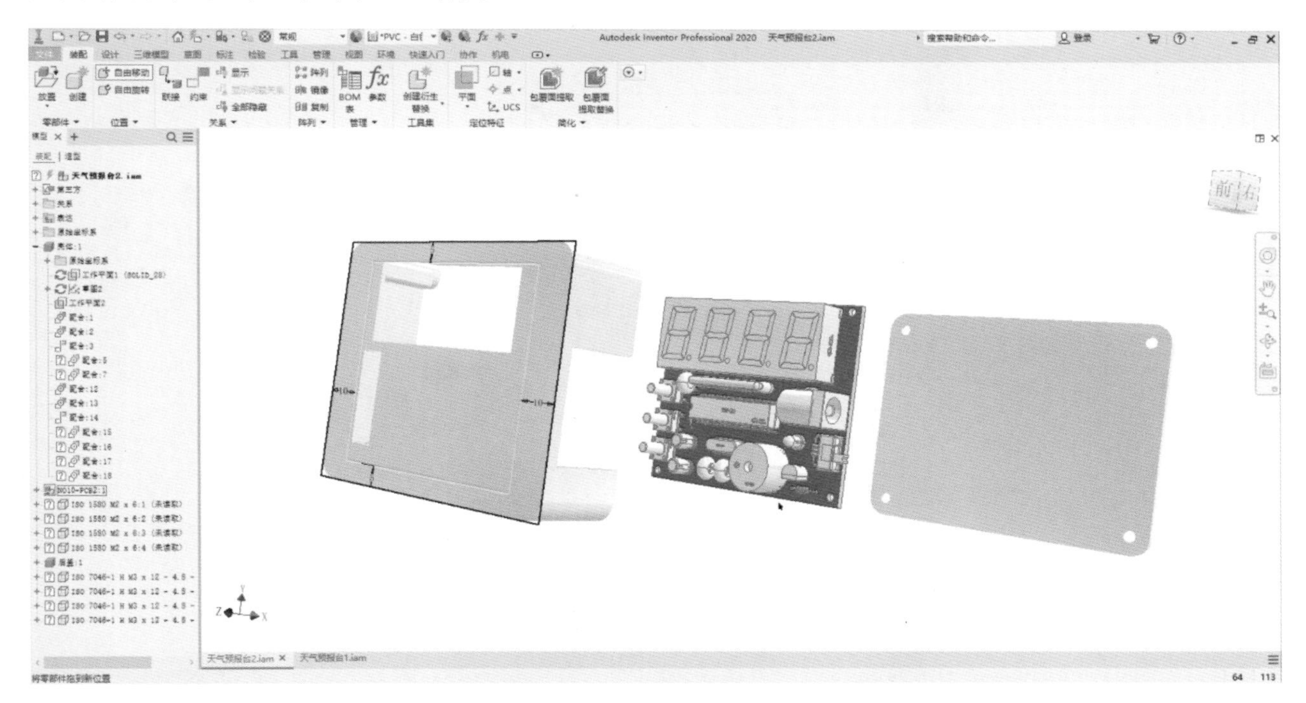

图 7-19 产品外壳结构

在 PCB 的顶面使用草图绘制，将底板投影到草图上，完成草图绘制后将投影面通过拉伸工具新增一个 2mm 厚的平面。绘制出顶壳，顶壳的边角倒圆角。顶壳与底板的对接方向使用草图绘制，投影螺钉孔后使用拉伸工具。顶壳绘制结果如图 7-20 所示。

底板结构简单，绘制结果如图 7-21 所示。

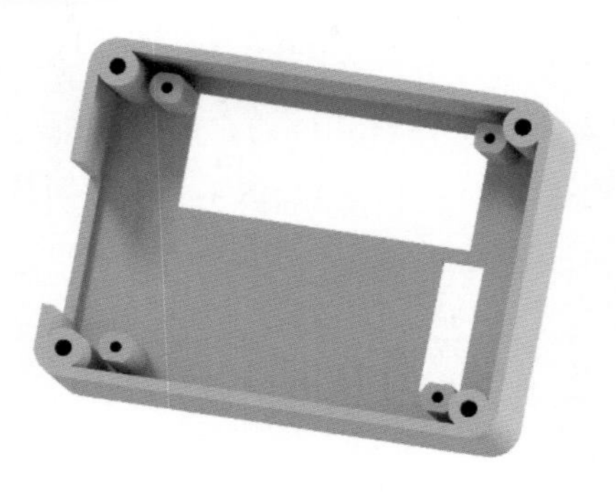

图 7-20　顶壳绘制结果

图 7-21　底板绘制结果

2. 调整与导出三维模型

使用测量、偏移、倒角工具对模型进行修改。偏移工具用于修改实体，实体根据模型厚度进行调整。保留产品的直角造型，也需要进行倒角处理。倒角半径不能超过壁厚，内外角都需要倒角，倒角效果如图 7-22 所示。

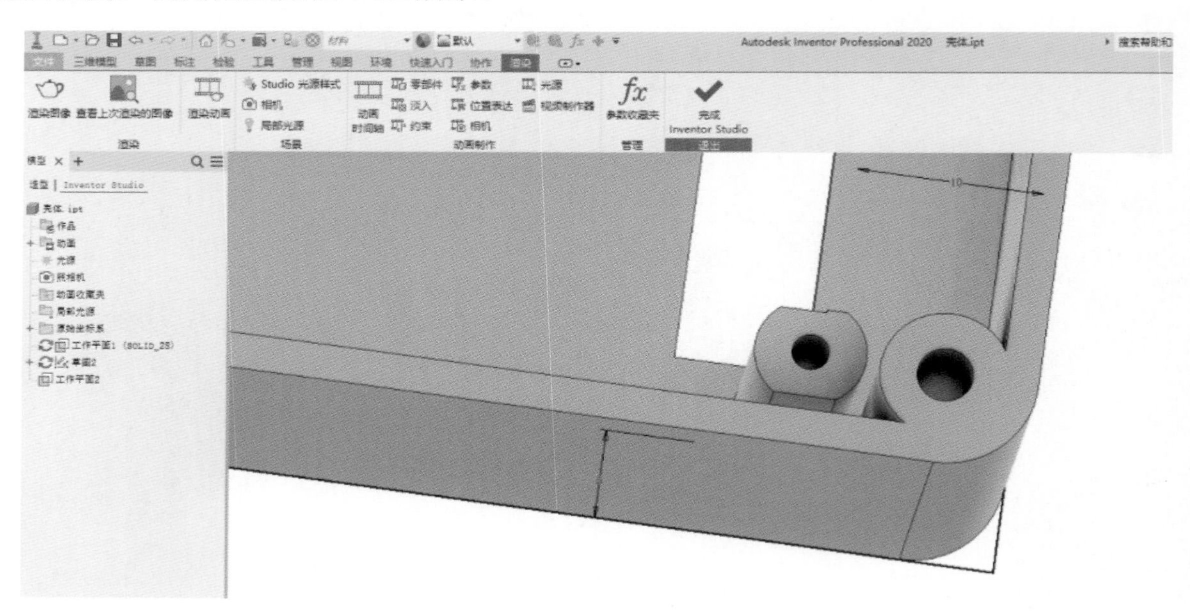

图 7-22　倒角效果

设计过程遵循从“二维平面”到“三维空间”的绘制顺序，根据工程图纸“三视图”提取信息，绘制外壳。将模型文件导成常用的三维模型文件格式，即 STL 格式，用于模型打样。导出步骤如图 7-23 所示。

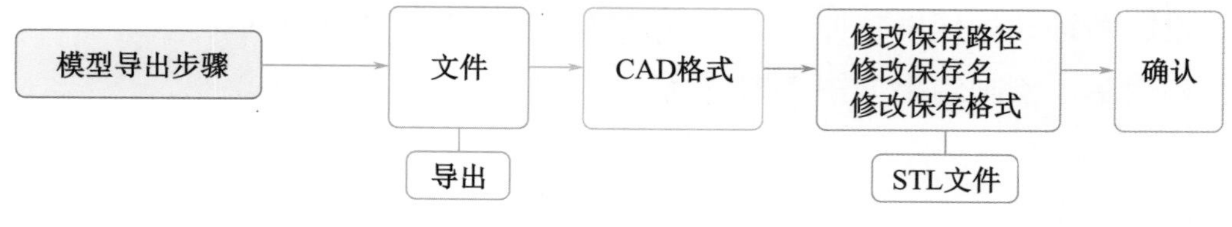

图 7-23　模型导出步骤

3. 三维模型打样

（1）3D 打印机。

使用切片软件对模型的 STL 文件进行切片，导出“切片”文件。切片效果如图 7-24 所示。

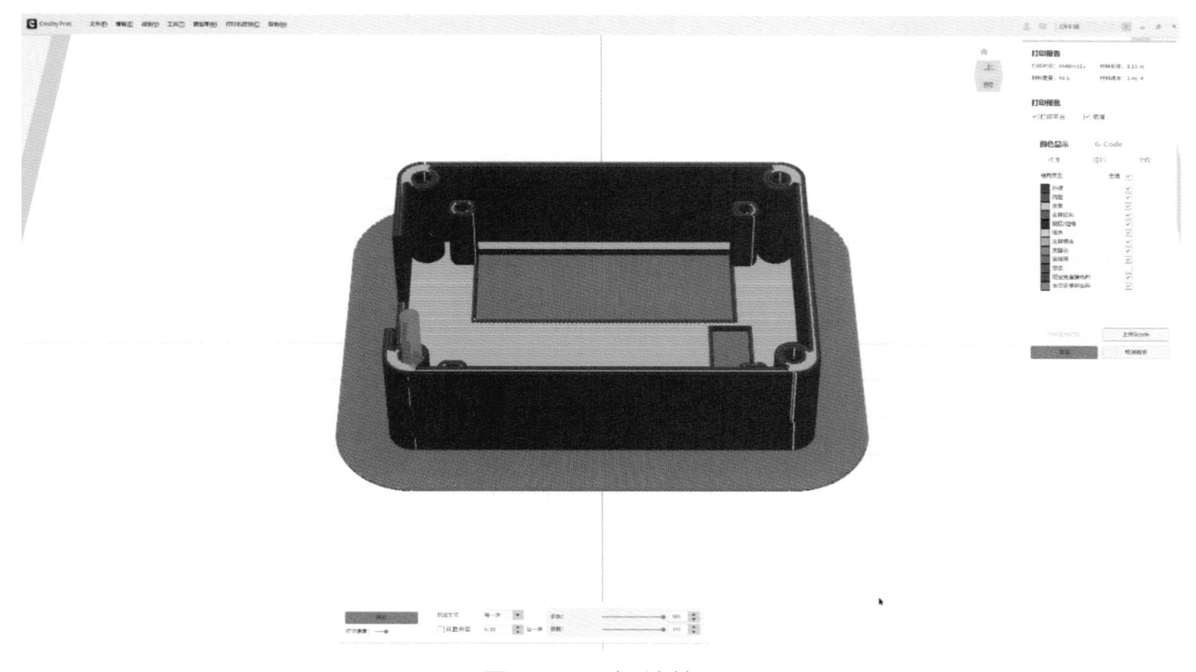

图 7-24　切片效果

通过数据线或 SD 卡将“切片”文件复制导入 3D 打印机。添加打印材料，设置材料类型，设置自动调平后，打开“打印”菜单，选择“切片”文件进行打印。打印时长根据模型的大小而不同，本产品预计需要打印 3 小时。3D 打印机调试打印步骤如图 7-25 所示。

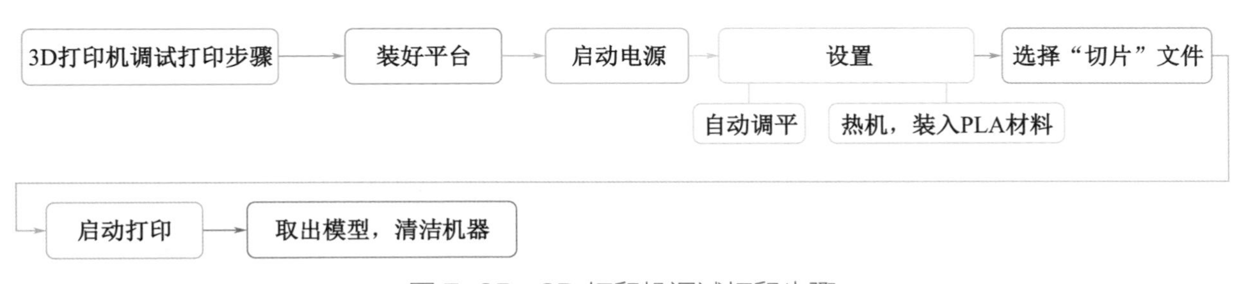

图 7-25　3D 打印机调试打印步骤

（2）3D 打印服务。

使用 3D 打印平台对产品模型进行打样，以未来工厂的 3D 打印服务为例，步骤为：注册/登录账号→选择 3D 打印服务→上传 STL 文件→选择打印材料→选择颜色、输入数量→解析、报价→填写订单信息（收货地址、联系人）→下单付款→收货确认。模型打印网站提交打印的步骤如图 7-26 所示。

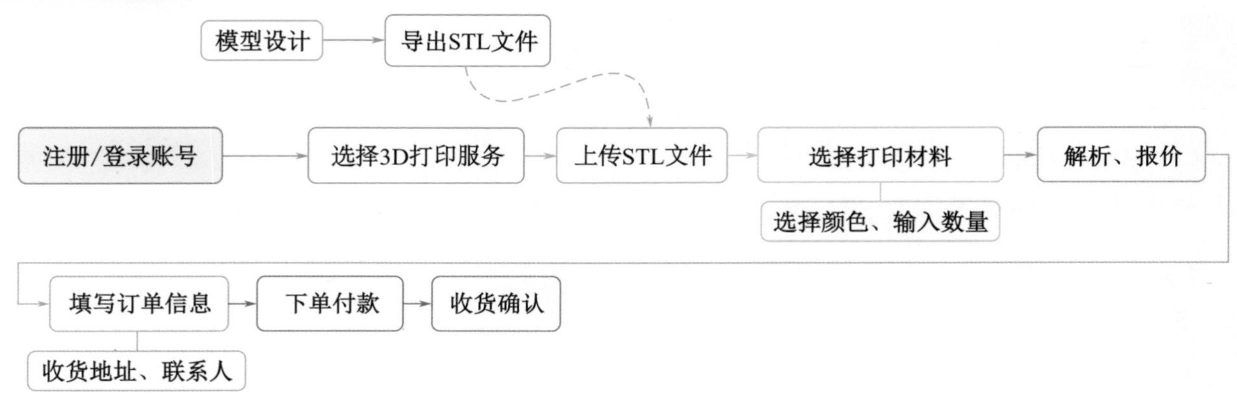

图 7-26　模型打印网站提交打印的步骤

导出后使用 Inventor 软件打开导出的 STL 格式文件，并进行测量，确认测量结果与设计图纸一致，才能使用该 STL 文件打样、生产外壳样品。打样参数如图 7-27 所示。

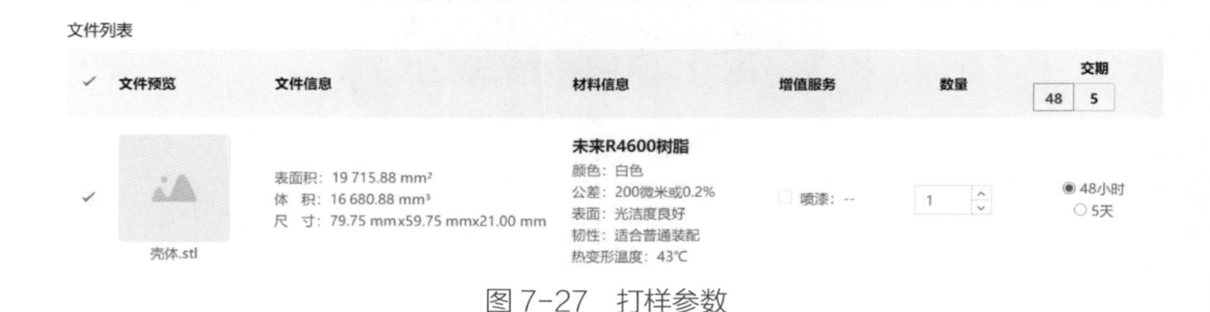

图 7-27　打样参数

任务 4　产品安装与调试

产品电路设计与模型设计完成后，进入方案可行性验证阶段，本任务的重点在于产品的制作与调试。使用单片机设计电路需要根据产品的特点和 I/O 接口分配情况，设计程序并导入单片机，没有程序的单片机无法驱动电路实现产品的预想功能。

任务分析

通过前 3 个任务完成了计时器电路的设计、PCB 绘制、PCB 模型导出、PCB 打样、产品的外壳设计、模型打样，距离产品设计完成还有一半的工作，其中包括制作产品电路、编写程序、安装调试等。

任务实施

1. 材料、工具准备：检查要使用的材料是否齐全，工具是否损坏。
2. 电路制作：按照流程制作电路。
3. 程序设计：使用单片机编程软件为单片机编写程序。
4. 电路调试：安装并调试电路。

1. 材料、工具准备

（1）工具准备。

制作电路使用的工具有：烙铁、烙铁架、镊子、万用表、剪线钳/水口钳、吸锡器（焊错元器件，需要拆除元器件时使用吸锡器）、数字控制电源/电池、示波器。

（2）材料准备。

制作电路使用的材料有：焊锡、松香、电子元器件、电子模块、PCB、PCB 清洗剂（选用）。

2. 电路制作

（1）规划桌面，用于放置工具、材料，并预留中间位置作为电路焊接工作区。

（2）工具摆放整齐，常用工具（烙铁、烙铁架、镊子、万用表、剪线钳/水口钳）放置在桌面右侧，不常用的工具、仪表（吸锡器、数字控制电源/电池、示波器）放置在桌面左侧。

（3）制作电路前预热烙铁，准备焊锡，准备电路图和物料清单（BOM）表。

（4）根据电路图和 BOM 表，对照电路板上的元器件位号，按位号焊接电子元器件。

（5）电路制作焊接顺序：从小的、矮的电子元器件开始焊接，到大的、高的电子元器件。电路制作效果如图 7-28 所示。

图 7-28 电路制作效果

3. 程序设计

根据电路设计结果和单片机 I/O 接口分配情况设计单片机程序，参考程序如图 7-29 所示。

```
#include <STC89C5xRC.H>
#include <intrins.H>
sbit sb1=P3^4;
sbit sb2=P3^5;
sbit fmq=P3^7;
ys(unsigned int i){while(i--);}
unsigned int f,m,o;
unsigned char sm[]={0xFC,0x60,0xDA,
0xF2,0x66,0xB6,0xBE,0xE0,0xFE,0xF6};
void smg()
{
char wk=0xfe,l,bg[4];
bg[0]=sm[f/10%10];
bg[1]=sm[f%10];
bg[2]=sm[m/10%10];
bg[3]=sm[m%10];
for(l=0;l<4;l++)
{
P1=bg[l];
P3=wk;
ys(110);
wk=_crol_(wk,1);
P3=0xff;
}}
aj()
{if(sb1==0)
{ys(100);
if(sb1==0&&sb2==1)
{
TR0=1;
}}
if(sb2==0)
{ys(100);
if(sb2==0&&sb1==1)
{
TR0=0;
o++;if(o>100){o=0;f=m=0;}
}}
}

dsp()
{TMOD=0x01;
TH0=55536/256;
TL0=55536%256;
EA=ET0=1;
TR0=0;}

kz()
{if(sb1==0|sb2==0){fmq=0;}else fmq=1;
}

main()
{dsp();
while(1)
{smg();aj();kz();
}}
zd() interrupt 1
{
TH0=55536/256;
TL0=55536%256;
m++;
if(m==100)
{m=0;f++;}
if(f==60)
{f=0;}
}
```

图 7-29 参考程序

4. 电路调试

（1）调试过程与调试记录。

电路制作完成后，先测量电源正极与接地端间是否存在短路，检查功率器件安装是否正确，排查有方向性的电子元器件和电子模块的安装方向是否正确。确认安装无误，焊接点良好，根据设计时的电源参数调整数字控制电源供电测试。若测试功能正常，则可以安装电池，准备组装产品。将调试记录填入表 7-4 中。

表 7-4 调试记录

序号	功能	调试现象	调试结论	备注
1	供电	指示灯亮	供电正常	电路无短路
2	显示时间			
3	按键			
4	蜂鸣器			
……				

（2）产品组装。

使用产品外壳模型的 STL 文件，提交打样后获取三维打样模型，用于组装调试产品。组装调试产品时注意外接线路的电源线、地线不能接反，按照设计构想的步骤进行产品组装，组装完成后进行功能调试。

任务 5 产品预览与产品迭代

通过前面的任务，设计制作了一款简单的计时器，本任务需要通过调试分析和使用体验寻找产品的功能缺陷，为产品生产和产品迭代做准备。

任务分析

产品迭代即要对产品的某一特性进行升级改造，有时需要推翻前面的设计方案，重新制作。本任务将从产品改进、迭代和产品发展等方面，讨论电子产品设计提升的必要步骤。

任务实施

1. 产品预览：预览产品制作结果，确保设计稳定可靠。
2. 问题与改进：发现产品设计问题，提出改进方法。
3. 产品迭代：理解产品迭代的意义。

1. 产品预览

（1）设计分析。

在单片机参数获取与分析中，选择 AT89C2051 和 STC15W404AS 进行产品设计，前面的

图 7-30　比较结果

内容已使用 AT89C2051 完成了设计，得到的产品体积较大，需要外接电源，设计需求未能完全满足。

产品体积较大与 PCB 设计有关，其中电子元器件的选择结果会直接影响 PCB 的大小。以 AT89C2051 和 STC15W404AS 大小为例，比较结果如图 7-30 所示。

由图 7-30 可知：AT89C2051（下排左图）和 STC15W404A（下排右图）同为单片机，功能相近，性能相当，但是体积却存在巨大差异。

（2）回顾设计结果。

PCB 利用率也是影响产品大小的关键因素之一，PCB 设计结果如图 7-31 所示。

图 7-31　PCB 设计结果

2. 问题与改进

由图 7-31 可知，若仅在 PCB 的顶层布置电子元器件，则 PCB 的利用率很难提升。设计时可以将部分电子元器件放置在 PCB 的底层，更换电子元器件封装也是提高 PCB 利用率的有效方法之一。例如，使用 STC15W404AS 进行设计，PCB 设计结果如图 7-32 所示。

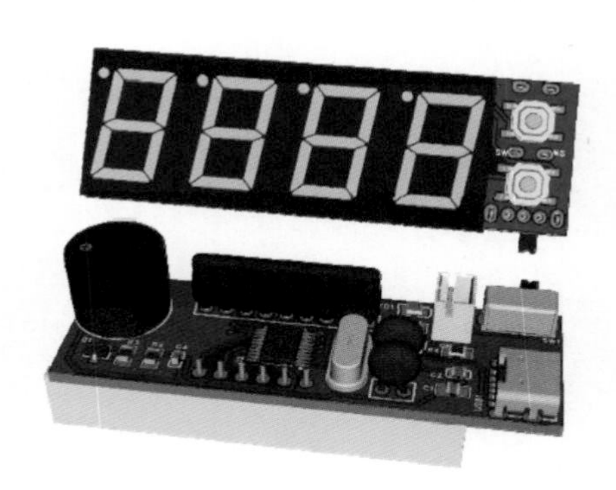

图 7-32　PCB 设计结果

电路设计图纸

可以根据物料清单（BOM）表在嘉立创 EDA（专业版）软件中查找电子元器件，绘制相应的 PCB。物料清单（BOM）表见表 7-5。

表 7-5　物料清单（BOM）表

序号	数量	型号	位号	封装	值	编号
1	1	TMB12A05_C96093	BUZZER1	BUZ-TH_BD12.0-P7.60-D0.6-FD	2 300Hz	C96093
2	1	CAP_0805	C1	C0805	100nF	
3	2	JMK107BJ106MA-T	C2，C4	C0603	10μF	C87152
4	2	CC1H104ZA1FD3F6C1000	C8，C9	CAP-TH_L6.0-W3.2-P2.54-D0.6	30pF	C377841
5	1	B2B-PH-K-S(LF)(SN)	CN1	CONN-TH_B2B-PH-K-S		C131337
6	1	LED_0805-R	LED1	LED0805-RD_RED		
7	1	FJ5461AH 橙红	LED2	LED-SEG-TH_12P-L50.3-W19.0-P2.54-S15.24-BL		C10709
8	1	S8050_NPN	VT1	SOT-23_L2.9-W1.3-P1.90-LS2.4-BR		C444723
9	2	Res_0805	R1，R3	R0805	1kΩ	
10	1	Res_0805	R2	R0805	47kΩ	
11	1	Res_0805	R4	R0805	2kΩ	
12	1	A09-512JP	RN1	RES-ARRAY-TH_9P-P2.54-D1.0	510Ω	C30844
13	1	SK12D07VG4	SW1	SW-TH_SK12D07VG4		C393937
14	2	TS5215A 160gf	SW2，SW4	SW-SMD_4P-L5.2-W5.2-P3.70-LS6.4		C412369
15	1	STC15W404AS-35I-TSSOP20	U2	TSSOP-20_L6.5-W4.4-P0.65-LS6.4-BL		C108061
16	1	PT4054	U4	SOT-23-5_L2.9-W1.6-P0.95-LS2.8-BL		C351415
17	1	USB_ TYPE-C-6P	USB1	USB-SMD_U262-061N-4BVC11		C2764612
18	1	HC-49/U-S12000000ABJB	X1	HC-49US_L11.5-W4.5-P4.88	-	C326537

3. 产品迭代

更换封装、优化 PCB 电子元器件布局后，产品外壳受 PCB 形状、电子元器件排布位置影响，也需要调整设计。PCB 优化对比结果如图 7-33 所示。

图 7-33　PCB 优化对比结果

对产品外壳进行调整设计。外壳优化对比结果如图 7-34 所示。

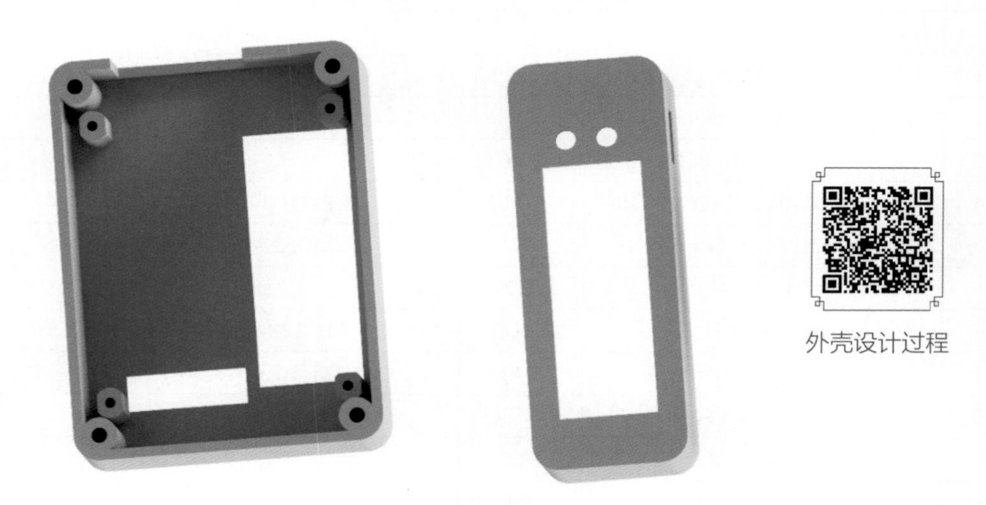

图 7-34 外壳优化对比结果

四、项目评价与总结

本项目共由 5 个任务构成，从电路设计和三维模型设计软件综合使用的过程来探究设计电子产品的基本要素。

任务 1 查找、选择电子元器件，完成电路设计；任务 2 完成电路图绘制，PCB 导入、导出与打样；任务 3 绘制产品外壳，完成产品外观设计；任务 4 安装调试产品；任务 5 预览产品设计，寻找缺陷。项目任务分布如图 7-35 所示。

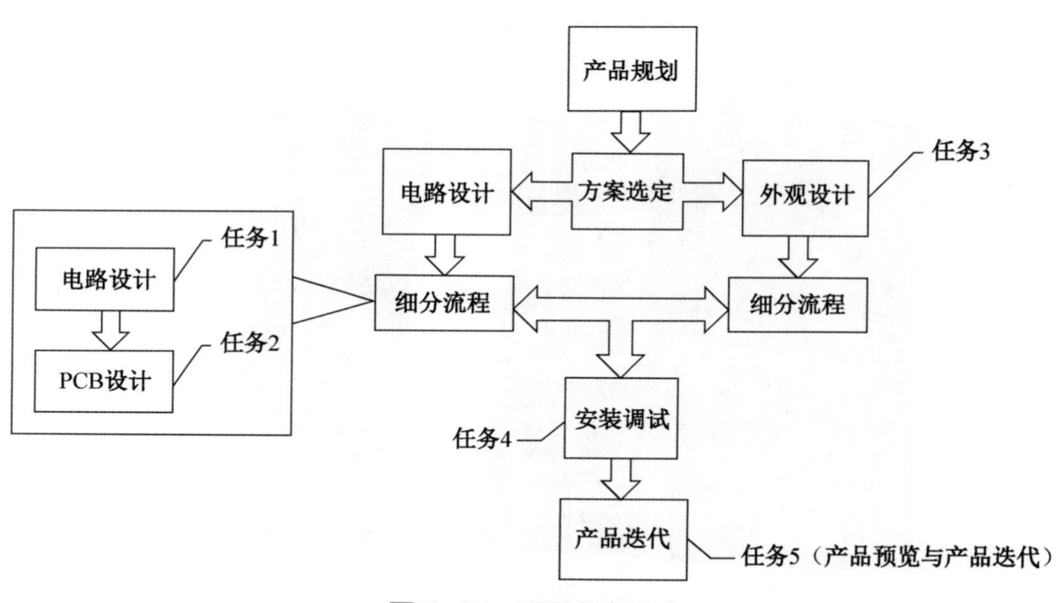

图 7-35 项目任务分布

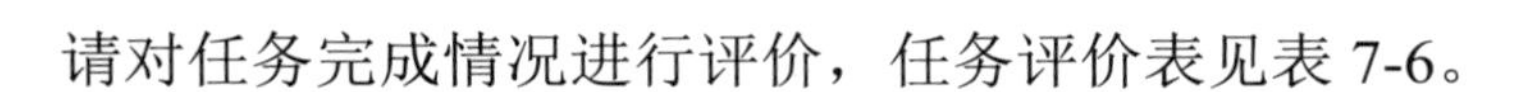

请对任务完成情况进行评价，任务评价表见表 7-6。

表 7-6　任务评价表

任务	任务名称	任务说明	体会
任务 1	电路设计	完成电路方案构思及电路设计	
任务 2	PCB 设计	完成电路图绘制，PCB 导入、导出与打样	
任务 3	产品外壳设计	完成产品外形构思，设计产品外壳	
任务 4	产品安装与调试	安装调试产品	
任务 5	产品预览与产品迭代	预览产品设计，寻找缺陷	

完成项目的学习，进行评价，项目评价表见表 7-7。

表 7-7　项目评价表

<table>
<tr><td colspan="6">班级：　　组别：　　姓名：　　日期：</td></tr>
<tr><td colspan="2">评价指标</td><td>评定等级</td><td>自评</td><td>组评</td><td>教师评价</td></tr>
<tr><td rowspan="9">道德品质</td><td rowspan="3">尊敬师长，团结同学，待人诚恳，严于律己，遵纪守法</td><td>A</td><td></td><td></td><td></td></tr>
<tr><td>B</td><td></td><td></td><td></td></tr>
<tr><td>C</td><td></td><td></td><td></td></tr>
<tr><td rowspan="3">热爱祖国，热爱集体，社会责任感强，自觉维护集体利益</td><td>A</td><td></td><td></td><td></td></tr>
<tr><td>B</td><td></td><td></td><td></td></tr>
<tr><td>C</td><td></td><td></td><td></td></tr>
<tr><td rowspan="3">热爱劳动，珍惜劳动成果，有安全意识和环保常识，珍视生命，保护环境</td><td>A</td><td></td><td></td><td></td></tr>
<tr><td>B</td><td></td><td></td><td></td></tr>
<tr><td>C</td><td></td><td></td><td></td></tr>
<tr><td rowspan="9">学习能力</td><td rowspan="3">学习目标明确，学习积极主动，学习方法合适，学习效率高</td><td>A</td><td></td><td></td><td></td></tr>
<tr><td>B</td><td></td><td></td><td></td></tr>
<tr><td>C</td><td></td><td></td><td></td></tr>
<tr><td rowspan="3">学习有计划、有总结、有反思，善于听取他人意见</td><td>A</td><td></td><td></td><td></td></tr>
<tr><td>B</td><td></td><td></td><td></td></tr>
<tr><td>C</td><td></td><td></td><td></td></tr>
<tr><td rowspan="3">能够独立思考、提出问题、分析问题、解决问题</td><td>A</td><td></td><td></td><td></td></tr>
<tr><td>B</td><td></td><td></td><td></td></tr>
<tr><td>C</td><td></td><td></td><td></td></tr>
<tr><td rowspan="6">交流与合作</td><td rowspan="3">具有团队精神，与他人团结协作共同完成任务</td><td>A</td><td></td><td></td><td></td></tr>
<tr><td>B</td><td></td><td></td><td></td></tr>
<tr><td>C</td><td></td><td></td><td></td></tr>
<tr><td rowspan="3">能约束自己的行为，能与他人交流与分享，尊重和理解他人</td><td>A</td><td></td><td></td><td></td></tr>
<tr><td>B</td><td></td><td></td><td></td></tr>
<tr><td>C</td><td></td><td></td><td></td></tr>
</table>

五、项目拓展习题

1. 填空题

单片机的作用有______________________________。

2. 简答题

（1）贴片元器件有什么优势？

（2）如何对三维模型进行渲染？

3. 产品设计拓展

使用本项目中的电路设计方案，设计一款跳绳计数器。要求：结构牢固，具有数据存储功能，调试设备时需要按要求穿戴护具。

附 录 A

电阻阻值表示方法

标准值（*xy*）	阻值（倍率×1）	表示法（*x*R*y*）	阻值（倍率×10）	表示法（*xy*0）	阻值（倍率×1000）	表示法（*xy*2）
1	1Ω	1R0	10Ω	100	1kΩ	102
1.1	1.1Ω	1R1	11Ω	110	1.1kΩ	112
1.2	1.2Ω	1R2	12Ω	120	1.2kΩ	122
1.3	1.3Ω	1R3	13Ω	130	1.3kΩ	132
1.5	1.5Ω	1R5	15Ω	150	1.5kΩ	152
1.6	1.6Ω	1R6	16Ω	160	1.6kΩ	162
1.8	1.8Ω	1R8	18Ω	180	1.8kΩ	182
2	2Ω	2R0	20Ω	200	2kΩ	202
2.2	2.2Ω	2R2	22Ω	220	2.2kΩ	222
2.4	2.4Ω	2R4	24Ω	240	2.4kΩ	242
2.7	2.7Ω	2R7	27Ω	270	2.7kΩ	272
3	3Ω	3R0	30Ω	300	3kΩ	302
3.3	3.3Ω	3R3	33Ω	330	3.3kΩ	332
3.6	3.6Ω	3R6	36Ω	360	3.6kΩ	362
3.9	3.9Ω	3R9	39Ω	390	3.9kΩ	392
4.3	4.3Ω	4R3	43Ω	430	4.3kΩ	432
5.1	5.1Ω	5R1	51Ω	510	5.1kΩ	512
5.6	5.6Ω	5R6	56Ω	560	5.6kΩ	562
6.2	6.2Ω	6R2	62Ω	620	6.2kΩ	622
6.8	6.8Ω	6R8	68Ω	680	6.8kΩ	682
7.5	7.5Ω	7R5	75Ω	750	7.5kΩ	752
8.2	8.2Ω	8R2	82Ω	820	8.2kΩ	822
9.1	9.1Ω	9R1	91Ω	910	9.1kΩ	912

附录 B 设计规则

序号	检查项	设计规则	消息等级
1	网络	总线名需要符合规则	致命错误
2		网络名需要符合规则	致命错误
3		网络名不能超过 255 个字符	错误
4		通过总线分支跟总线相连的导线，必须有名称且符合所连总线的命名规则	致命错误
5		元件相同引脚编号的引脚需要连接到同一个网络	致命错误
6		网络标识、网络端口需要有名称	
7		网络标识、网络端口含有“全局网络名”属性时，所连导线的名称需要与“全局网络名”的值一致	错误
8		引脚的连接端点不能重叠且未连接	致命错误
9		导线不能是游离导线（未连接任何元件引脚）	警告
10		导线不能是独立网络的导线（仅连接了一个元件引脚）	警告
11		网络端口名称需要与所连接导线的名称一致	提醒
12		网络端口名称需要与所连接总线的名称一致	提醒
13		网络标签、网络标识、网络端口、短接符需要连接导线或总线	提醒
14		导线和总线未连接网络标识或网络端口时，名称需要显示在画布①	提醒
15	元件	元件需要有“器件”“封装”属性，不能为空	致命错误
16		元件如果有“值”属性，不能为空	提醒
17		元件的引脚需要有“编号”属性，不能为空	致命错误
18		元件的引脚和焊盘需要一一对应	致命错误
19		如果元件含有多部件，每个部件的“器件”“封装”“位号”这几个属性必须一致	警告
20		如果元件含有多部件，每个部件除了“器件”“封装”“位号”这几个属性外，其他属性必须一致	提醒
21		元件的属性需要与供应商编号匹配	警告
22		如果元件含有多部件，每个部件都需要出现	提醒
23		检测元件悬空引脚	提醒

① 绘图区。

续表

序号	检查项	设计规则	消息等级
24	元件	元件位号需要符合规则：英文字母 + 数字或英文问号	提醒
25	复用模块	元件需要分配位号（生成网表、电路图转 PCB 过程中会自动分配位号）	致命错误
26		元件位号不能重复（生成网表、电路图转 PCB 过程中会自动修改重复位号）	错误
27		当电路图页有复用模块符号时，复用模块不能没有底层电路图	错误
28		电路图页的网络端口与复用模块符号的引脚需要一一对应	
29		不同端口在底层所连的网络不允许被短接在一起	

参 考 文 献

[1] 钟世达. 立创 EDA（专业版）电路设计与制作快速入门[M]. 北京：电子工业出版社，2022.
[2] 唐浒，韦然等. 电路设计与制作实用教程——基于立创 EDA[M]. 北京：电子工业出版社，2019.
[3] 崔陵. 电子产品安装与调试[M]. 北京：高等教育出版社，2012.

反侵权盗版声明